淡水产品绿色加工技术

杨品红　贺　江　徐文思　王伯华等　著

科学出版社

北京

内 容 简 介

本书从当前淡水产品加工业在加工技术、副产物综合利用、加工设施设备等方面存在的问题出发，聚焦淡水产品绿色加工关键技术，分别从产品加工提质技术、副产物高值化利用技术、加工设备改良创新、质量控制与品牌创建等方面系统地介绍了当前淡水产品加工领域的相关技术和方案，为推动我国淡水产品加工业优化升级、保障淡水产业绿色可持续发展提供理论与技术支撑。本书注重理论性与实用性相结合，针对淡水产品加工领域存在的各类技术问题，既从理论角度分析探讨其解决方案，也从应用实际角度列举出相关技术研究案例。

本书可供淡水产品加工领域的从业人员、科研工作者，以及食品、生物、水产等相关专业教师和学生参考使用。

图书在版编目（CIP）数据

淡水产品绿色加工技术/杨品红等著. —北京：科学出版社，2022.10
ISBN 978-7-03-073318-4

Ⅰ. ①淡…　Ⅱ. ①杨…　Ⅲ. ①淡水养殖–水产品–食品加工
Ⅳ. ①TS254

中国版本图书馆 CIP 数据核字（2022）第 180888 号

责任编辑：罗　静　付丽娜 / 责任校对：杨　赛
责任印制：吴兆东 / 封面设计：无极书装

科 学 出 版 社 出版
北京东黄城根北街 16 号
邮政编码：100717
http://www.sciencep.com
北京建宏印刷有限公司 印刷
科学出版社发行　各地新华书店经销
*
2022 年 10 月第 一 版　开本：B5 (720×1000)
2023 年 4 月第二次印刷　印张：12 1/4
字数：242 000
定价：138.00 元
（如有印装质量问题，我社负责调换）

《淡水产品绿色加工技术》
著者名单

杨品红　　贺　　江

徐文思　　王伯华

杨祺福　　王芙蓉

周顺祥

序

  我国是水产大国，30 多年来，水产总量稳居世界第一，占全球的 60%以上，2021 年达 6690 多万吨，其中养殖总量 5390 多万吨，淡水养殖量总 3300 多万吨。这与刘筠院士等老一辈水产科学家所做出的贡献密切相关。刘筠院士带领团队在鱼类、中华鳖和蛙类等水生经济动物繁殖育种领域的理论、技术、品种等方面做出了系统性贡献；此外，他领导团队率先利用细胞工程和有性杂交相结合的综合技术，在国际上建立了第一个遗传性状稳定且能自然繁殖的四倍体鱼类种群，并用之成功培育出优质三倍体鲫鱼和三倍体鲤鱼，开创了人工鱼类多倍体研究与应用的先河。

  "良种""良养""良销"是水产业中的三个重要环节，而水产品加工是"良销"环节中的重要内容。我国淡水产品加工，虽然在过去的几十年中取得了长足进步，但仍存在加工技术和装备落后（以传统和粗加工为主）、标准体系不完善、大型加工与标准化生产企业偏少、副产物综合利用缺乏等问题，致使淡水产品加工产品结构单一，精深加工少，加工率和副产物利用率低，加工能耗高，废弃物多，加工效益较差。

  该专著以问题为导向，总结了作者科研团队 20 多年来在淡水产品加工领域取得的一系列成果，其中包括突破了淡水产品熟制入味、秒冻锁鲜、脱腥脱臭、保鲜提味、低温卤制等关键技术；攻克了副产物利用率低、环境污染严重等技术难题；集成创新了水产品加工设备、液氮速冻、调味料配方及调配工艺；提高了淡水加工产品质量，降低了副产物的排放与能源消耗。基于这些成果的运用，有效解决了淡水产品绿色加工产品结构单一、泥腥味重、高油高盐、入味难、营养损失大、保质期短、副产物利用低等瓶颈技术问题。同时，对创建淡水加工产品品牌的思路进行了解析，并成功与相关企业合作打造出多个著名品牌和国家地理标志保护产品。这些工作的开展，有效满足了社会需求，实现了经济、社会和生态效益协同发展，为完善水产全产业链做出积极贡献，有力推动水产业发展和推进乡村振兴。

刘少军

中国工程院院士

2022 年 9 月

前　言

　　淡水产品为我国居民，特别是内地居民，提供了较高比例的动物蛋白来源。然而，淡水产品加工一直存在产品结构单一、保质期短、腥味重、高油高盐、入味难、营养损失大、副产物利用难、能耗高排放多等问题，这些问题既是水产加工业一直难以攻克的难点，也是制约水产品加工质量提升及三产融合改革的瓶颈。党的十八大以来，中共中央、国务院多次对水产产业绿色发展和水产品精深加工提出具体要求，如在粗加工、初加工及初精加工的基础上，将其营养成分、功能成分、活性物质和副产物等进行再次加工；在实现精深加工等多次增值的基础上，向绿色新技术、新工艺、新产品发展，延长产业链、提升价值链、优化供应链、构建利益链，推进农业供给侧结构性改革，满足人民消费提质升级的要求，力求达到产业发展与生态环境保护相统一。

　　本书主要总结了著者近 20 年来在淡水产品精深加工领域的技术创新与集成研究成果，涵盖了技术创新与集成、设备改造与更新、工艺改革与重组、品牌打造与创建等多方面的内容。本书出版的目的在于推动淡水产品的高值化利用，减少淡水产品季节性过剩，稳定淡水产品市场，减少加工废弃物排放，满足社会现实需求，提高淡水产品加工利用率，进而实现淡水产品减损增供、减损增收、减损增效以及淡水产品加工优化升级，有效推进乡村振兴，保障淡水产业绿色可持续发展。

　　本书共分为 6 章，第 1 章分析了我国淡水产品加工、淡水产品副产物综合利用、淡水产品加工设备设施方面的现状以及淡水产品加工业存在的主要问题；第 2 章介绍了绿色加工的词源与运用、淡水产品绿色加工总体思路、淡水产品绿色加工关键技术创新基本方案；第 3 章论述了淡水产品绿色脱腥提味关键技术，如脱腥技术、低温卤制技术、品质改良技术、保鲜锁鲜技术等；第 4 章论述了淡水产品副产物综合利用的发酵及酶解技术、蛋白（肽）分离纯化技术、淡水鱼内脏综合利用技术及其他淡水产品加工副产物综合利用技术；第 5 章论述了淡水产品加工设备设施改良与创新，即运输环节设备、预处理环节设备、加工环节设备和副产物利用环节设备等；第 6 章就淡水产品质量保障体系与品牌创建思路等进行了论述，并介绍了著者在工作实践中打造水产品质量保障体系和创建淡水产品品牌的相关案例。

　　本书的出版得到了湖南省重大专项"湖南优势水产品产业升级关键技术研究与集成示范"、湖南省水产产业技术体系项目"水产品加工与综合利用"等科研项目，以及省部共建淡水鱼类发育生物学国家重点实验室、水产高效健康生产湖南省协同创新中心、湖南省水生动物重要疫病分子免疫技术重点实验室、环洞庭湖水产健康养殖及加工湖南省重点实验室、湖南省水生动物资源与生态环境工程研究中心、湖南省虾蟹健康养殖与加工工程技术中心等学科平台，以及社会各界的大力支持，在此一并表示深深感谢。

本书的主要著者有杨品红、贺江、徐文思、王伯华、杨祺福、王芙蓉、周顺祥等。参与本著作相关成果研究的人员还包括周炎、谢中国、李雄健、周小文等。由于著者研究水平有限，书中难免存在不尽完善之处，敬请专家与广大读者批评指正和谅解。

著 者

2022 年 9 月

目　　录

第1章 淡水产品加工与综合利用现状

我国是全球水产品生产大国，1989年以来，中国渔业经济规模一直位居世界首位。全球每生产3条鱼，其中就有1条产自中国；中国每生产3条鱼，其中近2条是养殖出来的；每养殖出5条鱼，其中3条是淡水产的，2条是海水产的；淡水产品中有70%是由池塘水体生产的。2020年我国水产品总产量6549万t，其中，养殖总产量5215万t，淡水养殖产量3089万t，占淡水产品总产量的96.19%；2021年我国水产品总产量6693万t，其中，养殖总产量5388万t，淡水养殖产量3182万t，占淡水产品总产量的96.31%。美国著名学者莱斯特·布朗（Lester R. Brown）在其1995年发表的《谁来养活中国》（*Who will Feed China*）一文中写道：中国对世界人类的贡献，一是计划生育，二是淡水渔业，可见淡水水产养殖的重要意义。改革开放以来，我国确立了以"养"为主的渔业发展方针，水产养殖业得到了快速发展；而党的十八大以来，各级政府多次对水产品精深加工和高质量发展提出具体要求，发展水产品加工成为延续我国渔业经济的重要方向。经过多年来的发展，我国淡水产品加工业取得了长足的进步，但仍存在淡水产品加工与水产品产量不匹配的问题。

1.1 我国淡水产品加工现状

水产品加工包括以鱼、虾、蟹、贝、藻等的可食用部分制成冷冻品、腌制品、干制品、罐头制品和熟食品等的食品加工业和以食用价值较低或不能食用的水产动植物以及食品加工的废弃物等为原料加工成鱼粉、鱼油、鱼肝油、水解蛋白、鱼胶、藻胶、碘、甲壳质等的非食品加工业。水产品加工及其副产物综合利用的发展，不仅提高了资源利用的附加值，还安置了渔区大量的剩余劳动力，并且带动了加工机械、包装材料和调味品等一批相关行业的发展，具有明显的经济效益和社会效益。我国水产品加工业经过20余年的发展，一个包括渔业制冷、冷冻品、鱼糜、罐头、熟食品、干制品、腌熏品、鱼粉、藻类食品、医药化工和保健品等产品系列的加工体系已经形成。国内水产品加工率约为33%，产值占渔业总产值的28%；但相比而言，淡水产品的加工比例远低于海水产品。制约淡水产品加工的主要瓶颈包括产品结构单一、保质期短、腥味重、高油高盐、入味难、营养损失大、副产物利用难等。

1.1.1 淡水鱼产品加工现状

淡水鱼指生活在河、湖、江中的鱼类，我国的淡水鱼约有 800 种，其中最常见的是青、草、鲢、鳙"四大家鱼"。主要的淡水鱼加工形式有冷冻加工、罐制品加工、腌制品加工、糟/醉制品加工、熏制品加工、冷冻鱼糜加工等。淡水鱼的可食比例小，如草鱼的采肉率为 48.3%，鲤鱼则仅为 38.2%，鱼头、内脏及其他废弃物所占的比例将近 60%。对低值淡水鱼加工的副产物加以充分利用，开拓其精深加工的途径，可以获得最大化的生产效益。主要的淡水鱼加工产品包括如下几类。

（1）冷冻制品

将低值淡水鱼加工成鱼片、鱼段或鱼排，在−25℃条件下速冻，并于−18℃库藏，以此抑制微生物的生长繁殖和阻碍酶的活动，从而延长保藏期，以保持水产品原有的生鲜状态，已成为目前水产品加工业中广泛采用的方法。

（2）罐制品

罐制品加工按包装形式可分为软罐和硬罐制品加工，如传统的油浸青鱼、葱烤鲫鱼、荷包鲫鱼、豆豉鲮鱼、爆鱼、茄汁鱼、凤尾鱼以及鱼松、鱼片等休闲食品，均可按需要制成硬罐或软罐。

（3）腌制品（盐渍）

腌制加工是通过食盐溶液对鱼体的渗透，进而脱出鱼体内的水分，并随着盐渍过程的不断进行，被腌的鱼体内盐分逐渐增加，水分不断减少，在一定程度上也抑制了细菌的活动和酶的作用。制作腌制品的方法包括干盐渍法、混合盐渍法、盐水盐渍法、低温盐渍法。

（4）糟/醉制品

糟制品的加工过程可分为盐渍脱水和调味料渍藏两个阶段。盐渍脱水一般采用短期薄盐渍的方法，再加以适度的干燥——初步杀菌，且制品有一定的咸味，为下一步调味创造有利条件。调味渍藏材料主要是酒糟和其他一些香辣类辅助材料。酒糟中含有酒精，故具有防腐能力，同时它还可分解腥味物质、抑制制品在贮藏期间自溶。

（5）熏制品

熏制赋予制品以独特的烟熏风味，产生特殊色泽和香味，能耐贮藏，防止油烧，较干品有更多的优点。我国熏制品食用不广，但在国外市场是一种重要商品。

（6）鱼糜制品

冷冻鱼糜是将鱼体经过清洗处理、采肉、漂洗、精滤、脱水等工序后，加入适量的糖类和多聚磷酸盐等防止蛋白质冷冻变性的添加剂，使之成为能在较低温度下稳定贮藏的鱼糜制品生产原料。鱼肉凝胶化机理，一般可概括为以下几种作用：肌球蛋白、肌原纤维蛋白与白蛋白的作用；二硫键的作用；鱼肉内的转谷氨酰胺酶（TGase，谷氨酰胺转氨酶）的机能和作用。以生鱼糜为原料分别配以淀粉、鸡蛋、畜肉、火腿、蔬菜、调味料等辅料，按不同的制品要求成型，并采用蒸、煮、炸、熏、灌肠、装罐、高温杀菌等工序加工成鱼糕、鱼丸、鱼卷、鱼饼、鱼香肠、仿虾仁、仿蟹肉等各种制品，均称为鱼糜制品。

1.1.2　淡水虾产品加工现状

虾是一种生活在水中的节肢动物，属于节肢动物甲壳类，种类很多，目前我国淡水虾养殖品种主要有克氏原螯虾（*Procambarus clarkii*，俗称小龙虾）、淡化南美白对虾、青虾和罗氏沼虾等。小龙虾因受到国内消费者，特别是年轻一代消费者的青睐，消费群体扩大、上市时间延长、产品品种增多，餐饮消费市场呈现爆发式增长态势，目前已成为淡水虾养殖品种中产量最大的品种，在 2020 年达到 240 万 t 左右。与此同时，小龙虾的加工量也在持续飙升，我国小龙虾年加工量已从 2011 年的 15.34 万 t 增长到 2020 年的 56.61 万 t。

（1）主要的虾类加工制品

1）速冻产品：虾类除鲜食外，主要制成速冻产品等初级加工品，如冻虾仁、带壳冻青虾、有头冷冻对虾、冷冻毛虾糜、冷冻油炸虾等。我国虾仁加工业比较发达，每年有大量的冻虾仁出口到国外。冻虾仁产品是以对虾科、长臂虾科、褐虾科的虾为原料，经去头、剥壳、挑肠腺、漂洗、分级、沥水、速冻、镀冰衣、包装、冷藏等加工工序制成的产品。冻虾仁产品基本上保持了鲜虾的风味，味道鲜，肉质嫩，营养丰富，食用方便，深受消费者的喜爱。

2）传统干制品：干制加工是保存食品的有效手段之一，追溯到最早的日晒、风干等自然干燥法，至今已有近 2000 年的历史，是一项传统的加工方法。干制品按其干燥之前的前处理方法和干燥工艺的不同可分为淡干品、盐干品、煮干品、冻干品等。虾类传统干制品是虾类第二大加工产品，目前在市场上占有相当份额。但是传统干制品的口味单一，适口性差，直接食用风味不佳，已无法满足现代消费者的需求。并且虾类传统干制品仍属于初级加工品，没有特色，不能形成品牌，附加值很低，无法形成核心竞争力，整体经济效益有限，已不再受消费者和现代水产品加工企业的青睐。

3）虾类休闲食品：虾类休闲食品主要是水产调味干制品，它采用了调味、干燥和精包装等工艺，弥补了传统干制品口味单一、包装粗糙的缺陷。休闲食品不仅种类多、风味各异，而且包装精美、携带方便，可满足不同人群的各种口味和个性需求，深受现代消费者的青睐，是当前水产加工企业开发的重点。水产休闲干制品的加工技术主要为调味、干燥、包装等。调味是采用香辛料等烹调原料制成的调味液对水产品进行浸泡或者直接涂于表面，由消费群体的喜好和市场决定；休闲制品的包装一般比较轻便、新颖，主要有真空包装、充气包装或普通包装等。干燥是通过其表面水分的蒸发和内部水分向表面扩散而进行的，是保存食品的有效手段之一，除了传统的自然干燥法外，一系列新型干燥技术也已经得到广泛应用。干燥技术在休闲制品的研究开发过程中是最关键的技术，不仅关系到产品的色泽、口味、脆度等品质，还直接影响产品的保藏特点。传统的干燥法主要是日晒、风干、熏烤等，而当今企业规模化生产中常用的干燥技术包括热风干燥、微波干燥、微波真空干燥、热泵干燥等。

（2）淡水小龙虾

淡水小龙虾是淡水虾中个体较大的虾类。我国北方多称之为喇咕，南方则多称之为小龙虾、鳌虾、淡水龙虾等，现在统称为淡水小龙虾。小龙虾原产于美国南部和墨西哥北部，后被日本引入，作为牛蛙的饵料，最后在20世纪20～30年代由日本传入我国的南京、滁县一带，随后传至全国。小龙虾是一种蛋白质含量高，脂肪、胆固醇以及热量含量低的营养健康美味食品，其加工产品具有很大的市场空间。小龙虾加工的副产物，主要指对原料虾进行加工利用后所剩下的虾头、虾壳、虾足以及低值小虾部分，约占原料的85%，其中含有多种功能性成分，也具有较高的利用价值。目前，小龙虾加工以初级加工为主，主要为虾尾（只去头、不去壳）、虾仁（去头、去壳）、整肢虾（不去头、不去壳）三大类，精深加工占比低。

常见的小龙虾鲜食烹饪加工有麻辣虾、香辣虾、十三香虾、蒜蓉虾、水煮虾、香草虾、蛋黄焗虾等口味，肉鲜味美的小龙虾除烹饪鲜食外，多数经加工后可以长时间保藏、运输和流通。根据是否可直接食用，可分为非即食小龙虾和即食小龙虾两大类小龙虾产品。

1）非即食小龙虾产品：是现阶段小龙虾加工产品的主要形式之一。目前，冻生龙虾仁、冻生龙虾尾和冻生整肢龙虾这三种是最简单、基础、主要的小龙虾加工产品。冻生龙虾仁是由小龙虾经清洗、去头、去壳、去肠腺后将所得的龙虾肉进行速冻加工而成的。冻生龙虾尾是指小龙虾经清洗、去头、去肠腺后将所得的龙虾尾进行速冻后的产品。冻生整肢龙虾则要将清洗干净后的小龙虾历经蒸煮、冷却、挑选分级、称重摆盘装袋、灌加汤料或佐料、真空封口、速冻等加工工艺。

2）即食小龙虾产品：因食用方便、保质期长，深受人们的欢迎，也备受食品加工领域学者的关注。微波即食小龙虾和油炸即食小龙虾是较为常见的即食小龙虾产品，鲜活龙虾经挑选、浸泡吐污、清洗、称量、盐煮、冷却、沥水后，微波或油炸，再真空包装、高压蒸汽灭菌、冷却，此类即食小龙虾产品可常温保藏。除此之外，还有以小龙虾整肢虾或分级后的小虾为原料，经选料、清洗、去头去肠腺、盐煮调味、虾壳酥化、二次调味、包装工序加工而制成的一种香酥虾球制品。龙虾尾软罐头是近几年的网红食品，因食用方便、味道佳而广受欢迎。小龙虾加工过程中产生的龙虾碎肉、螯内肉，辅以胡椒、食盐、糖、醋等基本调味料，加工成具有水产海鲜风味特色的肉酱产品。然而，目前关于小龙虾丸（非仿生龙虾丸）、龙虾滑及即食休闲龙虾尾等小龙虾加工产品仍是空白。

1.1.3　淡水蟹产品加工现状

淡水蟹指生活在淡水溪流中的螃蟹，包括生活在江、河、湖、溪里的蟹，分为河蟹、湖蟹和溪蟹。我国是世界上淡水蟹类资源最为丰富的国家，种类达 300余种。

（1）大闸蟹

大闸蟹学名中华绒螯蟹，在北方称河蟹，在长江流域称大闸蟹，我国北起辽河南至珠江的江、河、湖、溪都有它的身影。长江水系的大闸蟹由于分布广，产量高，是中国南方养殖的代表种，出名的有阳澄湖大闸蟹。现在我国很多地方利用水稻和蟹混合种养，形成了一些蟹稻品牌产品。河蟹由于生长周期长、上市时间短而不能长期供应市场，因此河蟹的加工就显得非常重要。然而，我国对河蟹的加工仍以冷冻等初级加工方式为主，处于水产品加工的初级阶段。目前，市场上存在的河蟹加工产品主要为醉蟹、冻蟹和蟹块等，加工方式相对落后。近几年来，一些企业和科研单位陆续开始对河蟹的进一步分割加工进行实践与研究。根据河蟹自身构造特点，对河蟹进行科学的分割加工处理，得到蟹黄、蟹膏、蟹粉、蟹钳、蟹腿、蟹碎肉、蟹柳、边角料等多种蟹类产品，并为河蟹的分割加工建立了操作规程和管理体系，为后续河蟹分割加工产业的研究提供了框架；将蟹黄与鸭蛋黄相结合，开发出了一款风味独特的蟹黄调味酱；以河蟹碎肉为原料，研制出一款风味蟹肉软罐头；蟹肉与鱼糜混合，开发出了一款新型鱼糜蟹肉混合肠。除此之外，市面上还出现了蟹肉松、蟹黄牛肉酱、秃黄油等新型蟹类产品。目前大闸蟹加工产品主要包括冻熟制整蟹、冻熟制蟹肉、蟹肉罐头等，其生产工艺流程分别如下。

1）冻熟制整蟹工艺流程：鲜蟹挑选→分级→洗净→捆扎→蒸熟→冷却→摆盘→进冻室→中心温度-18℃出冻室→金属探测→装纸箱→-18℃冷藏→销售。

2）冻熟制蟹肉工艺流程：鲜蟹挑选→分级→洗净→蒸熟→冷却→抽筋、分部位取肉→敲打、剥离→紫光灯下分拣→螯足切口→剥肉→摆盘（分部位分级）→单冻机速冻→出冻块→整形→真空包装→金属探测→胶带封口→-18℃冷藏→销售。

3）蟹肉罐头工艺流程：原料验收→前处理→蒸煮→取肉→挑选→漂洗→装罐→封罐→杀菌→保温检验→外包装→入库或销售。

（2）青蟹、石蟹和水蟹

青蟹又称为锯缘青蟹，其壳非常硬，呈椭圆形，体形呈扁平状，而且胸部非常结实，爪子非常硬，跟榔子差不多，因此有人称它据榔子。青蟹喜欢栖息在潮间带的泥沙海滩以及红树林、沼泽地中，我国分布较广，主要分布在浙江、广东、广西、福建等沿海地区，其中江浙一带尤其多。青蟹中最出名的要数浙江省三门县的三门青蟹，是中国国家地理标志产品。

石蟹又称为篾蟹、溪蟹，也是一种淡水蟹，主要栖息在山溪石下，或者溪岸两旁的水草丛，以及泥沙间，有的则穴居于河、湖、沟渠岸边的洞穴里，除少数分布在新疆、青海、内蒙古和东北三省外，其他省份均有分布。溪蟹品种繁多，较为有名的包括中华束腹蟹、毛足溪蟹、锯齿华溪蟹、海南溪蟹、紫色小溪蟹和尖肢南海溪蟹。石蟹的蟹肉饱满味浓、膏似凝脂、味道超群。

水蟹的产生其实是青蟹生长过程中的一个阶段。刚蜕壳的蟹体呈柔软状态，称"软壳蟹"，那时软壳蟹横卧在水底，会吸收大量水分，导致蟹体舒张开来，经过3~4天，新壳才会完全硬化，这种壳体由软变硬的蜕换蟹壳过程，造成了青蟹体内的含水量增加，体重增加一倍，因此得名水蟹，水蟹在咸淡水域生长，其汁液已带着一丝一缕的咸味，因此味道非常鲜。

1.1.4 淡水贝产品加工现状

淡水贝类有中国圆田螺、铜锈环梭螺、大瓶螺、三角帆蚌、褶纹冠蚌、背角无齿蚌、河蚬。贝类营养价值较高，含有丰富的钙，以及多种微量元素，如碘、锌、硒、铜、铁、钴等，且贝类肌肉细嫩，味道鲜美，其各微量元素之间的比例恰当，蛋白质含量高，脂肪含量少，容易被人体消化吸收。加工产品有田螺（软）罐头，味道极其鲜美，风味独特，受到广大消费者的喜爱。加工工艺如下。

a. 原料处理：洗净鲜活田螺上的泥沙，然后在缸、池内注入清水，按 8%~10%的比例加入食盐，配成盐水。将洗净的田螺放入，水淹过田螺10~15cm，浸渍 4～5h。

b. 烫煮或蒸煮：洗净浸渍好的田螺放入热水内烫煮或放在蒸笼内蒸煮。温度宜控制在 70～80℃，蒸烫时间以能打开外壳、螺肉易剥离为宜。

c. 采肉分级：蒸烫好的田螺趁热分离，剪去鳃肠等杂物，再分级（总长度在 4cm 以上为一级，3～4cm 为二级，3cm 以下为三级）。分级后再清洗检查，剔除死烂变质螺肉及杂质。

d. 拌料浸渍：检验后的螺肉，用滤网沥干，放入盒内。每 100kg 螺肉中加入酱油 3～6kg、精盐 1～2kg、黄酒 3kg、胡椒粉 50g，然后搅匀，静放 2～3h 后沥干。

e. 油炸：植物油入锅加热至 160～180℃，将拌料浸渍好的螺肉入锅油炸 2～3min，至琥珀色时捞出。

f. 调味料配制：将元茴、桂皮、八角各 35g，陈皮 25g，花椒 15g，胡椒 10g，鲜姜 2kg，葱 3kg，用清水煮 2～3h 后过滤。然后加入猪油 7kg、酱油 3～4kg、精盐 2～3kg、黄酒 1kg、味精 25g、胡椒粉 15g、香油 50g，最后加水至 100kg，煮沸后过滤，保温至 70℃备用。

g. 装瓶：500g 量玻璃瓶，每瓶装肉 280g、汤汁 220g。螺肉的白色头部应朝着瓶壁逐层摆好，然后注入汤汁。

h. 排气密封：排气温度应控制在 80℃，时间 30min，排气后立即趁热密封。

i. 杀菌冷却：121℃杀菌 30min，冷却至 30℃取出擦净入库，保温 5～7 天，检查合格后包装出售。

1.1.5 淡水藻类产品加工现状

藻类属于单细胞低等植物，既没有花也没有叶子、种子或根，有些藻类很微小，只有几微米，但是有些也有复杂组织。树林、海洋、湖水、池塘、小溪和河流，还有岩石裂缝、树干及湿地等，都是藻类的主要生长环境。通常把藻类分成海洋藻类和淡水藻类两大类。含碘量的高低是海洋藻类和淡水藻类的最大差别，淡水藻类含碘量极少。

绿藻是典型的淡水藻类，可以特定的方式使自己快速地增殖。如蛋白核小球藻（*Chlorella pyrenoidesa*），可以在 24h 内成 4 倍地增长。因此，有学者推测世界上的饥荒或许可以靠食用淡水藻类来解决。首先，小球藻是一种极佳的食物，营养价值特别高。其次，小球藻含有人体所需的营养成分（蛋白质），属于高蛋白食物；DNA、RNA 等核酸成分较其他食物而言，也相对较高。再者，其叶绿素含量比其他藻类也都要高，由于叶绿素是天然的抗氧化剂，所以小球藻的抗氧化活性也非常高。小球藻是一种全营养食品（全食品），其成分没有被分离提取，没有添加任何其他成分，也没有被改造，它完全保持了生长时的原始状态。小球藻生长于淡水之中，水的纯度受到严格的控制，且不能有添加剂，这些对全食品都是非常重要的。小球藻是天然食品，生成于大自然之中，所以食用小球藻在一定程度上来说就是在食用全天然食品。萱藻（Scytosiphon lomentarius）也是一种典型的淡水藻类，可加工成即食小食品。萱藻在 90℃热水中漂烫 60s 后，冷却、沥干水分进行调味，调味最佳配方为：以萱藻质量为基准，白糖 3%、香油 0.2%固定的前提下，食盐 2%、辣椒油 5%、酱油 4%、花椒油 2%，在上述比例调配下腌渍 100min 后真空包装，然后进行巴氏灭菌（80℃、30min），最后冷却并于阴凉干燥处保存。此工艺条件下制得的调味即食萱藻具有特有的鲜香味，脆、嫩可口，咸辣适中，开袋即食。

1.2　淡水产品副产物综合利用现状

水产品加工行业目前不只是在食品加工类行业应用，在食品保健与疾病防治方面也有重要研究。水产品中含有大量营养元素，从水产品中提取加工出的物质在我国各行各业都得到了应用，并且起着重要的作用，这也是低值水产品进行高值化利用的重要手段，对其不断进行考察与研究，是实现水产品高值化的重要方法。目前，我国实现了对鱼类、虾类、贝壳类等副产物的加工与利用，除做成调味品或者速食食品外，还提取了多种生物活性物质，用于医疗研究、疾病防治。

1.2.1　淡水鱼副产品加工利用

（1）鱼头、鱼骨加工利用

鱼头、鱼骨可加工成天然的钙强化剂，如鱼骨糊、鱼骨粉、鱼骨酥、复合氨基酸钙等。鱼骨对机体补充钙和磷具有重要意义。鱼头、鱼骨还可通过酶解制得水解蛋白液，继而加入还原糖经美拉德反应制取鱼味香精。鱼骨中含有 I 型胶原蛋白，可以作为弥补陆生脊椎动物（猪、牛等）皮胶原蛋白不足的潜在资源。鱼头可以用来分离鱼油，鱼头中含有丰富的卵磷脂和二十碳五烯酸（EPA）、二十二碳六烯酸（DHA）。

（2）鱼鳞加工利用

鱼鳞中含有丰富的蛋白质、脂肪和多种微量元素，还含有丰富的钙和磷，特别是其有机质组成与珍珠层粉相近。鱼鳞中含有较多的卵磷脂，可增强记忆力，抑制脑细胞退化，还含有多种不饱和脂肪酸，可在血液中以结合蛋白的形式促进脂肪乳化，减少胆固醇在血管壁上的沉积，具有预防动脉硬化、高血压以及心脏病等功效。因此，鱼鳞可用来开发鱼鳞凉粉、鱼鳞冻膏、干制鱼鳞等食品。

（3）鱼皮、鱼鳔等加工利用

低值淡水鱼和海水鱼一样，皮中含有大量胶原，达到 50%左右，因而是制胶的好原料。另外，青鱼、草鱼、鲤鱼等这些个体大、鳞片大的鱼皮是制革的好原料。鱼鳔经清洗浸洗干燥可制成鱼肚，是一种蛋白质含量很高的营养源；鱼胆囊中的胆汁可加工制成胆色素钙盐、胆酸盐和牛磺酸等；可从鱼精子和卵子中提取核酸，核酸是生物制药、保健品、化妆护肤品的原料，还可作为食品和饲料添加剂、植物生长调节剂和生化试剂。

（4）低值淡水鱼及下脚料加工利用

利用低值淡水小杂鱼或淡水鱼加工的下脚料，通过酸、碱、酶或有机溶剂法来分离提取鱼体中的优质蛋白质，是低值淡水鱼加工的一个重要方向。鱼蛋白中含有各种必需氨基酸，且其组成与动物的肌肉成分相近，有利于动物的消化吸收，可作为动物饲料加工。应加强低值淡水鱼加工工艺和产品的机理性研究，进一步拓宽低值淡水鱼加工的途径。

（5）淡水鱼内脏的加工利用

淡水鱼内脏中富含油脂成分，可作为鱼油提取的原料。鱼油是一种从多脂鱼类中提取的油脂，富含 EPA、DHA（俗称脑黄金）和多种 n-3 系多不饱和脂肪酸（n-3 PUFA）。每加工 100t 淡水鱼，副产物就有 3～50t，而水产品加工副产物的含油率在 20%以上。鱼油的提取方法与技术非常重要，主要有有机溶剂法、蒸煮法、压榨法、稀碱水解法、酶解法和超临界流体萃取（SFE）。有机溶剂法主要应用于工业，工业上采取己烷等溶剂萃取鱼油，但这种方法提取的鱼油含量并不高，且提取出来的鱼油质量也不达标，因此，有机溶剂法并不常用。蒸煮法，顾名思义就是采用蒸煮的方式将鱼油提炼出来，在高温高压环境下，破坏鱼肝细胞，将鱼油充分分离出来，但是这种方法与有机溶剂法一样，提取效率不高，且提取的鱼油质量也不高。压榨法与蒸煮法的提取机理是一样的，效果也是一样的。因此，蒸煮法与压榨法在实际提取鱼油的工作中都不予以采用。稀碱水解法提取鱼油工艺是利用稀的碱液将鱼肝蛋白质组织分解，破坏蛋白质与肝油之间的结合关系，从而更充分地分离鱼油。稀碱水解法虽然提取鱼油的效率较高，但是对环境的破坏力度较大，在日常提取鱼油的工作中也不予以采纳。超临界流体萃取是近些年才出现的一种提取鱼油的新方法，是将流体（大多数为 CO_2）充入一个特殊的压力-温度装置中，使之能从样品中将脂肪选择性地萃取出来。目前，在提取鱼油的工作中，酶解法是常用的方法，酶解法比较温和，不会产生较大的污染，而且提取效率和鱼油质量也能达标。

1.2.2 淡水小龙虾副产物加工利用

利用虾头、虾壳、虾足等小龙虾加工副产物可进行虾青素（astaxanthin）、蛋白质（肽）、甲壳素（chitosan）等多种天然活性成分的提取分离。

（1）虾青素的提取

虾青素因分子中含有很长的共轭双键链和不饱和的 α-羟基酮而具有极强的抗氧化性能，是目前为止发现的抗氧化能力极强的物质之一。从小龙虾副产物中分离萃取虾青素主要有碱提法、油溶法、有机溶剂法、超声波法、酶法等。在超声时间 29.4min、超声波功率 163W、料液比 1：18.2（g：mL）条件下提取到的虾青素含量为 62.52μg/g。在酶解温度 50.5℃、pH 5.85 条件下，用木瓜蛋白酶水解小龙虾副产物 63min，且酶量为 2522U/g，虾青素浓度可达到 13.06g/dL。使用丙酮溶剂重复提取 2 次冻干虾壳中的虾青素，每次浸提 2h，虾青素提取量可达到 148.2μg/g。制备的虾青素以 β-环糊精为壁材、阿拉伯胶为辅材进行包埋，进行喷雾干燥，可制得虾青素微胶囊，虾青素包埋率达到 92.89%。

（2）蛋白质与多肽的提取

小龙虾副产物蛋白质中必需氨基酸占 45.33%，与牛奶蛋白粉的 45.69% 和酪蛋白的 46.14% 基本接近。蛋白质提取方法有酶法、盐法、碱法、发酵法等。其中酶法反应条件温和，且复合酶法提取率高，效果稳定。以木瓜蛋白酶与风味蛋白酶按 1：1.5 混合作为复合蛋白酶，在酶解温度 50℃、酶解时间 3h、蛋白酶用量 1.0%、料液比 1：10（g：mL）条件下，蛋白质提取率达 54.22%。蛋白质是由氨基酸以"脱水缩合"的方式组成的多肽链经过盘曲折叠形成的，这些肽序列在完整切割后会变得活跃。肽分子量小于蛋白质，因而容易被小肠直接吸收并进入人体发挥功效作用；虽然单个氨基酸不具有活性，但是由几个到几十个氨基酸残基以酰胺键构成的多肽具有不同功能特性，称为生物活性肽或功能肽。活性肽具有抗氧化、抗菌、促生长、调节免疫力等许多种生物学功能。用蛋白酶对虾壳进行水解制备的多肽，其自由基清除能力和还原力均随着肽浓度的增大而增大；多肽中所含氨基酸丰富，其中人体所需必需氨基酸占氨基酸总量的 47.4%，呈味氨基酸（尤其是谷氨酸、天冬氨酸）的含量较多。除此之外，还可以利用蛋白酶分别制备抗氧化肽和血管紧张素转化酶（ACE）抑制肽。

（3）钙与金属螯合肽的制备

钙是人体所必需的元素之一，而虾壳中的钙可作为天然、优质的钙源。锌螯合肽由于其独特的螯合和转运机制，吸收利用度高，又可同时补充多肽、氨基酸和锌，是一种理想的补锌物质，用于制备补锌食品和保健食品。用胰蛋白酶水解法提取生物蛋白钙，提取得率可达 26.6%，蛋白质含量为 27.5%，钙含量为 5.8%，产品可作为高级饲料或补钙制剂。10g 虾副产物经烘干、粉碎、均质等预处理后，用乳酸提取乳酸钙的量约为 762.48mg。而用乙酸从虾壳中提取乙酸钙的得率可达 20.45%。用木瓜蛋白酶和风味蛋白酶的复合酶解法提取小龙虾副产物中的多肽，所得多肽溶液与 Zn^{2+} 螯合反应，经冷却、加沉淀剂、静置陈化、过滤、干燥等工艺后，此时螯合物产率达到 70.7%。

（4）甲壳素与壳聚糖的制备

小龙虾虾壳等也用来制备甲壳素、壳聚糖及氨基葡萄糖盐酸盐等。甲壳素也称壳多糖、几丁质，是人类继发现淀粉、纤维素之后在地球上发现的第三大生物资源，是一种重要的天然高分子多糖。甲壳素是制取壳聚糖、氨基葡萄糖系列产品的重要原料，可作化妆品和功能性食品的添加剂等。酸浸碱脱法是提取甲壳素的常用方法，方法原理简单实用，盐酸中浸泡脱除无机盐分，再通过氢氧化钠浸泡脱除蛋白质和脂肪，最后清洗烘干得到约 16% 的白色片状甲壳素。利用乳酸菌发酵虾副产物 96h，所得甲壳素产率虽仅有 13.9%，但此法使用有机溶剂少，节能环保。脱 N-乙酰基的甲壳素被称为壳聚糖，甲壳素通过超声协同甲壳素脱乙酰基酶（CDA）脱去乙酰基，再过滤、水洗、烘干得到壳聚糖，壳聚糖脱乙酰度高达 91.09%，相对得率 81.87%。研究表明，壳聚糖有良好的抗疲劳生理活性，能延长小鼠的游泳时间，抑制小鼠体重的增长，降低运动后血清尿素的增量，提高血清乳酸脱氢酶活力，显著增加肌糖原和肝糖原的储备量。

1.2.3 大闸蟹副产物加工利用

蟹类产品在开发过程中，会产生大量边角料和下脚料，这些低值产物中不仅含有一些蛋白质，还富含虾青素、甲壳素和钙。在现代食品加工技术的作用下，这些低值产物首先被用于酶解形成酶解液，酶解液中含有大量的鲜味氨基酸，可用于制备水产调味品。酶解后的下脚料用于提取甲壳素和虾青素，甲壳素能够止血、杀菌、改良土壤、保鲜、抗氧化，在医药、食品等领域具有重要价值；虾青素遇热会变色，可作为天然着色剂。蟹壳是优质的钙源，将蟹壳进行超微粉碎后可得到易被人体吸收的有机钙，具有很好的保健功能。

（1）虾青素

虾青素的提取方法有多种，其中碱提法污染严重，油溶法纯化成本高，而用超临界二氧化碳流体和亚临界流体萃取法萃取率高、选择性强，是虾青素提取方法的发展方向。

(2) 甲壳素

蟹壳、蟹爪经机械破碎后浸入稀氢氧化钠溶液除去蛋白质，再用稀盐酸溶液除去钙质，余下的为甲壳素。甲壳素性质稳定，既不溶于水，也不溶于稀酸、稀碱溶液，故亦称为不溶性甲壳质。将其用浓碱液浸泡并加热，可脱去其分子中的乙酰基，得到可溶性甲壳质（壳聚糖）。它们都属于高分子化合物，由于是从动物体内提取出来的，也称为动物纤维素。其特殊结构决定了特有的性质及多方面的药用价值，如可被机体吸收、对机体具有高度亲和性，在临床上有加速伤口愈合的作用，同时兼具止血、止痛、抑菌、杀菌作用，可广泛用于外伤、人工植皮及软骨病、骨关节病等的治疗；在食品工业上可用作保鲜剂、持水剂、抗氧化剂等。

(3) 蟹味料

新鲜蟹壳、蟹爪残留蟹肉中的大量蛋白质经酶解成为呈味肽和氨基酸，可制得蟹风味料。也可用粗放的方法生产蟹汁风味料，工艺流程为：挑选鲜蟹壳→洗净→粉碎→加热蒸煮→汤汁加热浓缩→蟹汁（得率50%）。由蟹汁制得蟹味调料，可用于佐餐调味。例如，蟹汁加3%盐、6%食糖、1%味精、适量藻胶、香料→拌匀→煮沸→罐装杀菌→蟹味调料。在面粉中添加适量蟹汁可生产儿童膨化食品，在鱼糜中添加适量蟹汁可生产人造蟹肉。

(4) 有机钙

将蟹壳、蟹爪进行超微粉碎，得到的微粉为有机钙，比无机钙容易被人体吸收、利用。它可以作为添加剂，制成高钙高铁的骨粉（泥）系列食品，具有独到的营养保健功能。

风味、便捷、保健、美容水产食物是我国水产品加工的主要发展方向。调味品、休闲食品和方便食品应该是水产品重点发展方向。首先，河蟹分割加工过程烦琐费时以及加工产品形式较为单一，是加工过程中急需突破的两个难点，提出有助于河蟹分割加工的处理方法以及丰富产品的加工形式是重中之重；其次，河蟹加工的下脚料和边角料的综合利用研究将持续成为研究热点；最后，以低值河蟹产品为原料，利用现代食品加工新技术开发营养、美味的海鲜调味品将是未来河蟹产品发展的重点。

1.2.4 贝类加工副产物综合利用

由贝类生产加工的副产物包括贝壳、中肠腺软体部和裙边肉等，同时从贝类中还可以提取天然牛磺酸、生产氨基酸和调味品。贝类除具有较高的食用价值之外，其贝壳还可以通过物理和化学方法提取活性钙、制作土壤改良剂和废水除磷材料等。贝壳还具有较高的观赏价值，利用贝壳制作成的项链、手链等，也是贝类加工形成的副产物。

1.3　淡水产品加工设备设施现状

目前我国淡水产品的加工仍以传统和粗加工为主，冷冻、干制和烟熏制品占75%左右。基于这一现状，我国淡水产品加工设备设施配套发展也严重滞后于发达国家，配套设施粗放；冷冻和杀菌等核心加工设备存在进口依赖程度高、自动化程度较低等问题。淡水产品配套加工设备的现状与绿色加工所要求的高效、低耗、精细加工等还存在较大的差距。以绿色加工为导向，对传统的加工前处理设备、加工设备、副产物综合利用设备等进行改进或创新，进而降低加工能耗、提高加工效率是淡水产品加工设备设施发展的趋势所在。

1.3.1　传统速冻技术及设备

近年来，随着中国居民收入的提高，消费习惯的改变，速冻食品的需求量也得到迅速增长。速冻机是能够在短时间内冻结大量农产品及畜禽、水产等产品的高效率冻结设备。速冻机一般由围护体、冷风机、传动部件、电控系统等主要部件组成。其优势在于冻结时间短、效率高、冻结品质优、自动化程度高、卫生环境好等。

从产品类型方面来看，按结构形式可以将速冻机主要分为隧道式、螺旋式、流化床式和平板式四大类；按冻结方式又可以分为空气循环式、接触式、喷淋式和浸渍式等四种。国际公认若冷冻食品中心温度快速达到-18℃，并在此低温下稳定持续冷藏保存，就能最大限度地保持食品原有色、香、味及品质。速冻食品是当今世界上发展最快的食品工业之一，加工后的新鲜食品通过适当的前期处理并加工成型后在低温下快速冻结，然后在-18℃或更低温度下储藏、运输、销售。我国是速冻食品生产大国，生产的速冻产品包括果蔬、肉、禽、蛋、水产品、粮食产品等。

在各类速冻机中，隧道速冻机结构简单，是一种高效的速冻机类型，可经济、高效地冻结单体或盘装的多种形状、多种类型产品。网式速冻机适合用于海产品、肉类及部分果蔬的快速冻结；板带式速冻机更适合用于水分较大、较为柔软的或者流质食品，如调理食品（汤圆、水饺）、单体或盘装肉类和水产品。螺旋式速冻机可分为单螺旋和双螺旋两类。螺旋式速冻机的特点是占地面积小，能提供优势产品速冻所需的均匀、高效的封闭循环气流。单、双螺旋式速冻机应用领域基本相同，广泛应用于多种食品的快速冻结，比较适合面点、水产类、肉类、调理食品、蔬菜、油炸食品等。流化床速冻机传送带一般为不锈钢网装置，比较适合颗粒状、片状或块状食品，在强烈气流自下而上的作用下，使食品呈现"流态化"运动，颗粒均匀并快速地冻结。全封闭式的保温结构，最大程度地减少了冷量损失，提高了节能效果。平板式速冻机拥有设备体积小、占地面积小等特点，并且容易操作，是渔船速冻设备的理想选择。此外，平板速冻设备还具有包括传热效率高、冻结时间短、冻结品质高等特点。我国小型一体式平板速冻机广泛用于饭店、酒店、超市、酒吧等轻商行业。伴随着冷冻技术和速冻技术的发展，速冻设备也逐渐广泛应用于其他行业如医药和化工行业。

目前国内速冻设备企业可分三大梯队。第一梯队为国外品牌，国外高端速冻设备产品制造精密度高，产品开发较好，主要专注于高端市场，但市场价格高、品种单一，在国内的市场销量较少。第二梯队为国内质量和技术方面领先的品牌，主要专注于中高端品牌，价格有很大优势，可根据客户需求量身设计产品方案。而第三梯队品牌为国内其他中小型速冻设备企业，产品较为低端，市场竞争力较弱，企业规模也相对较小。我国年人均速冻食品食用量仅为9kg，与美国、欧洲及日本（分别为60kg、35kg及20kg）差距明显。对标海外发达国家，我国人均速冻食品消费量仍有较大提升空间。国内企业技术投入增加，产品品质提高，中高档产品发展迅速，新市场不断开拓，使消费者对速冻食品品牌意识全面增强。中国速冻食品经历了快速发展和价格大战，已经发展成行业最具竞争力的领域之一。2020年新型冠状病毒肺炎疫情期间，由于餐饮聚餐场景基本消失，商超市场等采购频次下降，速冻食品需求激增。2020年春节期间，各类速冻食品电商平台销量同比大幅增加，其中水产丸子类同比暴涨1675%，肉制品同比增长264%。随着冷链物流行业的成熟，消费者对冷冻食品需求量持续提高，速冻机市场将继续扩大，而企业间竞争也将持续加剧。

1.3.2 液氮速冻技术及设备

常规的速冻方式（隧道式连续冻结装置、螺旋式冻结装置、流态式冻结装置、平板式冻结装置、肋板鼓风式双效冻结装置等）均是采用机械制冷，强化对流换热的风速不宜过大，因此速冻时间较长，很难实现食品的玻璃化。液氮速冻技术指通过液氮与食品接触吸收大量的潜热和显热来冻结食品的技术，该技术能使食品快速冻结，以最短的时间通过最大冰晶形成带（$-5\sim-1$℃），食品中水分形成的冰晶均匀细小，食品损伤小，解冻后的食品基本能保持原有的色、香、味。液氮作为商业规模冷冻食品或非食品材料已有数年。美国最早在20世纪50年代就开始用液氮速冻食品，至1960年即正式用于速冻食品，1964年开始在生产上迅速推广。我国从20世纪80年代开始用液氮速冻技术进行冷冻，近年来液氮速冻技术有了较大发展。液氮速冻的食品品质好，液氮安全稳定、无污染。同时，由于我国冷冻食品年消耗量逐年增长，随着人们对高质量冻结食品需求的提高，液氮超低温冻结技术在速冻食品工业中将有广泛的应用前景和实际应用价值。

根据 1948 年 A. Schmidt 等的"食品聚合物科学"理论：在足够快的冷却速率下，所有的水溶液都可迅速通过结晶区而不发生晶化，过冷成为玻璃态固体，从而避免了结晶可能引起的各种损失。液氮的沸点到−20℃冻结终温，相变过程吸收的汽化潜热和显热为 383.1kJ/m^3，该过程能瞬间带走大量热量，使食品由外向内迅速降温至冻结。液氮速冻技术的优越性：①液氮可与形状不规则食品的所有部分密切接触，使传热阻力降低，快速降低冻品温度，实现样品组织内部水分部分玻璃化的状态，从而延缓物理化学变化，减少腐败；②液氮是惰性介质，不会与食品发生化学反应，食品几乎不发生氧化变色和脂肪酸败；③极快的冻结速度使食品内的冰晶细小而均匀，营养成分损失和破坏少，原有风味保持好，商品价值高；④冻结食品的干耗率小，为 0.6%～1%，而一般冻结装置干耗率为 3%～6%；⑤设备占地面积小，装置效率高，运用简单方便；⑥灵活性高，紧凑，可快速安装。

液氮速冻产品范围很广，西方国家液氮主要用于鱼类、水果、蔬菜等的冻结。近年来国内外学者将液氮作为制冷剂，对果蔬、水产品、畜禽类和方便食品等的速冻工艺进行了研究。液氮能够在 2min 内使样品的中心温度迅速降至−196℃，冻结速度是−18℃冻结方式的百余倍，并且用液氮速冻技术处理后的样品各项指标均优于传统的−18℃直接冻结。有研究者通过液氮对金枪鱼、对虾、河豚进行速冻，发现液氮超低温速冻技术的优点在于：相比于−18℃冰柜冻结，液氮速冻后金枪鱼中心温度可在 100s 内达到−150℃以下，失水率小于 1.5%；速冻后的河豚可以冷藏超过 90d 不变色。该液氮技术在市场上得到了广泛应用。综上所述，国内外对液氮速冻技术在水产品中的应用研究较多，但多数只针对特定的食品研究，规律性和实用性不强，更没有提出合理的理论及完善的数学模型。同时，文献报道的液氮速冻技术对水产品的效果很好，但仍需要在大量实验研究基础上，提出合理的液氮速冻技术理论，进而指导工业生产。

1.3.3　熟制杀菌技术及设备

（1）微波熟制杀菌技术特点

微波是频率在 300MHz 至 300GHz 的电磁波。微波最早应用于通信行业，微波的热效应在 1945 年被偶然发现，此后微波加热被广泛应用于食品加工中。微波加热食品时，食品中的极性分子随交变电场的方向不断发生改变，通过分子之间剧烈的摩擦、碰撞，将电磁能转化成热能，使食品的温度升高。

微波加热的特点：①微波的穿透能力强。与其他用于辐射加热的电磁波相比，微波具有更强的穿透性。微波在透入介质时，能与介质发生一定的相互作用，介质分子间互相摩擦，使介质材料的内部、外部几乎同时加热升温，形成体热源，大大缩短加热时间。②微波能够选择性加热。物质吸收微波的能力主要由其介质损耗因数来决定。微波对不同的物质具有不同的作用效果，即微波加热具有选择性加热的特点。水分子对微波的吸收效果最好，物料中的水分比干物质吸收微波的能力强。微波的杀菌特点：微波能同时对物料内部、外部进行灭菌处理，缩短加热时间，降低对产品品质及口感的影响。

（2）微波在食品中的应用原理

1）加热原理：微波是一种电磁波，这种电磁波的能量比常见的无线电波高，它的加热原理是当食物受到微波辐射时，食物中的水分随微波场而变动，由于食物中水分子的运动及相邻分子间的相互作用，产生类似摩擦的现象，水温升高，因此食物的温度上升。用微波加热食物，其内部、外部几乎同时被加热，使整个食物受热均匀，升温速度快，微波以每秒 24.5 亿次的频率深入食物内 5cm 加热。

2）干燥原理：微波干燥与热风干燥的工作方式不同，微波干燥是利用微波的介质损耗原理工作，内部、外部几乎同时加热，加热速度快而均匀，且质量也较易控制，但是设备的投资较大。如果不考虑其他因素，微波干燥是最好的选择，干燥速度快、质量稳定，同时还有灭菌的效果。

（3）微波在食品加工中的优点及应用

与传统的加热工艺、干燥工艺以及灭菌工艺相比，微波具有缩短受热时间、受热均匀等优点，即物料能在较短时间内同时均匀受热，且在加热过程中，几乎没有其他损耗，具有节能高效的优点。传统加热工艺的加热区环境温度高，长时间待在加热区的工人可能会出现身体不适，而微波加热将微波控制在金属空腔内，几乎不会出现微波泄漏的问题，改善了工人的工作环境，还能对加热工艺进行自动化控制，降低工人的工作强度等。由此可见，微波技术的应用极大地促进了食品行业的发展。

目前，冷藏、冷冻技术已达到成熟阶段，主要是将含水物料冷冻到冰点以下，使水固化转变成冰，从而进行长时间保存的一种贮藏方法。微波解冻技术是指在真空条件下将冷藏、冷冻食品中的冰升华为蒸气，从而除去水分的解冻方法。与传统的解冻方法相比，微波解冻大大减少了解冻所需的时间，同时也能有效避免冷冻食物品质下降等。因此，微波解冻技术被广泛应用到包括水产品在内的各种食品加工中。

1.3.4　超高压杀菌技术及设备

超高压杀菌是 20 世纪 80 年代开发的一种非热力杀菌技术。该技术将食品经过软包装之后，以水或其他流体作为传递压力的媒介物，经超高压 100～1000MPa 作用达到杀菌目的。与传统热力杀菌相比，超高压杀菌具有在获得良好灭菌效果的前提下还能保持食品的口感、风味和营养物质的特点。超高压对微生物的杀灭作用主要是通过破坏微生物的细胞膜和细胞壁，使蛋白质变性凝固，抑制酶活性、影响 DNA 等遗传物质的复制，从而杀死食品中的腐败菌和致病菌。超高压杀菌效果受多种因素影响。研究人员将软包装后的鲈鱼片进行 250MPa 超高压杀菌处理，并与 0.1MPa 处理的对照样品进行冷藏期间嗜冷菌变化的动态分析，结果表明超高压处理软包装鲈鱼片的冷藏货架期明显延长 4～5d。

1.3.5　脉冲强光杀菌技术及设备

脉冲强光杀菌是采用强烈的白光脉冲闪照方法对食品表面进行灭菌的技术，其基本原理是可见光、红外线和紫外线共同作用于物料表面的微生物，通过闪照瞬间的高强度能量使微生物的细胞壁及遗传物质发生不可逆改变，从而达到灭菌目的。该技术是对物料的表面进行杀菌处理，适合于感官、风味、营养物质等质量因素对温度敏感的透明包装的产品杀菌处理，以延长产品的货架期。研究人员在固定脉冲能量（6J/cm^2）和闪照频率（3 次/s）情况下，通过控制变换闪照时间、闪照距离、染菌浓度分析烤鳗片的杀菌效果和品质变化，得出的结论是脉冲强光可有效杀除烤鳗片表面的大肠杆菌，在闪照时间 15s 的条件下，杀菌率可达到99.99%，同时杀菌过程对烤鳗片品质的影响较小。

1.3.6　辐照杀菌技术及设备

辐照杀菌是利用射线（其中包括 X 射线、γ 射线和加速电子束等）的辐照能量来杀灭微生物的一项技术。辐照射线照射到食品上会引起食品中的微生物蛋白质或遗传物质发生变化，抑制或破坏其生长或者繁殖，甚至使微生物的细胞组织死亡，从而达到杀菌、延长货架期的目的。辐照灭菌按其用途和剂量可分为辐照消毒杀菌和辐照完全杀菌。辐照消毒杀菌的作用是抑制或部分杀灭腐败微生物和致病性微生物；辐照完全灭菌是一种大剂量辐照灭菌方法，剂量范围为 10～60kGy。它能杀灭肉类及其制品上的所有微生物，从而达到"商业无菌"的目的。食品辐射源有 3 种：X 射线、γ 射线和电子射线。影响辐射效果的主要因素有剂量、辐射介质和状态、温度、辐射气氛、微生物种类。与其他灭菌技术相比，辐照杀菌有其自身的优点，在适当剂量下，辐照处理过程中物料温度上升很小，辐照均匀、快速、易于控制，物料在包装条件下杀菌，辐照处理后无残留，产品的原有品质和风味可以最大限度地保持不变。研究人员进行了 ^{60}Co γ 射线辐照烤鱼片杀菌效果的研究，当烤鱼片的辐照剂量由 0kGy 至 6.0kGy 逐步递增时，烤鱼片货架期显著延长且感官品质无明显影响，剂量为 6.0kGy 时杀菌率达到 99.99%且感官品质无明显变化，但剂量超过 7.0kGy 后感官品质发生了劣变。

1.4 我国淡水产品加工业存在的主要问题

随着党和国家的重视和政策引导，近年来我国淡水产品加工取得了较大的进展，然而，我国淡水产品加工业仍然存在一系列问题，主要表现在如下几方面。

（1）淡水产品加工率和科技含量低

淡水产品加工是一门应用性特别强的学科，但一直以来我们忽略了淡水产品加工研发的投入，尤其忽略了针对基础理论方面的研究。据统计，全国淡水产品加工率约为 15%，作为淡水产品大省的湖南，其加工率仅为 8.3%，与水产品加工发达国家（60%～90%）相比，差距巨大。此外淡水产品中冷冻、干制和烟熏制品占 75%左右，说明我国目前淡水产品的加工仍以传统和粗加工为主。淡水产品资源占全国渔业资源的 42%，但其产品加工的技术跟不上，低值淡水鱼的附加值得不到提升。

（2）淡水产品加工设施装备落后

20 世纪，国内的淡水产品加工设备研发力量薄弱，淡水产品加工设备如冷冻速冻、鱼糜生产等方面的先进设备都依赖进口。进入 21 世纪，尽管通过引进、消化、集成研发生产相关设备，但运行质量不够稳定，自主研发能力仍然较欠缺，成为限制淡水产品加工业发展的瓶颈之一。

（3）淡水产品标准体系尚不完善

淡水产品加工标准及法律法规建设有所滞后，淡水产品危害因子的检验方法及手段尚不健全，特别是对抗生素、农药残留、重金属"三大类"危害因子研究投入的成本及检测方法和手段与发达国家相比严重落后，进行的基础研究和所建立的基础数据还不全面，因此造成标准、法规建设滞后，基本受制于发达国家。

（4）通过认证的淡水产品加工企业占比较低

全国 9100 多家水产加工企业，仅有 6.4%通过食品安全管理体系认证，而日本和泰国等国家的这一比例已达到 80%以上。这一现状造成我国水产品质量控制与管理相对薄弱，引发的"虾氯霉素事件""亚硝酸汞和恩诺沙星超标的烤鳗事件""呋喃唑酮超标的南美白对虾事件""甲醛水发水产品事件"等安全事件，影响产品在国内外的声誉。

（5）综合利用和精深加工发展缓慢

新中国成立以来，淡水产品加工取得长足进展，但主要在初粗加工上，其占比高达 95%，精加工和深加工是少之又少，发展缓慢。例如，可利用加工废弃物制成降压肽、鱼皮胶原蛋白、鱼精蛋白、催乳剂、美容产品等，多元化开发淡水食品、由"初粗加工"向"精深加工"发展，提升淡水产品加工的附加值。

（6）淡水产品绿色加工才刚起步

我国淡水产品加工虽然有几千年的历史，但目前仍然停留在传统加工方式阶段，加工过程中存在绿色环保考虑少、技术落后、设备不先进、产品不安全、原料利用率低、绿色加工技术严重缺乏等问题。

主要参考文献

付万冬, 杨会成, 李碧清, 等. 2009. 我国水产品加工综合利用的研究现状与发展趋势[J]. 现代渔业信息, 24(12): 3-5.

黄利华, 贾强, 郑玉玺, 等. 2019. 水产品加工现状及发展对策[J]. 现代食品, (24): 5-7.

黄利华, 梁兰兰. 2019. 水产加工副产物高值化利用的研究现状与展望[J]. 食品安全导刊, (30): 155-157.

焦晓磊, 罗煜, 苏建, 等. 2016. 水产品加工和综合利用现状及发展趋势[J]. 四川农业科技, (10): 44-47.

居占杰, 秦琳翔. 2013. 中国水产品加工业现状及发展趋势研究[J]. 世界农业, (5): 138-142.

劳同奋, 郑光华. 2017. 水产品加工的安全现状与对策研究[J]. 农业技术与装备, (3): 90-91.

李湘江, 丁源, 徐晓蓉, 等. 2018. 我国即食水产品现状与发展趋势[J]. 农产品加工, (18): 82-83, 87.

刘聪, 李春岭, 刘龙腾. 2017. 基于供给侧视角分析我国水产品加工发展现状[J]. 水产科技情报, 44(4): 187-192.

刘文宗, 刘作华. 2000. 我国淡水产品加工现状与未来 10 年预测[J]. 内陆水产, (10): 44-46.

鲁统赢, 陈梦霞. 2016. 我国淡水渔业生产现状及发展策略[J]. 南方农业, 10(15): 146, 148.

吕任之. 2020. 浅谈我国水产品工业现状及发展趋势[J]. 广东蚕业, 54(4): 49-50.

欧阳杰, 沈建, 郑晓伟, 等. 2017. 水产品加工装备研究应用现状与发展趋势[J]. 渔业现代化, 44(5): 73-78.

钱坤, 郭炳坚. 2016. 我国水产品加工行业发展现状和发展趋势[J]. 中国水产, (6): 48-50.

韦余芬. 2017. 水产品加工行业发展现状分析[J]. 农技服务, 34(10): 147.

吴燕燕, 石慧, 李来好, 等. 2019. 水产品真空冷冻干燥技术的研究现状与展望[J]. 水产学报, 43(1): 197-205.

徐思敏, 李招, 王建辉, 等. 2017. 湖南省淡水鱼加工产业现状及其发展路径[J]. 食品与机械, 33(6): 213-216.

周德庆, 杨念钦, 王珊珊. 2018. 我国水产品加工贸易现状与发展策略[J]. 肉类研究, 32(2): 57-62.

Schmidt A, Marles C. 1948. Principles of high poly-mer theory and practice[M]. London: McGraw Hill: 191.

第 2 章 淡水产品绿色加工技术方案

针对水产加工原料利用率低、消费形式少、加工技术与装备落后、质量安全难以控制、绿色加工技术缺乏等问题，从 2011 年开始，依托湖南丰富的水产资源，作者团队开展了"淡水产品绿色加工关键技术创新与应用"研究。按照边研发、边应用的思路，历经 10 余年协同创新研究，在水产品产业链完善，加工技术创新，工艺精深化，全鱼虾综合利用，一体化链式加工装备研发，加工车间自动、高效、节能化，质量控制，以及品牌创建等方面进行攻关。利用现代生物技术和生物材料攻克淡水产品熟制入味核心难题，突破秒冻锁鲜、脱腥脱臭、低温卤制等关键技术，解决水产品加工设备不配套、自动化程度低的传统问题，创新水产品液氮速冻及调味料调配技术，提升预制产品质量，打造了"渔家姑娘"、"东江鱼"等品牌及国家地理标志保护产品。

2.1 绿色加工的词源与运用

绿色加工又称绿色制造（green manufacturing），是以绿色理念为指导，综合运用绿色设计、绿色工艺、绿色包装、绿色生产等为一体的科学技术，在保证产品的功能、质量、成本的同时，综合考虑环境影响和资源利用效率的现代制造模式，又称为环境意识制造、无浪费制造。其目标是使得产品从设计、制造、包装、运输、使用到报废处理的整个生命周期中，对环境负面影响最小，资源利用率最高，并使企业经济效益和社会效益协调优化。早在"十二五"期间，机械制造就已列入国家绿色加工技术专项规划，而如今绿色加工已经成为包括淡水产品加工业在内的各行各业发展的核心理念。概言之，绿色加工是指在不牺牲产品的质量、成本、可靠性、功能和能量利用率的前提下，充分利用资源，尽量减轻加工过程对环境产生有害影响的加工过程，其内涵是指在加工过程中实现优质、低耗、高效及环保化。而对食品加工而言，指物料消耗最小化、加工废弃物最小化、环境污染最小化、产品引发不良最小化。

2.1.1 绿色加工核心技术

基于在机械制造领域中的探索，目前在绿色制造技术的使用中应用较为成熟的工艺技术主要有如下几种。

1）精密成形制造技术：成形制造技术包括铸造、焊接、塑性加工等，目前它正从仿形加工向直接制成工件，即精密成形或净成形方向发展，这样就可以大大减少原材料和能源的消耗。

2）干式加工技术：传统机械加工尤其是在数控机床、加工中心和自动生产线上的切削过程是以使用切削液的湿法方式进行的。但切削液是金属切削加工中的主要污染源，切削液不仅对操作工人的身体健康构成威胁，而且废液的排放也对环境造成严重污染，尤其是对水资源的污染。干式加工就是加工过程中不采用任何冷却液的加工方式。干式加工简化了工艺、减少了成本并消除了冷却液带来的一系列问题，如废液排放和回收等。

3）工艺模拟技术：采用工艺模拟技术将数值模拟、物理模拟和专家系统相结合，确定最佳工艺参数、优化工艺方案，预测加工过程中可能产生的缺陷和预防措施，从而能有效控制和保证加工工件的质量，达到绿色制造的目的。

4）新型制造技术：绿色制造是多学科多领域的交叉，从产品的设计开始，直到产品的加工工艺、加工过程、质量检测、最后装配和包装，逐渐趋向一体化，如现在计算机辅助设计（CAD）、计算机辅助工艺设计（CAPP）、计算机辅助制造（CAM）的出现就使设计和制造成为一体。现在推出一种新型技术——快速原型零件制造技术（RPM），不采用材料"去除"的原则，而采用"添加、累积"的原理。代表性技术有分层实体制造（LOM）、熔化沉积制造（FDM）等。

5）网络技术、虚拟现实技术与制造业相结合构成敏捷制造技术：虚拟现实技术在制造业中的应用主要包括虚拟制造技术和虚拟公司两个部分，虚拟制造技术就是在真正产品生产之前，在虚拟制造环境下生成软产品模型（soft prototype）来代替传统的硬样品（hard prototype）进行实验，对其性能和可制造性进行预测与评估，从而减少损耗，降低成本。

2.1.2 淡水产品绿色加工

将绿色制造理念延伸到食品加工行业，再应用到水产品加工产业，出现了食品绿色加工和水产品绿色加工。以淡水产品绿色加工为例，主要归纳为：利用现代生物技术、集成创新传统技术，进行淡水产品加工全过程机械设备、技术工艺、生产流程等的改革与创新，使淡水产品加工实现利用率高、废弃物排放少，耗能、耗时、耗材和耗力均低，并且对环境影响小等目标，即通过淡水产品绿色加工技术的应用，在保证淡水产品质量的同时，把淡水产品消耗、加工所产生的副产物、废弃物及废水对生态环境的污染降到最低限度。也就是说，淡水产品绿色加工是指对淡水产品在加工全过程中采用绿色加工方法进行加工。绿色食品原料没有绿色加工技术就无法加工成绿色产品，有绿色加工技术没有利用绿色食品原料进行加工也不能生产出绿色产品。食品绿色加工技术保障了生态环境、能源消费、食品安全和人们高质量生活所需。

作者团队根据淡水产品的特点，运用现代生物技术理论和原理，聚焦解决淡水产品加工过程中的腥味、保鲜、调味、保质、货架期及其配套设备、技术、工艺等问题。相关概念如下。

1）生物技术（biotechnology）：是指以现代生命科学为基础，结合其他学科的基本原理，采用先进的科学技术手段，按照预先的设计改造生物体或加工生物原料，为人类生产出所需产品或达到某种目的的技术方式。生物技术不仅是一门新兴、综合性的学科，更是一个深受人们依赖与期待的、亟待开发与拓展的领域。现代生物技术研究所涉及的范围非常广，其发展与创新也日新月异。现今生物技术研究综合了微生物学、酶学、基因工程、分子生物学、生物化学、遗传学、细胞生物学、胚胎学、免疫学、有机化学、无机化学、物理化学、物理学、信息学及计算机科学等多学科技术。

2）蛋白质变性（protein denaturation）：蛋白质是由多种氨基酸通过肽键构成的高分子化合物，在蛋白质分子中各氨基酸通过肽键及二硫键结合成具有一定顺序的肽链，称为一级结构；蛋白质的同一多肽链中氨基和酰基之间可以形成氢键，使得这一多肽链的主链具有一定的有规则构象，包括 α 螺旋、β 折叠、β 转角和 Ω 环等，这些称为蛋白质的二级结构；肽链在二级结构的基础上进一步盘曲折叠，形成一个完整的空间构象，称为三级结构；多条肽链通过非共价键聚集而成的空间结构称为四级结构，其中一条肽链称一个亚基。而蛋白质受物理或化学等因素的影响时，改变其分子内部结构和性质的作用称为变性。一般认为蛋白质的二级结构和三级结构有了改变或遭到破坏，都是变性的结果。能使蛋白质变性的化学方法有加强酸、强碱、重金属盐、尿素、丙酮等；能使蛋白质变性的物理方法有加热（高温）、紫外线及 X 射线照射、超声波、剧烈振荡或搅拌等。

3）脂肪氧化（fat oxidation）：也称脂肪氧化酸败，是指油脂在贮存过程中经微生物、酶、光照、空气中的氧等因素的作用，使油脂中不饱和链断开形成过氧化物，再依次分解为低级脂肪酸、醛类、酮类等物质，产生异臭和异味，有的酸败产物还具有致癌作用。脂肪氧化是油脂及含油食品品质劣变的主要原因之一，也是食品工业最关心的问题之一，因为它直接同营养、风味、安全、贮藏以及经济有关。油脂氧化的初级产物是氢过氧化物，根据其形成途径可将油脂氧化分为自动氧化、光氧化和酶促氧化。

4）鱼腥味（fishy smell）：鱼腥味主要是鱼体中的三甲胺所产生的。鱼肉中含有很多呈鲜味的氧化三甲胺，在鱼死后，这种化合物很容易被还原为三甲胺，而三甲胺与氧化三甲胺完全不一样，不仅使鱼失去鲜味，反而呈现腥味。鱼体脂肪中含有游离脂肪酸，具有特殊的鱼油味，也呈现腥味，鱼死后脂肪在其体内被氧化酸败，会进一步产生腥臭味。

2.2　淡水产品绿色加工总体思路

2.2.1　淡水产品绿色加工的意义

淡水产品为我国居民，特别是内地居民提供了较高比例的动物蛋白来源。然而，淡水产品加工一直存在的产品结构单一、保质期短、腥味重、高油高盐、入味难、营养损失大、副产物利用难等问题，是水产加工业一直难以攻克的难点，也是制约水产品加工质量提升及三产融合改革的瓶颈。党的十八大以来，政府曾多次对水产品精深加工和高质量发展提出具体要求，如在粗加工、初加工及初精加工的基础上，将其营养成分、功能成分、活性物质和副产物等进行再次加工；在实现精深加工等多次增值的基础上，向绿色新技术、新工艺、新产品发展，延长产业链、提升价值链、优化供应链、构建利益链，推进农业供给侧结构性改革，满足人民消费提质升级的要求。

因此，水产品绿色加工及副产物综合利用是推进水产一二三产业结构性改革，满足人民日益增长的美好生活需求的重要示范环节。通过对精深加工技术的集成创新与应用，减少季节性水产品过剩，拓宽低值水产品出路，稳定水产品市场，保障养殖者利益，为水产业持续发展注入活力。通过技术集成及设备研发，可控制水产品上市质量，满足社会现实需求，提高水产品利用率，有效减少废弃物的排放，实现经济、社会和生态效益协同发展。立足渔业振兴，突出标准引领，强化创新驱动，推进水产品多元化开发、多层次利用、多环节增值，是实现水产业提质增效、农民就业增收和农村一二三产业融合发展的重要环节，是实现水产品减损增供、减损增收、减损增效以及水产品加工业优化升级的关键措施，也是推动实施乡村振兴战略布局的重要保障。

2.2.2　淡水产品绿色加工关键技术创新研制思想

淡水产品绿色加工关键技术创新与应用主要解决水产加工原料利用率低、消费形式少、加工技术与装备落后、质量安全难以控制、绿色加工技术缺乏等问题，其研制思想可概括为以下几点（图 2-1）。

1）针对淡水产品水分含量高、腥味重、保鲜保质与入味难等问题，集成创新生物脱腥、秒冻锁鲜、品质改良、低温卤制等技术，突破淡水产品腥味去除、保鲜保质、熟制入味等绿色精深加工关键技术难题。

2）针对副产物利用率低、环境保护压力大、精深加工产品少等问题，创新生物酶、功能菌、蛋白质纯化等技术，解决副产物加工利用率低、产品纯度低、营养损失大、核心技术少等副产物综合绿色加工利用难题。

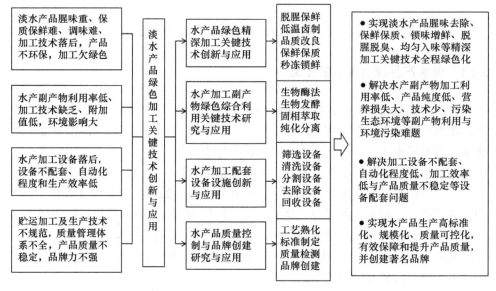

图 2-1　淡水产品绿色加工关键技术创新与应用研制思想

3）针对上述技术与工艺的创新，根据自身的生产特点，通过自主研发和引进改造对加工设施设备进行创新与升级，解决加工设备不配套、自动化程度低、加工效率低、产品质量不稳定等设备配套与革新难题。

4）针对产品质量不稳定和水产品品牌不响等问题，通过制定产品标准与技术规范，使生产高标准化、质量可控化、管理体系化；通过挖掘特色"基因"，树立品牌意识，有效创建和打造水产加工产品新品牌。

2.3　淡水产品绿色加工关键技术创新基本方案

根据淡水产品绿色加工关键技术创新的研制思路，进一步针对淡水产品绿色精深加工关键技术集成创新、副产物综合利用绿色加工关键技术创新、配套加工设备设施与生产线改造创新、水产品质量管控体系与品牌创建等 4 个方面制定了基本方案。

2.3.1　淡水产品绿色精深加工关键技术集成创新方案

以小龙虾、对虾、珍珠蚌以及淡水鱼等为重点研究对象进行研究，主要通过对生物脱腥技术、低温卤制技术、品质改良技术、保鲜锁鲜技术等关键技术的创新突破，解决传统水产品加工导致的土腥味重、入味难、口味差、保质期短、营养及风味损失快、脂肪易氧化等卡脖子技术难题，延长熟制水产品保质期。

（1）生物脱腥技术研究

1）理论总结：系统归纳各类淡水产品腥味形成的相关机制以及现有脱腥技术的相关机制，为淡水产品生物脱腥技术的创新奠定理论基础。

2）技术创新：以淡水小龙虾、淡水鱼为研究对象，分别筛选适宜的脱腥技术，并以产品开发为导向对关键的脱腥技术参数进行优化。

（2）低温卤制技术研究

1）理论总结：系统总结卤制加工技术的现状、原理及存在的问题，分析低温卤制技术的潜在优势，为低温卤制技术在小龙虾产品开发中的应用奠定理论基础。

2）技术创新：建立小龙虾低温卤制技术，在此基础上开发低温卤制配套汤料，进而以市场为导向开发系列小龙虾低温卤制产品。

（3）品质改良技术研究

1）理论总结：系统归纳淡水产品品质评价的指标体系和影响因素，结合当前主流的淡水加工产品，分析其所存在的主要品质问题，为淡水产品品质改良技术研究奠定理论基础。

2）技术创新：从原料角度创新建立水产品品质提升技术，围绕淡水鱼糜凝胶特性改良进行全方位技术创新，针对风味加工产品进行低盐腌制和快速醉制等品质改良技术创新，针对小龙虾加工产品的潜在安全风险进行真空油炸技术的创新，针对市场对高品质产品的需求进行新产品开发。

（4）保鲜锁鲜技术研究

1）理论总结：系统归纳淡水产品品质劣变的机制及规律，总结低温保鲜技术、植物源保鲜剂、保鲜包装技术等在水产品中的应用现状，为淡水产品保鲜锁鲜技术创新奠定理论基础。

2）技术创新：针对水产品运输过程开展保活保鲜技术研究；研究植物提取物在水产品保鲜锁鲜中的应用，筛选出适宜于淡水产品的植物源保鲜剂；研究小龙虾冷冻保鲜锁鲜技术，并进行相关产品的开发。

2.3.2　副产物综合利用绿色加工关键技术创新方案

以河蚌贝壳、小龙虾虾壳、鱼鳞、鱼骨等为重点研究对象，研究发酵及酶解技术、蛋白（肽）分离纯化技术等副产物精深加工关键技术，解决水产加工副产物利用率低、附加值低、污染环境等问题，使整鱼、整虾加工利用率提高至 95%；实现了副产物加工的绿色化并提高了水产品加工利用率。

（1）发酵及酶解技术研究

1）理论总结：系统归纳发酵及酶解技术的基本原理，总结发酵及酶解技术等在水产品中的应用现状，为发酵及酶解技术在淡水产品加工副产物综合利用中的应用奠定理论基础。

2）技术创新：针对鱼鳞等淡水鱼加工副产物进行酶解，并进一步进行高值化产品的开发；针对虾壳等淡水小龙虾加工副产物进行酶解，并以全虾丸开发为思路进行高值化利用；针对低值淡水珍珠进行酶解，并以化妆品、保健品等为思路进行高值化利用；针对螺、蚌、蚬加工副产物进行发酵技术研究，开发高值化产品。

（2）蛋白（肽）分离纯化技术研究

1）理论总结：系统归纳常见蛋白（肽）分离纯化技术的基本原理，总结蛋白（肽）分离纯化技术等在水产品中的应用现状，为蛋白（肽）分离纯化技术在淡水产品加工副产物综合利用中的应用奠定理论基础。

2）技术创新：研究建立从河蚌肉中同时提取蚌肉提取物、蛋白粉和多肽粉的工艺技术方法；基于珍珠、蚌肉中的多肽分离纯化，进行珍珠虫草保健制剂的开发。

2.3.3 配套加工设备设施与生产线改造创新方案

以小龙虾、淡水鱼为重点研究对象，研究改造加工前处理设备、加工设备、副产物综合利用设备，解决水产加工设备落后、自动化程度低等问题，实现节能减排的同时提高水产品加工效率。

（1）淡水产品运输环节设备创新

1）现状调研：系统归纳影响淡水产品运输存活率的主要因素，总结现有淡水产品保活运输主要方法的优缺点，调研现有淡水产品运输设备存在的问题，为淡水产品运输环节的设备改造创新奠定基础。

2）改造创新：针对现有淡水产品运输设备不能实时动态监测产品品质变化的不足，改造设计一种淡水鱼离水品质变化监测系统装置，并建立相应的监测方法。

（2）淡水产品预处理环节设备创新

1）现状调研：深入调研淡水产品预处理环节的设备应用现状，了解其存在的主要不足和改造需求，为淡水产品预处理环节的设备改造创新奠定基础。

2）改造创新：针对现有淡水产品预处理设备自动化程度不高和鱼鳞等下脚料不能自动收集等不足，重点进行水产品筛选与清洗设备以及鱼鳞去除相关设备的改造和创新。

（3）淡水产品加工环节设备创新

1）现状调研：深入调研淡水产品加工环节的设备应用现状，了解其存在的主要不足和改造需求，为淡水产品加工环节的设备改造创新奠定基础。

2）改造创新：针对淡水鱼和淡水小龙虾加工的需求，重点进行淡水鱼类加工的鱼身切段清洗装置、便于控制产品数量的鲢鱼加工用摊料装置、便于均匀翻晒的鲫鱼加工用晾晒架，以及方便去钳的小龙虾加工处理装置、具有冲洗功能的小龙虾剥壳装置等的改造和创新。

（4）淡水产品加工副产物利用环节设备创新

1）现状调研：深入调研淡水产品加工副产物利用环节的设备应用现状，了解其存在的主要不足和改造需求，为淡水产品加工副产物利用环节的设备改造创新奠定基础。

2）改造创新：针对鱼鳞和小龙虾虾壳等淡水产品加工副产物利用的需求，重点进行甲壳加工利用装置及鱼鳞胶原蛋白提取装置的改造和创新。

2.3.4　水产品质量管控体系与品牌创建方案

按照国际（包括国内）相关标准，围绕水产品质量控制与品牌创建开展创新和应用；建立产品生产技术企业标准，进行规范化生产，并进行多方质量认证；注重公司文化与品牌创建，充分挖掘相关资源，打造产品品牌。

（1）优质加工产品开发

在淡水产品绿色加工关键技术研究的基础上，以市场需求为导向进行优质淡水加工产品的开发，并建立产品技术标准，为水产品品牌打造奠定基础。

（2）特色品牌文化建设

选择 2～3 家水产品加工企业作为试点，充分挖掘品牌所蕴含的特色文化，通过加大宣传力度，为水产品品牌打造提供内涵。

（3）科学管理体系构建

参照国际（包括国内）先进的质量管理体系，从加工环节、加工人员、过程管理、产品检验等方面规范企业管理体系，为水产品品牌打造提供保障。

主要参考文献

本刊编辑部. 2021. "农产品与新型食品高值化绿色加工新技术"专题导读[J]. 农业工程学报,

37(4): 8.

碧禾. 2012. 食品和包装机械行业"十二五"发展规划摘要[J]. 农产品加工(创新版), 4: 19-22.

冯家炳. 2019. 绿色制造技术在机械制造领域的应用[J]. 世界有色金属, (12): 2.

顾赛麒, 王苏宁, 鲍嵘斌, 等. 2020. 食品改良剂对丁香鱼干品质特性的影响[J]. 浙江农业学报, 32(7): 1263-1273.

黄利华, 梁兰兰. 2019. 水产加工副产物高值化利用的研究现状与展望[J]. 食品安全导刊, (30): 155-157.

李润煦. 2021. 水产加工云计量系统设计[D]. 华中师范大学硕士学位论文.

乔春楠, 李显军. 2016. 绿色食品加工产品发展现状与难点分析[J]. 中国食物与营养, 22(6): 4.

邱秉慧, 王海帆, 秦乐蓉, 等. 2021. 小龙虾加工和流通过程中的食品安全与品质控制技术研究进展[J]. 肉类研究, 35(9): 43-50.

汝晓艳. 2020. 虚拟现实技术在机械设计与制造中的应用[J]. 南方农机, 51(9): 1.

宋秋露. 2021. 水产副产物膨化脆片技术研究及休闲产品开发[D]. 浙江海洋大学硕士学位论文.

汪超, 韩美顺. 2020. 2019年度中国制冷设备市场分析[J]. 制冷技术, 40(S1): 68-89.

王鹏. 2009. 真空冷冻干燥技术在水产品加工中应用的探讨[J]. 农产品加工, (8): 69-70.

吴永红. 2013. 在绿色设计理念指导下的食品包装设计研究[D]. 湖南师范大学硕士学位论文.

徐中伟. 2009. 努力发展实验用小型水产食品、食品加工机械[J]. 中国水产, (12): 31-32.

张晋. 2021. 草鱼低温保藏品质变化及绿色加工技术研究[D]. 上海海洋大学硕士学位论文.

张谦, 过利敏, 于明. 2006. 绿色加工技术在农产品深加工中的应用[J]. 新疆农业科学, (5): 413-416.

张群. 2018. 水产加工副产物增值利用关键技术研究[J]. 食品与生物技术学报, 37(8): 896.

赵远恒, 郭嘉, 陈六彪, 等. 2019. 食品液氮速冻技术研究进展[J]. 制冷学报, 40(2): 1-11.

周德庆, 李娜, 王珊珊, 等. 2019. 水产加工副产物源抗氧化肽的研究现状与展望[J]. 水产学报, 43(1): 188-196.

第3章 淡水产品绿色脱腥提味关键技术

针对淡水产品水分含量高、腥味重、保鲜保质与入味难等问题，围绕生物脱腥、秒冻锁鲜、品质改良、低温卤制等技术进行了集成创新研究，突破了淡水产品腥味去除、保鲜保质、熟制入味等绿色脱腥提味加工关键技术难题。

3.1 脱 腥 技 术

随着人们对食品风味要求的提高，腥臭味问题成为水产品加工与销售的一大限制性因素。从水产品自身与环境两方面对腥味物质的形成机制进行分析，水产品中腥味物质的形成主要是由于不适当的储存与运输造成内部氧化三甲胺的分解、脂肪酸的氧化分解、其他物质酶的催化转化以及游离脂肪酸的自动氧化分解；也包括环境中藻类和微生物的代谢产物在水产品体内积累，以及其肌肉对挥发性物质的吸收等因素。控制水产品腥味，减少其对水产品质量的影响成为研究热点，近年来国内外对于水产品腥味物质脱除技术的研究不断深入并取得新的进展。通过固体吸附、分子包埋、辐照、添加抗氧化剂以及臭氧处理等物理化学方法对水产品进行脱腥处理，脱腥效果明显。天然安全、保证食品原有品质的生物脱腥技术也展现出广阔的发展前景。但大部分脱腥方法通常具有局限性，单一的脱腥方法普遍不能完全去除水产品中的腥味物质。因此，研究者将两种或两种以上脱腥方法进行复配，使其进行互补并发挥协同增效作用，以期获得更优的水产品脱腥方法。

3.1.1 淡水产品腥味物质的形成机制

水产品腥味物质是由多种挥发性物质共同作用而成的，如少量的萘类、呋喃、部分相对分子质量低的醛类以及醇类、酮类等物质。由于醛类物质如己醛、E-2-辛烯醛等具有较低的感官阈值，较易产生不愉悦的气味。而水产品中类似金属或泥土的令人反感的气味主要由醇类物质产生，与挥发性物质具有协同作用的酮、烯两类物质更促进了水产品腥味物质的产生。

（1）氧化三甲胺的分解

氧化三甲胺是水产品体内本身存在的含氮化合物，是其特有的内源性物质。

当氧化三甲胺的含量达到一定数值时，可使水产品呈现甜味，并在口感上增加其鲜味。三甲胺（trimethylamine，TMA）的氧化物本身不具有异味，但其在加热条件下可分解为三甲胺、二甲胺（dimethylamine，DMA）和甲醛，进行高压处理也会促进氧化三甲胺的分解并产生三甲胺。而三甲胺、二甲胺等脂肪族胺类物质具有刺激的鱼腥臭味，当其与鱼体内的 δ-氨基戊酸、六氢吡啶等物质共存时，也会使鱼的腥臭味大大增强。另外，不同种类的鱼体内所含氧化三甲胺的量不同，如与淡水鱼、硬骨鱼等相比，海水鱼和软骨鱼有更强的腥味。

（2）脂肪酸的氧化分解

不饱和脂肪酸在特定的脂肪氧化酶作用下发生酶促反应或自动氧化进行分解，产生氢过氧化物作为初级代谢产物，但由于氢过氧化物稳定性较弱，容易进一步分解产生多种挥发性物质。通过气质联用仪对水产品进行检测，得出主要的风味物质为醛类、酮类及羧酸类等具有挥发性的小分子物质，而水产品腥味的产生正是由这些次级氧化产物共同作用所致。研究人员对鱼糜中脂肪氧化产生的主要腥味物质己醛的含量进行检测分析，研究表明血红蛋白（hemoglobin，Hb）对鱼类脂肪氧化的催化能力高于肌红蛋白（myohemoglobin，Mb）。由此可得，腥味物质的浓度与鱼体内脂肪的含量呈正相关，而对脂质氧化起催化作用的主要因素如血红素蛋白，其中包括血红蛋白（Hb）与肌红蛋白（Mb）、铁离子以及脂氧合酶（lipoxygenase，LOX）等，均影响水产品腥味物质的形成。存在于鱼皮黏液以及血液中的前体物质，如反，反-2,4-癸二烯醛、六氢吡啶类等，均是在鱼油贮藏过程中 ω-不饱和脂肪酸自动氧化生成的碳化物，在酶的作用下可生成具有腥味的物质。

（3）藻类和微生物代谢产物在体内积累

水产品生存环境中的藻类、微生物、水质等条件也是其腥味物质形成的主要原因之一。水体中的土腥味主要是由具有挥发性的萜烯衍生物等物质引起的，这类物质大部分是由水体中的蓝藻、鱼腥藻以及放线菌等进行次级代谢产生的，而这些次生代谢产物通过吸附在生物体表面或作为食物被生物摄取等途径，使腥味物质在生物体内蓄积，进而使水产品具有鱼腥、土腥味等复合气味。Hallier 等 2005年研究发现在水温高的情况下，鱼体易产生土臭素和二甲基异莰醇，且鱼类对此类物质的吸收程度与环境中的温度呈正相关。因此水环境对于鱼体风味物质的形成影响较大，在水产品养殖过程中保证水质尤为重要。

（4）腥味物质的其他形成机理

鱼肉中的蛋白质经过分解生成多肽、氨基酸等前体物质，在酶的催化作用下，含硫、氮的前体物质进行脱羧与脱氨反应生成腥味化合物。另外，在酶的作用下类胡萝卜素也可转化生成腥味物质。某些水产品肌肉中存在的腥味是由外部环境中某些化学成分通过渗透作用进入鱼体内的，水产品吸收这些挥发性化合物从而造成水产品具有鱼腥味及土腥味。水产品中的脂肪含量和温度也会影响其对于腥味化合物的吸收能力。

3.1.2　淡水产品腥味物质的脱除技术

（1）物理法

1）吸附脱腥法：吸附法主要是固体吸附物通过其发达的孔状结构与较大的比表面积，将流经的气体或液体中的某一组分（分子或离子）吸附积累在其表面而产生的吸附作用，主要的吸附剂包括活性炭、分子筛、硅胶以及大孔吸附树脂等。研究人员利用粉末活性炭对构成水产品腥味的主要物质反,反-2,4-庚二烯醛以及反,反-2,4-癸二烯醛进行处理。结果表明，粉末活性炭对于两种腥味物质均具有较好的脱腥效果，其中对于反,反-2,4-癸二烯醛的脱腥效果更加明显，且具有较大的吸附量。近年来，大孔吸附树脂得到广泛应用，大孔吸附树脂不仅可以通过其孔穴结构对腥味物质进行高效吸附，还具有一定的筛选性。研究人员利用 AB-8 型大孔吸附树脂对鳕鱼蛋白酶解产物进行处理，经固相微萃取-气质联用（SPME-GC-MS）技术验证，结果表明，其中 8 种挥发性风味物得到脱除，鳕鱼蛋白酶解产物腥味得到明显改善。物理吸附法成本低且操作简单，选择较优吸附剂并对吸附条件进行控制，可实现水产品快速脱腥，但此方法不能脱除水产品内部的腥味成分，只作用于其表面，脱腥效果受到限制。

2）分子包埋脱腥法：分子包埋脱腥法是指笼状分子通过包埋作用对分子量低的挥发性腥味物质进行包埋，从而达到脱腥的目的。β-环糊精（β-cyclodextrin，β-CD）为一种环状低聚糖，是在环糊精葡萄糖基转移酶催化作用下，将葡萄糖与α-1,4 糖苷键相互作用并结合而形成的笼状结构，具有疏水性空腔和亲水性外表面，可使多种腥味化合物被包埋在其内部，从而达到脱腥目的。研究人员通过 β-CD 对草鱼鱼鳞中酶溶性胶原蛋白肽进行处理，获得较好的脱腥和脱苦效果，也大大减少了酶溶性胶原蛋白肽的损失率。利用 β-环糊精对沙蟹汁进行脱腥处理，氮氧化合物、甲基类化合物等挥发性腥味物质含量显著减少，而芳香类化合物含量大大增加，脱腥效果明显。β-CD 化学性质稳定且容易消化，肠道内的细菌可将其完全分解为无毒且可吸收利用的物质，在达到脱腥效果的同时，蛋白质功能性仍可得到保持。但其脱腥对象具有一定局限性，只能对于液体物质进行脱腥，且对大分子蛋白质脱腥效果不佳。另外操作条件要求较高，不能实现广泛应用。

3）辐照脱腥法：辐照脱腥法是将水产品进行 ^{60}Co 或 ^{137}Cs γ 射线处理，使其中腥味物质的分子发生电离作用，腥味物质结构改变，从而达到脱腥的目的。辐照脱腥法具有简单、高效便捷以及可大量操作等特点，但辐照食品的安全性是限制其发展的主要原因，消费者对此类脱腥法的可接受性较低。此外，有研究人员论证了辐照食品的健康与安全性，证明将电离辐射与癌症联系在一起并认为受辐射的食物有害是误解。

4）微胶囊脱腥法：微胶囊技术是指通过高分子聚合成膜技术，使多种天然或合成高分子物质聚合形成连续的薄膜，将粒径极其微小的固体颗粒、液体颗粒以及气体颗粒包裹在聚合物薄膜中的一种技术。研究人员利用壳聚糖（chitosan, CS）和大豆分离蛋白（soybean protein isolate, SPI）两种高分子聚合物作为壁材，对青鱼内脏鱼油进行微胶囊化，在抑制不饱和脂肪酸氧化的同时，鱼油的腥味也得到掩蔽。另有研究人员对鱼油进行微胶囊化处理，使得环境因素对鱼油的氧化作用降低，其中造成鱼油腥味产生的挥发性物质的含量也大大降低，对其腥味的掩蔽效果明显。而与喷雾干燥制备微胶囊法相比，冷冻干燥制备微胶囊法对于鱼油的包埋效果更佳。由于其可在保护食品成分的同时，又具有延长食品保质期、掩盖食品中不愉快气味等作用，微胶囊脱腥法近年来在食品加工领域得到广泛应用。

5）蒸汽脱腥法：蒸汽脱腥法可分为两大类。一类是在较低程度加热条件下，控制一定真空度对水产品进行处理，使异味物质或其前体物质挥发，从而达到脱腥的目的，称为真空脱腥法。另一类是利用加热而获得的水蒸气，使水产品中的挥发性腥味物质被带走，从而达到脱腥效果，称为水蒸气脱腥法。蒸汽脱腥法在实现脱腥效果的同时，不饱和脂肪酸的损失大大降低，可最大程度地保留水产品营养物质，在食品加工领域得到广泛关注。

6）超滤脱腥法：超滤脱腥法是通过截留大分子量的挥发性气体物质，并保留较小分子量的物质，再结合其他物理脱腥法对于液体物质进行脱腥。研究人员利用超滤膜对牡蛎酶解液进行脱色脱腥处理，结果表明，与活性炭、大孔树脂和 β-环糊精相比，超滤膜脱色脱腥效果较好，脱色率高达 97%，透过液不具有腥味。超滤脱腥法与其他方法进行复合可得到更好的脱腥效果，但其只能用于液体以及大分子物质的脱腥，脱腥范围具有一定的局限性。

7）有机溶剂萃取脱腥法：有机溶剂萃取脱腥法是利用可溶于有机溶剂的腥味成分在不同溶剂中溶解度的差异，将食品中的腥味成分萃取出来，从而实现目标混合物的分离，在生产中常用乙醇、丙醇等作为有机萃取剂进行水产品的腥味脱除。研究人员在高速均质的条件下，通过乙醇水溶液对厚壳贻贝蛋白进行 3 次重复萃取，脱腥效果明显，且残留的乙醇气味较少，蛋白质损失率低。有机溶剂萃取脱腥法具有较优的脱腥效果，且可实现对部分脂肪的脱除，降低脂肪的氧化，但使蛋白质更易变性，易造成有机物质的残留。

（2）化学法

1）酸碱盐脱腥法：酸碱盐脱腥法是利用酸碱对水产品进行处理，蛋白质发生变性且结构展开，腥味物质与结合蛋白分离并析出，脂肪以及色素溶出，在实现脱除腥味与脱色的同时，抑制脂肪的氧化。而盐类在脱腥的过程中起促进作用。此外，有机酸能够抑制细菌与金属离子发生螯合作用，并减少三甲胺的生成，起到抑制腥味物质产生的作用。研究人员使用酸碱对鲫鱼鱼糜进行处理，探究其腥味脱除的效果，结果表明，挥发性腥味成分含量均大大降低，鲫鱼的鱼腥味和土霉味脱除效果明显。酸碱盐脱腥法在实现腥味物质脱除的同时，还具有一定的脱色作用，且抑制脂肪的氧化。但由于此脱腥法会产生对环境有害的废水，因此脱腥废水排放应进行有效管理。

2）抗氧化剂脱腥法：抗氧化剂脱腥法是通过使用含有大量抗氧化剂的自然植物浸液作为脱腥剂，对水产品进行处理，从而达到脱腥效果。儿茶素类化合物可消除甲基硫醇化合物，在其与氨基酸结合后可钝化酶，并抑制、消灭细菌；黄酮类和萜烯类分别有消除臭味与吸附腥臭的功效。研究人员通过酵母与茶多酚复合脱腥剂对鲅鱼肉进行脱腥，结果表明产生鱼腥味的主要物质三甲胺含量低至52.13mg/kg，挥发性腥味物质含量明显减少，脱腥效果明显。另外，鲅鱼肉蛋白质损失率与脂肪含量均大大降低。最常见的天然植物茶叶中含有多种抗氧化成分，因此其常用作腥味脱除剂，此方法成本低，在达到脱腥效果的同时，具有抑菌与消臭的作用。

3）臭氧脱腥法：臭氧具有极强的氧化能力，在水中稳定性较差，可降解生成单原子态臭氧与羟基自由基。这两种氧化剂活泼且具有强氧化性，可将水中的还原性物质氧化，还可使部分有机物如萜类、醛类等发生不同程度氧化分解，使腥味成分转化为无腥味或者腥味阈值较大的物质，从而实现物质的脱腥。臭氧的起始浓度与 pH 是影响腥味物质脱除效果的重要因素。研究人员利用臭氧对淡水藻类进行脱腥处理，当臭氧水浓度达到 5mg/L 时脱腥效果最佳，藻类的腥臭味可得到有效去除。臭氧脱腥法可快速高效脱除腥味物质，还具有一定脱色与杀菌的功效，而残留的臭氧可分解为氧气。因此，臭氧脱腥法在实现食品腥味脱除的同时，无害且安全。

4）美拉德反应脱腥法：美拉德反应也称羰氨反应，该反应通过一系列具体的反应步骤产生吡咯类、吡啶类等风味物质，进而可起到掩盖产品不良气味，改善产品色泽与风味的效果。在水产品脱腥处理中，此脱腥法可将蛋白质类的腥味物质去除，从而实现产品的脱腥。研究人员应用美拉德反应脱除大黄鱼鱼卵酶解液腥味，通过控制反应温度、时间以及 pH 获得最优脱腥条件为温度 115℃、时间40min、pH 7，表明此脱腥方法不仅达到脱腥目的，也使大黄鱼鱼卵风味得到改善。

（3）生物法

1）微生物发酵脱腥法：微生物发酵脱腥法是指醛、酮等小分子腥味物质在微生物新陈代谢的作用下，转变为不具有腥味的大分子物质，且其中间代谢产物还具有一定特殊香味，在实现腥味物质脱除的同时还具有增香的作用。常见的微生物发酵脱腥剂有酵母、乳酸菌等。研究人员利用酵母浸出物对虎河豚皮胶进行脱腥处理，结果表明酵母浸出物会影响虎河豚皮胶蛋白的官能团或二级结构，从而影响蛋白质间的相互作用和迁移，导致蛋白质的凝胶强度（gel strength，GS）和乳化能力（emulsionactivity，EA）略微下降，挥发性腥味物质的含量与种类大大减少，脱腥效果明显，但酵母浸出物处理也给虎河豚皮胶带来了轻微的酸味。微生物发酵脱腥法脱腥效果明显，可使鱼类腥味基本消除，但应严格控制脱腥剂的使用量，减少异味的产生。另外，此类脱腥法仅作用于液体物质与发酵物质，应用范围受到一定限制，不能实现大范围应用。

2）微生物酶脱腥法：微生物酶脱腥法主要是用于蛋白质类腥味物质的脱除。研究人员利用醇脱氢酶对罗非鱼腥味进行脱除，醇脱氢酶标准液处理的罗非鱼的硫代巴比妥酸（thiobarbituric acid，TBA）反应物值显著下降，通过气相色谱（gas chromatography，GC）以及固相微萃取-气质联用（SPME-GC-MS）对脱腥处理前后罗非鱼进行检测，结果表明腥味物质的含量与组成均发生改变，脱腥效果显著，罗非鱼整体风味水平得到提升。

（4）复合脱腥法

现如今研究的脱腥方法通常具有局限性，单一的脱腥方法普遍不能完全去除水产品中的腥味物质。因此，将两种或两种以上脱腥方法进行复配，使其进行互补并发挥协同增效作用，以获得更优的水产品脱腥方法。研究人员采用活性炭联合活性干酵母对牡蛎性腺进行处理，获得脱腥效果较优的新型牡蛎调味品，此工艺不仅提高了牡蛎性腺的感官品质，更提高了牡蛎生产加工的附加值。因此复合脱腥法可实现多种脱腥方法的互补增效，使水产品脱腥效果更佳，脱腥范围更广，可在食品加工领域得到广泛应用。

（5）感官掩蔽脱腥法

感官掩蔽脱腥法是利用葱、生姜、八角以及桂皮等具有特殊香味的呈味物质，对水产品中的腥味物质进行掩蔽，使得腥味得到减弱并起到增香的作用。2019年邢贵鹏等利用紫苏液、香芹液以及白醋对罗非鱼副产物进行脱腥，在实现脱腥效果的同时，保留了鱼肉自身的风味，还使鱼肉具有植物的特殊香气。正是由于感官掩蔽脱腥法具有安全、经济、方便的优点，其在日常生活以及食品产业化加工中获得广泛应用。

综上所述,物理脱腥法操作较为简单,可保证水产品原有的品质,但其主要作用于物体表面,不能达到较好的脱腥效果,且会造成营养物质的流失;化学脱腥法脱腥效果明显,还具有一定杀菌脱色的作用,但处理时易引入化学物质,使得消费者对此类脱腥产品可接受度降低,此外,进行化学脱腥时,须严格控制化学试剂的使用量,避免因化学物质残留造成食品安全问题;而生物脱腥法较为安全,在实现腥味脱除的同时,保证食品的原有品质且减少营养物质的流失,具有广阔的发展前景。但对于生物脱腥法的研究仍不够深入,脱腥技术仍需不断完善。随着水产品养殖行业的不断发展,水产品的种类与数量逐年增加,而消费者对于食品风味要求也在不断提高,腥臭味问题成为水产品加工与销售的一大限制性因素。现如今脱腥技术涉及物理、化学以及生物等多个领域且方法多种多样,但均具有一定的局限性,还需对腥味成分系统地从各个方面进行更加深入与全面的研究,从而获得高效方便、绿色安全、经济科学的脱腥方法,在实现水产品腥味脱除、提高风味的同时,保持营养成分、减少营养素流失。此外,从水产品腥味产生的机制总结和分析可以得出,对于水产品腥味的控制要从各个环节进行严格把控,优化水产品养殖环境,在水产品销售过程中制定严格的腥味检测机制,提高水产品生产附加值,拓宽其消费市场,推动水产品规模化产业化发展,使消费者享用到更多风味良好、营养丰富的水产品。

3.1.3 淡水产品脱腥技术研究案例

(1) 淡水冷鲜鱼除腥保鲜剂及其制备方法

针对传统高盐、重调味料、过度熟制的掩盖脱腥法做出改良,基于腐败及致腥微生物生长特性,作者团队研究设计了一种"淡水冷鲜鱼除腥保鲜剂及其制备方法"(CN200910044216.7),并获国家发明专利授权。该冷鲜鱼除腥保鲜剂选用生物去腥剂、酸酯类、食用油、保鲜剂作为冷鲜鱼保鲜的添加剂。具体由以下重量份数的原料制成:去腥剂 10～20 份、食用油 10～20 份、保鲜剂 0.35～0.5 份、酸酯类 5～10 份、水 50～75 份。其制备方法为:将去腥剂、食用油、保鲜剂、酸酯类和水混合,搅拌下加热至 60～70℃,待原料充分乳化后均质,均质压力为 25～35MPa,最后得到稳定的乳状液体。保鲜剂能够防止乳液被微生物污染,同时能够分散到油膜当中,在一定程度上能起到冷鲜鱼表面防腐保鲜的作用。由于制成了乳剂,可以使用管道运送到车间,使用时只需打开阀门直接将乳剂喷涂在冷鲜鱼上,非常方便,而且乳剂能使冷鲜鱼表面形成一层均匀的膜,起到了去腥保鲜保水的良好作用。其中保鲜时间可延长 20% 以上。该成果有利于规模化生产,同时使用便利、安全,解决了涂抹不均匀的不足问题,弥补了现有淡水鱼类冷鲜技术不成熟的缺陷。

（2）一种去鱼腥味的方法

作者团队研究建立了"一种去鱼腥味的方法"（CN201811014761.7），该方法包括如下步骤。

1）淡盐水养活鱼：将买回的活鱼放入淡盐水中养殖 1～2h，其中食盐与水的重量比为（2～3）：250。

2）原料处理：将经过步骤 1）处理的鱼类宰杀、放血、去鱼线鱼牙、去内脏后，送入旋转式漂洗气熏设备中，在超声波作用下用加入有适量有益微生物群（effective microorganism，EM）原露的小分子水漂洗干净至表面无明显血迹。

3）浸泡除腥：将经过步骤 2）处理的鱼放入除腥液中浸泡 20～30min，其中除腥液由以下重量份的原料经泡制 10～15min 而成：紫苏 5～8 份、茶叶 3～5 份、薄荷 8～10 份、荷叶 15～25 份、山楂汁 8～10 份、70～90℃热水 100 份。

4）气熏：将经过步骤 3）处理的鱼再次送入旋转式漂洗气熏设备中，用小分子水清洗干净后，沥干表面水分，然后将加了食醋、料酒、食盐的 20～30℃温开水雾化后熏鱼 10～15min，其中食醋、料酒、食盐、温开水的重量比为：1：（1～1.5）：（0.5～0.8）：10。

上述旋转式漂洗气熏设备包括水池、旋转清洗网状桶、雾化罩、升降气缸（图 3-1），其中圆形不锈钢水池放置在地面上，旋转清洗网状桶在漂洗时位于水

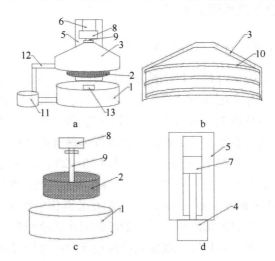

图 3-1　旋转式漂洗气熏设备

a. 整体结构示意图；b. 雾化罩与其内壁上的环形管位置关系示意图；c. 剖掉雾化罩后结构示意图；d. 升降气缸
与升降滑块的配合示意图

1. 水池；2. 旋转清洗网状桶；3. 雾化罩；4. 升降气缸；5. 升降导向安装板；6. 滑轨；7. 升降滑块；8. 旋转电
机；9. 旋转轴；10. 环形管；11. 液体泵；12. 波纹软管；13. 超声波发生器

池内、在气熏时位于水池正上方的雾化罩内。在水池的一侧通过螺栓固定有升降导向安装板,在升降导向安装板上固定有滑轨,滑轨中滑动配合有一升降滑块,升降滑块的底部与一升降气缸的伸缩杆焊接,升降滑块一侧面焊接有旋转电机安装板,在旋转电机安装板上通过螺钉固定有旋转电机,旋转电机的驱动轴通过键固定有旋转轴,旋转轴的底部穿过雾化罩顶部后与旋转清洗网状桶内底部焊接,雾化罩固定在机架上,机架通过螺栓固定在地面上,其中雾化罩为夹层结构,且在雾化罩的内壁上按不同高度位置固定有多根环形管,每根环形管至少有一处是与雾化罩的夹层结构相连通的,在每根环形管的靠雾化罩内部中心侧开设有若干喷液孔;在雾化罩的夹层结构通过波纹软管连接有液体泵,液体泵通过管道与水池相连接;水池还固定有排污管、阀门,水池内壁上通过螺栓固定有超声波发生器。

上述方法有效去除了鱼制品的腥味,并保留了鱼本身的风味,有效提高了产品的质量;通过特制的旋转式漂洗气熏设备,实现了鱼类产品去除土腥味的自动化操作,提高了工作效率,降低了劳动成本,同时也避免了人工接触,生产更卫生。

(3)一种死鱼块去腥加工方法

作者团队在综合评估现有淡水鱼脱腥方法的基础上,又进一步开发设计了"一种死鱼块去腥加工方法"(CN201910182918.5),并获国家发明专利授权。该方法包括如下步骤。

1)预处理:收集仍可食用的死鱼,集中去鳞片、去头、去内脏,然后切块备用。

2)调配去腥液:调制去腥液,按月桂叶:黄连:薄荷:清水为(3～5):(8～10):(15～20):(80～100)的重量比熬煮 1～3h 后冷却,加入 4/5～1/2 的淘米水,搅拌均匀并加入食盐调至盐度为 1%。

3)微流浸泡:将经过步骤 1)处理的鱼块送入特制的浸泡设备中浸泡 4～6h,浸泡设备中预先注入步骤 2)配制好的去腥液,在浸泡过程中使浸泡设备中的液体以温度为 32～35℃、速度 0.1～0.5m/s 进行循环流动,并人工充氧使水体中的氧气达饱和。

4)调 pH:经过微流浸泡后,往浸泡设备中的去腥液中加入生石灰,搅拌均匀,调节生石灰加入量以使去腥液的 pH 至 12～14,再浸泡 2～3h。

5)冲洗、风干:将经过步骤 4)处理的鱼块用冷开水冲洗 5～8min,然后风干。

上述特制的浸泡设备(图 3-2)包括浸泡筒,在浸泡筒内中心固定有空心轴,空心轴上通过旋转轴承固定有多个鱼块夹板组件,每个鱼块夹板组件由盒状底和与盒状底相适应配合的夹盖构成。夹盖一端与盒状底一端铰接、两者另一端扣接,其中盒状底内底部开设有多道滑槽,盒状底与夹盖均是网状结构且在盒状底和夹盖内侧均固定有大小与之配合的滤网。空心轴的空心部与鱼块夹板组件之间的空间相连通，且鱼块夹板组件中的盒状底为倾斜向下状。在空心轴内对应不同高度的鱼块夹板组件位置处各固定有一摆动板，摆动板通过支撑轴固定在空心轴上。支撑轴一端与空心轴通过旋转轴承、轴承座固定，支撑轴另一端伸出空心轴外、浸泡筒壁外焊接有摆动杆，通过摆动板的摆动以使进入空心轴的鱼块定向进入对应的鱼块夹板组件内，在空心轴的空心部上方通过机架固定有下料滑槽。空心轴底部固定在旋转电机的输出轴上；在浸泡筒内壁上对应在每个鱼块夹板组件的上方固定有一冲洗喷头，所有的冲洗喷头通过管道汇集在同一进水管上，进水管上连接有泵。

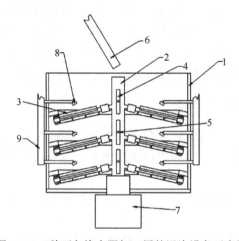

图 3-2　一种死鱼块去腥加工用的浸泡设备示意图

1. 浸泡筒；2. 空心轴；3. 鱼块夹板组件；4. 摆动板；5. 摆动杆；6. 下料滑槽；7. 旋转电机；8. 冲洗喷头；9. 进水管

利用该发明的去腥浸泡液，保持适度的温度、氧气和提高 pH，可有效地与产生腥味的物质或发生反应或结合或使之失去活性或直接去除或掩蔽气味，进而达到去腥味的目的。该方法可广泛地应用于各种水产品。利用该发明的相关去腥装置，可以实现在浸泡去腥时，以 0.1～0.5m/s 的速度缓慢旋转空心轴，空心轴带动鱼块夹板组件旋转，推动去腥液形成微流，在微流浸泡的过程中通过旋转鱼块夹板组件 90°，在同一去腥时间内，提高去腥的均匀性，从而优化去腥效果。在微流浸泡一段时间后通过调节 pH 法进一步促进腥味物质的排放，然后用温开水冲洗并风干，从而更有效地去除上述过程中残留的腥味。特制的去腥设备设计，可实现一次性通过下料滑槽向空心轴内空心部进料，进入的鱼块在摆动板的作用下进入对应的鱼块夹板组件内，实现自动上料，同时因鱼块在鱼块夹板组件内，有效防止去腥物质在鱼块表面沉积，从而保证鱼块的表面形态。

（4）小龙虾脱腥技术研究

作者团队以鲜活小龙虾为研究对象，结合自热食品加工技术，对其加工过程中的熟制方法、去腥技术、保鲜技术等关键技术进行系统研究。在去腥技术方面，利用食品感官评价法及 GC-MS 检测技术对比了料酒/柠檬酸脱腥、酵母脱腥、纳豆发酵菌脱腥等三种方法对腥味成分的去除效果。结果表明（表 3-1），酵母脱腥对腥味去除效果明显，挥发性风味物质种类及含量明显降低，相比化学掩蔽去腥法，投入量少、条件温和，原有组织特性及风味保存良好。

表 3-1　不同脱腥工艺对小龙虾去腥效果的比较

序号	化合物名称	相对百分含量（%）			
		不去腥	料酒/柠檬酸脱腥	酵母脱腥	纳豆发酵菌脱腥
1	氨基脲	58.03	ND	ND	ND
2	乙醇酸	ND	54.88	80.21	ND
3	乙醛	ND	4.56	ND	10.24
4	乙苯	1.07	1.67	ND	ND
5	邻二甲苯	ND	8.62	ND	25.61
6	间二甲苯	ND	2.68	ND	ND
7	对二甲苯	10.80	ND	4.64	ND
8	甲氧基苯基肟	22.29	4.89	11.67	ND
9	辛醛	ND	4.02	ND	8.40
10	2-乙基己醇	6.19	6.50	2.04	26.76
11	正辛醇	1.62	2.03	ND	6.18
12	壬醛	ND	10.16	1.44	22.81
	合计	19.68	40.24	8.12	100.00

注："ND" 代表未检出

3.2　低温卤制技术

卤制品是我国的一种传统特色产品，主要是通过腌制、卤制、杀菌、包装等主要加工工艺加工成的一种风味独特的加工制品。卤制是指用调味品和香料制成卤制液，使食物入味和致熟的方法，根据工艺特点可区分为白卤与红卤。红卤中需要添加糖色，使得卤汁呈棕红色，而白卤中不添加糖色。传统的卤制品主要包括卤牛肉、卤猪蹄以及卤鸡蛋等。近年来，随着对卤制品的传统加工技术的研究以及先进设备的应用，一些卤制品的传统工艺得以改进，水产品卤制加工也受到重视。

3.2.1 淡水产品卤制加工基础

(1) 影响卤制产品品质的因素

卤制工艺是指经过处理的原料在有大量香辛料和调味物质的环境下长时间进行腌渍或加热的一个过程,其目的是将风味物质通过渗透作用或热力学作用进入原料的肌肉组织中,使最终获得的成品具有浓厚的香辛料风味,由此可见这其中关键的影响因素为调味和煮制。

1) 调味对于卤制工艺的影响:调味决定了卤制品的内在味道。根据不同的原料,需要设计不同的调味配方,对于调味时间也有不同的要求,调味时间过短,产品不入味,最后获得的产品内部没味道;调味时间过长,微生物繁殖,最后的产品微生物指标就会不合格。调味工艺一般都是在卤制工艺之前,奠定卤制品的基础味道,有些有较重腥膻味的肉类需要在调味步骤加入适量的去腥物质,使成品获得较好的风味。针对卤水中的盐浓度对水产品入味变化趋势影响的研究表明,水产品的入味与温度、盐浓度和时间有关。

2) 煮制对于卤制工艺的影响:煮制是对原料利用热蒸汽或热水等方式进行热加工的过程。热处理会使原料蛋白质发生变性,故煮制工艺对于产品的色、香、味、形均有显著影响,另外对于产品也起到了杀菌保鲜的效果。不同的原料煮制的时间及温度均不同,肉质较硬、韧性强的原料在煮制工艺中要花较长的时间,对温度也会有一定的要求,反之如水产品这类肉质较软的原料则一般煮制时间较短。同样的产品采用不同的煮制时间和温度,得率以及口感都会产生较大的变化,因此如何选择合适的煮制工艺需要根据具体的产品要求来确定。不同卤制温度条件下,入味的速度不同,温度越高,入味越快,卤制时间越短。卤汤浓度越高,卤汤中的有效成分渗透越快。但是,其感官评分呈现先上升后下降的趋势,主要是因为卤制时间延长会造成肉制品失水速度加快,感官品质下降。

(2) 水产品卤制加工现状

目前,卤制工艺在禽肉类产品中应用较多,在水产品中应用得并不广泛。造成这一现状的原因主要是水产品多肉质松散,同时鱼类原料经过卤制之后也会给卤汤带来较重的腥味。但近年来,研究人员成功克服了这些障碍,将卤制工艺运用到水产品加工当中。

1) 卤制鱼类加工:利用冻鲴鱼鱼肚制作菜肴,采取低温卤制、高温卤制以及在处理好的鱼肚中加入卤水真空包装这三种处理方式进行卤制并从出品率、感官评定、微生物检测方面进行对比,最后获得卤制鱼肚的最佳工艺:原料→解冻→碱发→褪碱→烫漂→冷却→臭氧灭菌→真空包装→二次灭菌→速冻→成品,使用这种工艺得到的鱼肚成品出品率高，口感脆嫩，卤香诱人。研究人员在即食香鱼的研发当中加入了卤制这一工艺流程，通过对卤制时间对于香鱼风味的影响进行研究，时间过长过重的五香味会掩盖香鱼本身的香味，最终确定了 2h 为香鱼最佳的卤制时间，最终获得的成品色泽金黄，有着丰富的卤香味并兼具香鱼独特的风味。此外，还有学者研究开发了油炸卤制草鱼粒等相关产品。

2）卤制虾类加工：卤制小龙虾是当前深受消费者追捧的水产加工产品之一。小龙虾卤制加工过程中主要涉及加热、冷却和卤制加工等工序，研究人员对这一系列工序进行了系统研究。在小龙虾加热工序中，微波效果优于蒸煮和油炸，最佳微波加热时间为 150s；在小龙虾冷却工序中，真空冷却效果优于强制风冷却和自然冷却，最佳真空冷却终止温度是 20℃；小龙虾浸渍入味最佳工艺条件是在 5℃卤水中浸泡 4.5h。在此基础上，进一步研究速冻、气调、辐照和生物保鲜剂处理对卤制小龙虾在贮藏过程中品质的影响，结果表明，卤制小龙虾经速冻处理后在 $-18℃$ 条件下货架期约为 296d；在 75% N_2+25% CO_2 气调环境中贮藏，货架期约为 18d；经生物保鲜剂处理后在 10℃ 条件下货架期约为 11d。另有研究人员采用浸渍入味工艺在 4℃、12℃、20℃ 条件下分别对小龙虾浸泡 15h、10.5h、9h 后，口味与传统煮制的产品相当，且龙虾肉结构更致密，口感风味更佳。

3）其他卤制水产品：研究人员将卤制工艺应用到不耐藏不耐冻的牡蛎加工上，通过在卤制工程中对牡蛎的理化特性进行分析研究，最终确定了适合牡蛎加工的卤制配比，最佳的卤制条件为：80℃，30min。卤制工艺在甲鱼加工中也受到青睐，研究人员通过对腌制时食盐的添加量、腌制时间以及卤制时食盐、冰糖等各种调味品用量对产品品质的影响，确定卤料的最佳配方，最终成功研制出了熟食卤制甲鱼。此外，卤制河蚌肉等休闲食品的开发也有相关报道。

（3）水产品卤制加工存在的问题及对策

1）主要问题：一是出品率低。目前酱卤制品的加工工艺会极大地影响产品的出品率，且出品率一般仅在 50%～60%。产品的出品率过低会极大地增加企业的生产成本。我们往往通过在加工过程中添加保水剂等添加剂来提高产品的出品率，但是过多的添加剂会影响产品的品质。因此如何在保证产品品质的基础上提高产品的出品率显得尤为重要。二是产品品质不稳定、标准化困难。传统酱卤制品的风味主要靠酱制、卤制工艺实现，优质的酱、卤汁是酱卤制品风味成色的关键，但由于对酱和卤汁的循环使用，品质缺乏必要的量化标准，各种调料损耗难以正确地反映出来，加工中各项参数全凭有经验的师傅来控制，造成了不同批次的产品口味、色泽等品质的不稳定。加之目前酱卤肉制品的生产多为作坊式加工，生产设备简单、自动化程度低，更使得酱卤制品的生产加工难以实现标准化。三是货架期短。卤制品在储藏期间，其内部微生物的作用极易导致其内部蛋白质分解和脂肪氧化。卤制品营养丰富，非常适宜微生物生长繁殖，故产品极易腐败变质，加之保鲜技术在酱卤制品行业中的应用较为落后，导致酱卤制品的货架期普遍较短。

2）对策：一是改良加工工艺。酱卤制品具有广阔的市场前景，但传统方法生产的酱卤制品煮制时间长、出品率低、产品货架期短、生产效率低。随着人们对酱卤制品需求的增加，必须对传统酱卤制品的加工工艺进行改良，提高产品出品率，延长货架期，使生产工艺科学化、生产设备现代化、生产管理规范化，实现工业化大批量生产。二是综合运用保鲜技术。水产食品的保鲜通常通过杀死腐败微生物或抑制其生长繁殖，并控制脂肪氧化，达到延长货架期的目的。目前国内外普遍采用的保鲜方法有：添加防腐抑菌剂、包装技术（真空包装、气调包装、可食性涂膜）、杀菌技术（加热杀菌、微波杀菌、辐照杀菌、高压杀菌）、低温保藏技术（冷藏、冰鲜技术）等。将两种或两种以上的保鲜方式应用于酱卤制品保鲜是保鲜技术发展的趋势，另外在实际应用中可操作性和经济性也是需要考虑的重要因素。

3.2.2　低温慢卤工艺研究进展

近年来，低温慢卤工艺受到关注，其优势一方面体现在低温浸渍入味工艺后的产品比传统高温卤制工艺的产品口感风味更好；二是低温卤制可减少能耗，符合绿色加工要求。

（1）低温慢卤工艺应用概况

真空低温技术是指采用真空包装隔绝氧气的同时，在保证食材食用安全性的基础上，尽可能地降低加热温度，此技术既有利于保证食材内外温度一致，也能够保证肉制品食用的安全性。同时，真空低温烹饪能够有效地减少食材的质量损失及水分流失，较好地保留住食材本身的风味与营养，使烹饪后的食物具有更好的口感，更符合现代人们对膳食品质的高要求。低温加热制品的工艺最早由发达国家传入中国，此类工艺已有数百年发展历史，是目前发达国家的主流制品加工技术。较低的加热温度保证了蛋白质的变性合理适度，最大化保留营养成分，降低水分的流失，提高制品消化吸收率。在此工艺下的制品鲜嫩可口、风味良好、肉汁充分，有效提高了产品的口感、风味、营养价值，同时提升了经营者和加工者的经济效益。未来食品加工业及餐饮业消费者的消费趋势将逐渐向"高营养、风味佳、高品质"转变，真空低温加热技术的市场需求度也会随着消费观念的转变不断上升，低温慢卤作为真空低温加热技术的重要组成部分，可以更好地从"健康、营养、安全、美味"等方面改善传统高温卤制加工的缺陷。无论从消费者的需求度还是市场的需求度，都可以看出未来低温慢卤肉制品具有良好的市场前景，是未来酱卤肉制品的加工趋势和发展方向。

（2）低温慢卤工艺对制品品质的影响

目前，有关真空低温加热工艺参数对产品品质的影响已有不少报道。研究表明，经真空低温煮制的产品中维生素 B_1、B_2 等热敏性微量营养成分的保留量均比高温蒸煮的高。加热时间和温度对蛋白质与脂肪的氧化也均有显著影响。相较于油炸、水煮、微波、蒸制等方法，真空低温烹饪法失水率最低，外形收缩率最小，对产品的营养成分保存较好，感官评分最高。真空低温加热技术下产品微观结构较为完整，对质构的影响较小，能够更好地保留产品中的脂肪酸等营养成分。随着加热时间的延长和温度的升高，产品的氧化程度不断加深。与传统的加热方式（高温、短时间）相比，真空低温加热技术主要特点包括真空包装、加热温度较低、加热时间较长，这种烹饪方式能够有效增加制品的嫩度，减少蒸煮损失。其中真空包装能够有效降低食品加热过程中脂肪和蛋白质的氧化，减少食品营养成分的流失。可以通过真空低温加热技术和其他烹饪技术相结合，在低于 60℃ 的温度下延长加热时间，使产品变嫩。不同肉类的化学组成不同，加热过程中的化学反应也有很大的差异，所采用的最佳加热温度和加热时间也不同。

3.2.3　淡水产品低温卤制技术研究案例

作者团队将低温卤制技术应用于小龙虾加工产品开发并获得成功，研制了一种小龙虾低温卤制的配套汤料，还开发了一系列低温卤制加工产品。

（1）小龙虾低温卤制技术的建立

卤制小龙虾由清洗、整形、滑油、卤制等工序制作而成，具有肉质鲜嫩、口感 Q 弹、味道香浓的特点。传统卤制就是利用香辛配料熬制卤水，将小龙虾浸泡在卤水中进行热卤的过程。所用的卤水，通常是人们根据经验在一定的周期内进行反复补料和使用的，直到卤制的产品口感风味受到明显影响才更换新卤。卤水新旧不同致使小龙虾品质有差异，且热卤过程在一定程度上破坏了整虾的质构特性。作者团队通过研究建立了低温卤制技术，即小龙虾经过油炸后，迅速降温至冰点温度并进行卤制。通过油炸后，小龙虾虾壳变得酥脆多孔，在冰水中由于温差变化较大，产生较多极密孔隙，方便卤料进入虾肉，与传统卤制技术相比，低温卤制技术在提升小龙虾肉质品质方面优点更多，效果更好。

（2）低温卤制小龙虾配套汤料的研制

在低温卤制技术的基础上，以特色产品开发为理念，作者团队适配性地开发了"一种汤料及其制备方法"（CN201210486879.6），并获国家发明专利授权。该技术成果所提供的汤料用于整肢虾加工，能够使产品保留并提升小龙虾原有风味，增添汤料中的营养元素以及芳香味，保护整肢虾本身的颜色光亮，使最终产品营养丰富、有较强的口感和回味，符合消费者对整肢虾的口感、香味、鲜味追求。用于制备辣椒油的原料、用于制备香料液的原料和用于制备调味液的原料的处理方法不同，为了使各原料充分发挥各自的作用，使汤料的味道更好，本发明分别将辣椒油、香料液和调味液配制出来，然后将辣椒油、香料液加入调味液中密封高压进行蒸煮，防止辣椒油、香料液在蒸煮过程中香味飘散、接触空气而导致变色等。所提供的整肢虾汤料制备方法能使得汤料味道均一，入味深入，该技术成果获得湖南省产品创新奖。

（3）小龙虾低温卤制产品的开发

在低温卤制技术及其产品获得消费者及行业认可的基础上，作者团队继续将成果扩大，研制出一种克氏原螯虾火锅底料（CN201610027644.9），并获国家发明专利授权。克氏原螯虾虾仁具有"两高两低"（蛋白质、钙成分高，脂肪、胆固醇含量低）的营养特性，一直以来是欧美发达国家制作罐头产品的原料。受口味和价格等主要因素的影响，过去克氏原螯虾虾仁在国内消费量较少；近年来国内经济的快速发展导致国内市场销售前景变好，越来越多的人对克氏原螯虾虾仁产品青睐。但由于对克氏原螯虾虾仁原料特性等不熟悉，做出来的产品口感不尽如人意，达不到业内应有的效果。作者团队研究的克氏原螯虾火锅底料包括固体配料包、液体配料包、虾仁包和植物油包。液体配料包包括混合调料液和黄酒，混合调料液包括香料液、98～103重量份盐和45～55重量份干红辣椒制得的辣椒水，香料液由8～12重量份生姜、4～6重量份八角茴香、4～6重量份胡椒、4～6重量份肉桂、4～6重量份月桂叶、6～12重量份肉果、45～55重量份香芹菜、8～12重量份茴香草、4～6重量份陈皮和8～12重量份百里香蒸馏得到。植物油包包括200～250重量份的色拉油。本发明具有以下有益效果：上述克氏原螯虾火锅底料，克氏原螯虾虾仁原料本身的营养不流失，不使用香精香料但其色香味不低于使用香精香料的产品，口味更好，不添加味精成分但其鲜度不低于使用味精的效果，方便携带。该技术成果获得国家发明专利，低温卤制技术在小龙虾加工中获得成效。

3.3　品质改良技术

品质是一个综合概念，针对不同类型产品有不同的内涵。就淡水产品而言，虽然可以利用物理指标、化学指标、生物指标以及感官指标来对其品质进行评价，但是鱼糜制品、风味鱼制品、调理制品、小龙虾加工制品等淡水鱼加工产品各有其核心品质指标，需要在产品开发过程中予以重点关注。此外，随着社会的发展，产品的功能性、便捷性等也成为淡水产品开发时需要关注的品质指标之一。

3.3.1　淡水产品品质评价指标与影响因素

（1）淡水产品品质评价指标

目前，评价淡水产品品质变化的主要指标可以概括为物理、化学、微生物和感官 4 类。

1）物理指标：评价淡水产品品质的物理指标主要包括持水力、质构、色差值等。

持水力指肌肉保持水分的能力。对于水产类肉制品来说，持水力通常可以用解冻损失率、滴水损失率、蒸煮损失率、离心损失率来表示。一般来说，样品损失率与样品品质成反比，损失率越高代表肌肉汁液流失越多，肌肉持水力越差。将鳙鱼头分别经–40℃冻藏、–40℃冻结后置于–18℃冻藏、–18℃冻藏三种方式储藏 3 个月后转至冰藏后发现，滴水损失率与蒸煮损失率随冷冻时间延长逐渐增大，而几种冻藏条件并无明显不同，但滴水损失率在 3 组冻藏条件下与 pH、挥发性盐基总氮、脂质过氧化值等理化指标的变化密切相关。目前国际上有一种测量持水力趋势的新型仪器"WHCtrend 工具"，其采用视频图像分析方法，在压缩处理装置中约放置 250mg 均质肉，可以得到流失液体的动态测量值即持水力趋势。经不同肉类实验证明持水力趋势参数与肉类品质之间呈显著相关性，证明此仪器可以用于快速测量肉类持水力，以提高肉类质量控制水平。持水力可以简单反映鱼肉品质，而新型快速检测工具则有助于使快速检测应用于市场中。

国际标准化组织（International Organization for Standardization，ISO）规定的食品质构是指用力学的、触觉的可能还包括视觉的、听觉的方法能够感知的食品流变学特性的综合感觉，包括了多个参数，主要有硬度、脆度、弹力、内聚力、黏附力、咀嚼力和回复力等。其主要检测评价仪器质构仪有 3 种常用的检测方法，分别为质地多面剖析法、剪切力法和穿刺法。质地多面剖析法是模拟人口腔的咀嚼运动，对样品进行 2 次压缩以输出质地测试曲线；剪切力法是采用一定钝度的力来切断一定粗细的肉柱来实现；穿刺法则是将固定厚度的肉以探头穿透，其质构特性以穿透曲线来确定。欧帅等 2019 年采用质地多面剖析法分析发现经–90℃液氮冻结、–30℃和–20℃平板冻结、–30℃和–20℃冰箱冻结后统一置于–18℃冷库冻藏 15 周的大菱鲆（*Scophthalmus maximus*）鱼片硬度、弹性、胶黏性和咀嚼性均有所下降且程度依次加深，表明质构特性与食品冻结速率以及冻结温度明显相关。

一般来说，水产品肌肉的色泽变化也可直观地反映肉质的感官和化学品质变化，多由色差计测定。一般包括亮度（L）、红度（a）、白度（b）三个参数。而影响鱼肉色泽红度的决定性因素为肌红蛋白含量及其存在形式，正常情况下，鱼肉中肌红蛋白的存在形式有 3 种：氧合肌红蛋白（MbO_2）、脱氧肌红蛋白（deoxy-Mb）和高铁肌红蛋白（met-Mb）。而肌红蛋白不同的衍生物对其色泽的影响极为明显，随着肌红蛋白分子中亚铁血红素基团中心的铁原子的氧化，红色的氧合肌红蛋白逐步转化成棕褐色的高铁肌红蛋白，使鱼肉色泽发生明显变化。影响鱼肉色泽的色素通常被分成 4 类：①在生物体内合成的生物色素，如类胡萝卜素和血色素等；②由于工艺条件处理被破坏形成的色素；③鱼类死后由酶促反应或非酶促反应产生的色素；④来自人类添加的色素。在低温贮运过程中，尽管不同种类其肌红蛋白含量有所不同，鱼肉色泽不可避免地会随时间发生变暗、发黄等变化。

2）化学指标：评价淡水产品品质的化学指标较多，主要包括 pH、挥发性盐基总氮、生物胺、K 值、硫代巴比妥酸值、挥发性有机化合物，以及肌原纤维蛋白相关指标等。

通常宰杀后 pH 取决于肌肉的质量（体积）、贮藏时间，一般为 6.4～7.0。在相关激酶与异构酶的作用下肌肉发生糖酵解反应，糖原迅速分解为丙酮酸并进一步转变为乳酸，与此同时，ATP 及其相关产物同样降解并累积磷酸，上述 2 个过程是导致早期水产肉类 pH 降低的重要原因。然而，微生物的繁殖使鱼肉腐烂产生了大量的碱性物质，以及三甲胺氧化物大量转变为二甲胺，使得鱼类在贮藏后期 pH 不断上升。这导致冷藏条件下的鱼类贮藏产生这种先下降后上升的 pH 变化规律。

挥发性盐基总氮（total volatile basic nitrogen，TVB-N）是一种用于评价水产品变质的常用指标，指蛋白质分解产生的三甲胺（由微生物分解代谢产生）、二甲胺（由冷藏过程中的自溶酶分解产生）、氨（由氨基酸脱氨基作用以及核苷酸分解代谢所产生）以及其他挥发性含氮有机物。也有学者将三甲胺作为海水鱼类新鲜度评价指标，三甲胺由氧化三甲胺分解产生，而氧化三甲胺并不存在于淡水鱼体内，导致此指标并不适于检测淡水鱼新鲜度。根据欧盟标准，鱼肉中挥发性盐基总氮最高限值为 35mg/100g，然而挥发性盐基总氮在储藏前期变化一般并不明显，一般在接近货架期终点时由于微生物反应以及自溶酶作用最终导致其数值大幅上升，因此许多学者也认为其并不太适合作为鱼类新鲜度初期评价指标。近年来，生物传感器等便携式检测装置成为研究热点。

水产类的生物胺（biogenic amine，BA）通常包括组胺、腐胺、尸胺、酪胺、亚精胺、精胺等，其中精胺和亚精胺是机体细胞中的自然成分，而组胺、腐胺、尸胺则可以作为机体鲜度与机体微生物腐败程度的指标，是判断水产类，尤其是淡水鱼类安全与品质的重要化合物。可能是因为淡水鱼中氨基酸脱羧反应较少，相比于海水鱼，淡水鱼的组胺含量随着贮藏时间变化并不明显。

鱼肉中三磷酸腺苷（ATP）分解代谢通路已经被普遍确认，经常被用作许多种类的新鲜度检测指标以及 K 值的计算基础。通常情况下，鱼类产品在 K 值低于

20%时品质可定为"非常新鲜"，20%～60%时为大多数鱼类的感官"可接受"范围，而超过 60%则为感官"拒绝点"。研究发现，可能是因为次黄嘌呤和次黄嘌呤核苷分解为更小分子物质，K 值并不太适于在长期冷冻贮藏的鱼类产品中作为货架期的检验指标。

鱼类因自氧化引起的腐败常由脂肪氧化的第二阶段产物丙二醛的含量来评估，但丙二醛只是脂质过氧化产生的诸多不饱和醛酮产物中的一种。而硫代巴比妥酸反应物（thiobarbituric acid reactive substance，TBARS 值）则涵盖了大部分氧化反应产生的醛酮类物质，因此 TBARS 值被广泛应用于评估脂肪氧化的程度。TBARS 值随着贮藏时间延长而增长，随着保藏时间延长，冰晶逐渐生成破坏细胞且释放如游离铁之类的促氧化剂导致脂肪氧化，从而致使 TBARS 值升高。

挥发性有机化合物（volatile organic compound，VOC）是由自溶反应、酶促反应、微生物反应等产生的低分子质量的有机化合物。鱼类中的挥发性有机化合物种类及其含量可以决定其新鲜度及其腐败程度。在低温保藏前期鱼肉中的假单胞菌可以产生醇类、醛类、酯类、酮类、胺类、硫化物等，产生果香以及酯类香，而在保藏后期由于希瓦氏菌分解鱼肉产生的游离胱氨酸和甲硫氨酸会产生硫化物异味。伴随着贮藏时间延长，长链脂肪酸发生氧化，产生的乙醛和葵醛等醛类引发产生腐臭气味。

肌原纤维蛋白是鱼体总蛋白的主要部分。通常情况下，鱼肉肌原纤维蛋白损失率与冻结速率密切相关，冻结速率越快，鱼肉中冰晶形成越迅速且越细小，这样可以避免大冰晶的形成对肌原纤维蛋白产生不可逆的损害，从而导致其含量降低。而活性巯基则是肌原纤维蛋白功能基团的重要组成部分，可以侧面反映肌原纤维蛋白的氧化变性程度，同时冰晶的形成同样会导致蛋白质分子内部巯基暴露氧化生成二硫键，导致活性巯基含量的减少。而 Ca^{2+}-ATP 酶活性则与肌原纤维蛋白完整性有关，完整肌原纤维蛋白的任何微观结构变化都可导致其变化，所以 Ca^{2+}-ATP 酶活性可以作为评价鱼类肌原纤维蛋白微观结构完整性的重要指标。

微观结构的完整性同样是影响鱼肉品质的重要因素，而结构完整性则大多取决于冷冻过程中冰晶形成的大小及位置，而冰晶形成大小多与冻结速率相关。目前鱼肉大多采用组织切片制作进一步显微观察其微观结构。新鲜鱼肉的微观结构整齐紧凑，明带与暗带分布均匀且清晰，A 带与 I 带、Z 线与 M 线各自区别明显。除了盐溶性肌原纤维蛋白，鱼肉还含有水溶性肌浆蛋白和不溶性肌基质蛋白。随冻藏时间延长，增长的冰晶导致解冻后水分流失，水溶性肌浆蛋白的含量随之降低，从而导致鱼肌肉结构发生变化以及细胞散乱。

3）微生物指标：鱼体是微生物滋生的自然媒介，腐败微生物繁殖是引起鱼肉腐败的主要原因。在一定条件下，鱼体中的特定腐败菌以及短暂腐败菌的总量会超过其他微生物，达到较高的群落总数，其产生一些代谢物，即化学损坏指标。

低温条件可以抑制大多数微生物生长，但是嗜冷菌在低温条件下却可以快速生长、繁殖。在各种微生物标准中，菌落总数是评价鱼肉腐败变质的硬性指标。一般情况下，新鲜鱼肉的菌落总数（APC）为 2～4[lg(CFU/g)]，当增长到 6～7[lg(CFU/g)]时可视鱼肉处于腐败初期。温度、包装和可利用营养成分的不同都会导致鱼体内特定腐败菌的不同，在未包装的鱼类中多为革兰氏阴性发酵菌，而革兰氏阴性嗜冷菌如假单胞菌、单胞菌、黄杆菌、希瓦氏菌等则多出现在低温贮运鱼类中，这些细菌多为产硫细菌且为鱼体腐败初期的主要细菌。

4）感官指标：感官指标是评价鱼类新鲜度和货架期的最好指标之一，同时也能够被消费者所理解以及广泛适用于市场。鱼类伴随低温贮藏时间延长会经历一系列外观、颜色、质构、气味和味道等感官变化，而对于这些属性的综合评定则可以作为鱼类新鲜度的评判标准。新鲜鱼保藏前期，鱼肉只是开始软化或僵硬，由于微生物反应之后鱼肉经历一系列品质劣化，包括鱼鳞脱落、角膜混浊、鱼鳃变暗、肌纤维破坏、骨肉分离以及产生异味等，除此之外脂肪氧化也会产生腐臭以及类似油漆的味道。基于上述情况，感官评价的一些综合指标被用作判断鱼类新鲜度，如大致外貌、皮肤、鱼鳃颜色与气味、角膜混浊情况、鱼肉颜色与气味等。质量指标法（quality index method，QIM）是目前感官评价应用最为广泛的方法，QIM 是基于未加工鱼体有意义的感官参数得出从 0 到 3 质量递减评分的科学感官评分方式，对于所有特征的评分最终被汇总得出一个总体感官评分即质量指标，其中 0 分表示非常新鲜，数值增加则代表鱼体新鲜度不断降低。目前电子鼻等感官仿生学设备也被广泛应用于鱼类品质的检测，研究人员利用电子鼻对草鱼进行评价，发现通过主成分分析只能辨别新鲜、中等新鲜度及腐败的草鱼样品，而通过随机共振信噪比最大值则可以辨别不同保藏时间的草鱼样品。

（2）淡水产品保藏过程中品质变化的影响因素

1）保藏温度：不同温度的低温保藏条件对鱼类保存有不同程度的影响。目前常见的低温保藏方式，一般分为冷藏、冰温、微冻、冻结 4 种方式。微冻与冰温条件相对于冷藏能够更好地延长鱼类货架期，且微冻较冰温条件保藏时间稍长，但是微冻可能会对鱼类肌肉品质造成一定程度损害，微冻储藏中后期，肌肉纤维明显劣化，肌节逐渐消失，原因可能是微冻过程中有冰晶形成且蛋白酶对肌纤维造成破坏。冻结保藏是贮藏时间相对较长的一种低温保藏技术，可以有效抑制微生物的生长，但是蛋白质的一系列变化会对冷冻鱼类的货架期产生影响。鱼类在冻结保藏中的品质恶化与多种因素相关，如鱼的种类、贮藏温度、时间和酶解变质等。鱼类在冷冻保藏中不可避免地会发生质量下降，诸如水分大量流失、肌肉持水力降低等，而这些与其加工条件如冷冻保护剂、冷冻速率、贮藏温度以及时间有关。研究人员发现，控制冷冻条件下食品水分流失的关键在于更快地降低产品表面温度。而且冻结食品的品质会随冷冻时间的延长以及冻融次数的增多而劣化。日常生活与生产运输中冻结产品不可避免地会产生温度波动，这些随着冻融次数增多所生成的冰晶以及再结晶过程会损坏冻结产品的肌肉组织，最终会导致其蛋白质结构的破坏，以及蛋白质功能的退化。常见冻结方式有液氮速冻、平板速冻、螺旋式冻结、浸入式冻结与空气冻结等。冻结后鱼类品质变化与冻结速率呈正相关，其中液氮速冻的效果较好，而平板速冻与螺旋式冻结应用于实际生产中较为经济实用，同时利用超声波等技术辅助冻结也可以显著改善冻结效果。

2) 包装方式：包装方式是与低温保藏结合最密切的保藏方法，目前常见的有空气包装、真空包装以及气调包装。空气包装一般用透明膜对产品进行包装处理，这种方式的货架期较其他 2 种较短。真空包装则是一种通过隔绝氧气，抑制微生物生长以延长产品货架期的有效方法。研究人员发现真空包装的鲤鱼片较空气包装货架期可延长 4d。气调包装是用不同比率的氧气、氮气和二氧化碳来取代食品包装中的空气以延长食品货架期的一种包装技术。通常 CO_2 浓度越高，保藏效果越好；CO_2 对于细菌的抑制作用体现在 4 个方面，即改变细胞膜功能、直接抑制或减少酶反应、渗入细菌细胞膜内导致细胞内 pH 改变、直接改变蛋白质物理化学性能。研究发现，泰国鲶鱼采用空气包装、真空包装、气调包装（MAP1：50% CO_2/50% N_2；MAP2：50% CO_2/50% O_2）4 种包装方式于 4℃冷藏下货架期分别为 7d、10d、12d、14d，所以气调包装在 3 种常见包装方式中保藏效果相对较好。目前食品中常用塑料包装包括聚偏二氯乙烯、聚乙烯、聚丙烯和尼龙等，研究表明聚偏二氯乙烯能够明显延长冻藏鱼类贮藏时间。近年来，生物保藏剂结合传统材料制作新型复合多功能包装材料成为研究热点，研究人员采用壳聚糖季铵盐结合聚乙烯材料通过温和及环保的溶液成膜方式制成的新型多功能复合透明膜，具有良好的生物降解性、防雾性以及抗菌性，在食品包装领域具有广泛的应用前景。

3) 其他辅助措施：化学方式一般采用对保藏产品添加化学制剂的方式以延长货架期。研究发现用 7.8mg/L 臭氧水冲洗 5min，鳙鱼头的减菌率可达 90.43%。尽管化学保藏剂对于酶活性以及微生物繁殖有一定的抑制作用，但其同样可能在食品中残留未知的化学污染。随着人们安全认知的不断提高，自 1990 年以来，化学保藏方式逐渐向生物保藏方式转变。因为生物保藏剂无味无毒、安全且更易被生物降解，近些年来关于生物保藏剂的开发更加热门。生物保藏剂根据来源可以分为以下 3 类：植物提取物及精油、动物的壳聚糖、微生物的细菌素及有机酸等。植物精油一般指通过蒸汽蒸馏过程获得的挥发性油状液体，而植物提取物则是植物材料经过清洗、干制、研磨萃取出的溶质。研究表明，经茶多酚和迷迭香提取物处理过的 4℃左右冷藏下的鲫鱼片货架期分别能够延长 6d 和 8d。壳聚糖是一种线性阳离子高分子聚合物，具有生物降解能力、生物相容性、无毒性、止血性、抗氧化性、抑菌性和促伤口愈合性。除此之外，它具有形成聚合材料的性能，被广泛应用于制作食品包装具有防腐性能的覆膜与涂料。细菌素一般指由细菌产生，在核糖体水平下合成的具有杀菌以及抗菌性的小分子多肽或蛋白质。而乳酸链球菌素（nisin）则是唯一通过欧盟认证的能够直接添加于食品中的细菌素，且是 GB 2760—2014《食品安全国家标准 食品添加剂使用标准》中允许使用的防腐剂。同时乳酸链球菌素能够抑制大多数革兰氏阳性菌，但是其抑菌性能经常被 pH、温度、食品基质（如蛋白质、脂质和酶）等环境因素所影响。目前有许多方法，诸如利用脂质体、藻朊酸盐、壳聚糖等运载系统来解决这些问题。

3.3.2 鱼糜制品品质改良技术

鱼糜（surimi），是指将鱼体经过采肉、漂洗、脱水、精滤而制得的肌肉蛋白浓缩物。鱼糜制品以鱼糜为主要原料，配以淀粉、大豆蛋白、蛋清、畜肉、蔬菜、火腿、香精香料等辅料。鱼糜制品既可以作为食品制造业的原材料，也可以作为餐饮业直接加工的食品原料。目前，鱼糜制品市场已经遍及亚洲、美洲、欧洲等各大洲，在日本、中国和韩国，鱼糜制品的消费种类已呈现多元化发展态势，需求日趋增加。

（1）鱼糜制品加工过程中的凝胶变化

鱼糜蛋白的热凝胶化分为 3 个步骤，即凝胶化、凝胶劣化和鱼糕化，主要与肌球蛋白有关。在 40~50℃条件下，肌球蛋白分子内部发生裂解，相邻分子间相互靠近和聚集，形成蛋白质聚集体，进而形成有一定弹性的网络状凝胶。此时肌动蛋白分子与肌球蛋白分子结合形成肌动球蛋白，往往会使得网络状凝胶结构变得松散。在 50~70℃条件下，鱼糜中的内源性组织蛋白酶活性较强，大量肌球蛋白重链被降解，网状结构也随之发生断裂。在 70℃以上时，鱼糜蛋白形成有序稳定的网状结构。在凝胶形成过程中，肌球蛋白分子链展开使 α 螺旋结构转化为 β 折叠、β 转角和无规卷曲结构，其中 β 折叠结构对鱼糜蛋白凝胶强度的贡献最大。同时，肌球蛋白分子链展开使得大量氢键被破坏，大量巯基被氧化形成二硫键，大量疏水基团暴露增强了鱼糜蛋白分子间的疏水相互作用，另外，内源性谷氨酰胺转氨酶也催化了大量非二硫共价键的生成，加固了凝胶网络。此外，在酸性条件下，鱼糜肌球蛋白头部先发生相互作用，接着肌球蛋白尾部展开相互交联形成大分子蛋白质，同时头部之间进一步连接形成凝胶网络。在鱼糜蛋白凝胶形成过程中，鱼糜蛋白尾部 α 螺旋结构逐渐展开，疏水性氨基酸残基和巯基暴露，鱼糜蛋白之间主要通过疏水相互作用形成交联。然而，目前仍然缺乏关于鱼糜蛋白凝胶化过程中肌动球蛋白和肌动蛋白变化的研究，鱼糜蛋白凝胶化过程中加工参数、鱼糜蛋白结构变化及凝胶特性变化之间的影响规律尚未确定。

（2）影响鱼糜凝胶特性的因素

鱼糜的制作工艺流程为：原料鱼→预处理（剖杀去内脏、头、尾）→清洗→采肉→漂洗→脱水→精滤→擂溃或斩拌（加入添加剂）→搅拌→成型→凝胶→加热→包装→速冻→检验→成品。在这一工艺过程中，一系列因素对鱼糜制品的凝胶特性产生影响。

1）漂洗：不同的漂洗方法对鱼糜凝胶强度会产生不同的影响，如采用低浓度盐水溶液漂洗，除去肌浆蛋白的同时也将流失部分肌原纤维蛋白，使得率降低。陈艳等 2003 年通过比较不同的漂洗方法，得出相对适宜的漂洗方式：清水漂洗 1 次后盐水漂洗 2 次或者清水漂洗 2 次盐水漂洗 1 次。另外，漂洗液的 pH 对鱼糜凝胶的质量影响也很大。当 pH 为酸性时，蛋白质易发生变性，且等电点处于酸性 pH 范围的鱼糜蛋白所带的电荷也较少，所以形成的凝胶特性相对较差；当漂洗液 pH 为碱性时，蛋白质溶解性的增加将导致蛋白质损失率上升，凝胶强度也会降低。因此，漂洗液的 pH 多控制在 7.0 左右的中性，其变性程度相对较小，最有利于形成高质量的凝胶体。

2）擂溃：擂溃是鱼糜制品生产中的重要工艺，作用是破坏肌肉组织，使肌原纤维溶出。各种外源添加物也是在这个环节中加入鱼糜中并均匀混合。擂溃分为空擂、盐擂和混合擂溃。在盐擂（添加有 1%～3%食盐）过程中，盐溶性的肌原纤维能更充分溶出，呈现溶胶状态，为凝胶化提供条件。擂溃过程中各工艺条件对鱼糜凝胶强度影响的大小依次是：擂溃 pH>擂溃温度>空擂时间>盐擂时间。其中擂溃 pH 在 6～8 时，形成的凝胶弹性状态较好，如果 pH 大于该范围，肌动蛋白分子间的静电排斥力过强会阻碍凝胶的形成，而 pH 小于该范围时，鱼糜加热会发生脱水凝固现象。擂溃时温度一般保持在 2～14℃，因为较高的温度会造成肌动蛋白变性，从而导致凝胶弹性降低。擂溃总时间一般控制在 25～40min，其中空擂时间为 5～10min，盐擂时间为 10～25min，混合擂溃时间与空擂时间相当时，鱼糜制品弹性最好。

3）温度：凝胶强度在很大程度上依赖于稳定整体网状结构的化学键的相互作用。凝胶强度的增加是通过 0～50℃条件下进行的凝胶化处理而获得的。在 50～65℃温度下，组织蛋白酶保留的酶活性能导致鱼糜凝胶劣化现象的产生。因此，较常用的加热方式是两段加热法，即先低温（50℃以下）凝胶化处理一段时间，然后直接使用 85～95℃加热成型。这种方法很好地减少了鱼糜内源性组织蛋白酶对鱼糜凝胶的劣化现象。但不同鱼种的最适凝胶化温度略有不同，所以选用新鱼种作鱼糜原料时需要特别注意。

4）原料：通常来说，冷水鱼的肌原纤维会比温水鱼有更低的变性起始温度，这一差异应在制备鱼糜时予以充分考虑。冷水鱼鱼糜的凝胶化处理条件通常是

0℃、12～24h 或者 25℃、2h；而来自热带水域的鱼种则只需要在 40℃处理 30min 即可形成较强的凝胶。同时，在同一种水域的鱼种之间也会存在不同的肌原纤维变性起始温度，不同鱼种应选用最合适的温度作为凝胶化处理条件，这对于形成高质量的鱼糜凝胶极为重要。鱼肉的新鲜程度（鲜度）对制备鱼糜也有重要影响。研究发现，选用冰置超过 10d 的鱼肉组织，将极大地降低其鱼糜的凝胶特性。因此，对于需要长途运输的鱼糜原料，高质量的制冷保鲜尤为重要。

（3）基于凝胶增强剂的鱼糜凝胶特性改良

鱼糜制品的凝胶强度是决定鱼糜制品质量优劣的关键因素。通常，添加一些对鱼糜制品口味影响不大且对人体无害的凝胶增强剂来提高鱼糜制品的弹性，如多糖类、非肌肉蛋白类凝胶增强剂作为辅料，以提高鱼糜制品凝胶强度，并且有研究证实，部分凝胶增强剂在一定程度上可抑制内源性蛋白酶活性。

1）多糖类凝胶增强剂：一些多糖类能够与鱼浆中的水和蛋白质相互作用进而促进凝胶基质的形成，如树胶和淀粉。具体来说，一些多糖类能与蛋白质相互作用形成更有结构性的系统，如淀粉、树胶；另一些则作为填充物质，结合水分子从而影响凝胶系统的黏性，如果胶。使用时需要注意，多糖类会改变盐类对肌原纤维的溶解能力，从而影响凝胶的机械强度和功能特性，同时，一些多糖类不适合与肌肉蛋白共存而阻碍凝胶形成。变性淀粉、卡拉胶、魔芋胶等是几种典型的多糖类凝胶增强剂，均被证明能用来提高鱼糜制品的凝胶强度。

淀粉作为良好的填充物质（filler），是鱼糜食品中最普遍的凝胶增强剂。在鱼糜制品中添加淀粉不仅能降低产品的成本，还能显著改善其凝胶特性，增强冻融稳定性。而变性淀粉较原淀粉具有更多优良特性，如良好的凝胶特性、蒸煮特性、透明度等。淀粉的变性方式对鱼糜制品的凝胶强度、破断强度和咀嚼性的影响均极显著，而淀粉来源对鱼糜制品的凝胶特性无显著影响，氧化淀粉也不能改善鱼糜制品的凝胶特性。淀粉的凝胶形成能力越好、溶解度越小、持水能力越强、膨胀能力越大，鱼糜制品的凝胶特性就越好。

树胶被看作提高鱼糜凝胶机械性能的另一种良好的凝胶增强剂。其优点是易于获得，价格低廉。大部分种类的树胶都能与鱼肉中的肌原纤维兼容，在对凝胶结构没有负面影响的同时能够增加凝胶产量。通常来说，树胶不会明显地影响鱼糜的颜色。其最主要的效果是增强了鱼糜的持水能力。使用树胶作为添加剂的一大优势是：树胶虽然是多糖类，但并不增加热量，反而增加食物中的膳食纤维含量，进而对人体健康有益。倡导健康食品的消费者尤其会青睐这类添加剂带来的效果。现有研究证实，卡拉胶和魔芋胶均能与鱼肉肌原纤维良好地兼容，但其他一些种类的树胶却有负面效果。另外，槐豆胶和黄原胶若以 0.25∶0.75 的比例加入鲢鱼中也能达到增强鱼糜凝胶强度的效果。

果胶分为高甲氧基化（HM）果胶和低甲氧基化（LM）果胶。据报道，两种类型的果胶均不具有增加鱼糜凝胶强度的能力，且两者都能扰乱凝胶的正常形成。然而，酰胺化的低甲氧基化（ALM）果胶却能和鱼糜凝胶相兼容，并且能提升凝胶的特性。这是因为酰胺化能增强 LM 果胶的极性，所以 ALM 果胶与蛋白质相互作用时，凝胶系统内更易形成氢键，从而形成更稳定的鱼糜凝胶。

多糖类凝胶增强剂能有效促进凝胶基质的形成，其中淀粉、卡拉胶、魔芋胶是几种典型的多糖类凝胶增强剂，均可用来提高鱼糜制品的凝胶强度。淀粉具有低成本的优势更值得推广，树胶和果胶在应用中有各自的特色与针对性。然而应用时也需要注意多糖类凝胶增强剂的添加量，防止过量引起对水分子结合鱼肉肌原纤维的竞争，从而使鱼糜持水能力下降并降低鱼糜凝胶品质。

2）非肌肉蛋白类凝胶增强剂：牛血清蛋白（BPP）、鸡蛋清蛋白（EW）、黄豆蛋白分离物、谷氨酰胺转氨酶等非肌肉蛋白也是良好的凝胶增强剂，在鱼糜制品加工中应用广泛。

牛血清蛋白的添加量在 10～30g/kg 时能提高红罗非鱼（red tilapia）在 40℃下加热 90min 形成的鱼糜凝胶的强度，然而，凝胶的白色程度却随着牛血清蛋白的浓度增加而降低。在远东多线鱼（*Pleurogrammus azonus*）和小型鳕鱼（*Theragra chalcogramma*）这两种鱼糜凝胶中添加牛血清蛋白也能得到类似的结果。然而，在同样牛血清蛋白添加量的情况下，经 25℃15h 后，这两种鱼的鱼糜凝胶特性的增强也更加显著。

鸡蛋清蛋白已被证实在添加量为 10～30g/kg 时，能提高红罗非鱼、远东多线鱼和小型鳕鱼的鱼糜凝胶强度。在刚切碎的可溶态鱼肉中添加鸡蛋清蛋白和防冻剂比在将要冷冻保存的鱼糜中添加所产生的增强鱼糜凝胶特性的效果更好。因此，鸡蛋清蛋白的添加时机非常重要，添加得越早越能获得凝胶特性好的鱼糜制品。

现有研究表明，黄豆蛋白分离物能修饰鲢鱼和草鱼鱼糜的质构特性。在制备这两种鱼糜凝胶时若选用 30℃或 40℃处理 60min 后 85℃加热 30min 的凝胶形成条件，SPI 对凝胶强度会有负面影响，并且添加量在 100～400g/kg 时，随着 SPI 浓度的增加，凝胶强度逐渐下降。而在 SPI 添加量为 100g/kg，凝胶形成条件为 50℃60min 后，再 85℃加热 30min，SPI 却能增强鱼糜凝胶的凝胶特性。

在凝胶化处理过程中，肌球蛋白重链（MHC）通过非二硫键的共价键相互交联发生多聚化，这一过程是由内源性的谷氨酰胺转氨酶诱发的。为了提高鱼糜凝胶化处理的效果和增强凝胶的强度，已被广泛地应用于诱导蛋白质多聚化的微生物源谷氨酰胺转氨酶（MGTase），在鱼糜工业变得越来越受欢迎。已有研究发现，在制备鱼糜过程中，随着谷氨酰胺转氨酶添加量的增加，凝胶的破断力随之增强，同时十二烷基硫酸钠-聚丙烯酰胺凝胶电泳（SDS-PAGE）也显示出肌球蛋白重链发生了更高程度的多聚化。并且从微观结构观察到，在冷藏过程中，谷氨酰胺转氨酶也能增强鱼糜凝胶的纤维致密性和完整性，进而提高鱼糜冷藏的保鲜能力。然而，由于谷氨酰胺转氨酶增强凝胶强度的效果与蛋白质完整程度、变性状态以及降解程度的相关性，鱼的种类和鲜度的变化会产生不同的凝胶增强效果。因而将外源性谷氨酰胺转氨酶应用于新鱼种的鱼糜制品时，需要综合考虑贮存与运输方式对鱼肉蛋白质状态的影响。

近年来，生物技术不断发展，外源基因表达及蛋白质修饰技术日渐完善且已被大量地应用于医学、生命科学及食品等领域进行研究。糖基化半胱氨酸蛋白酶抑制剂（胱抑素）是通过基因工程改造产生的，在其分子结构中含有由 50 个甘露糖分子构成的多糖链。糖基化和非糖基化胱抑素都能抑制由半胱氨酸组织蛋白酶引起的凝胶劣化，从而提高鱼糜的凝胶特性。由于多糖链的存在，糖基化胱抑素的半胱氨酸蛋白酶抑制活性只有 90.8%，但增加了冻融稳定性、热稳定性和 pH 稳定性。正是这更高的稳定性使其在增加凝胶破断力和增强形变能力方面有着更明显的贡献，也能产出更优质的鱼糜凝胶。

食盐在制造高强度的鱼糜凝胶时是必不可少的添加剂，而糖类添加剂会改变盐类对肌原纤维的溶解能力，从而影响凝胶的机械强度和功能特性，相比糖类添加剂，非肌肉蛋白类作为良好的凝胶增强剂，能够很好地提高鱼糜凝胶强度，并且能够在鱼糜的工业生产中大量替代所需的食用盐，从而给大众带来放心健康的低盐鱼类加工产品。与此同时，非肌肉蛋白类凝胶增强剂的研究与应用也有助于将一些凝胶特性差的低价值鱼类加工成为具有更高利润的鱼糜制品。

3）无机盐类凝胶增强剂：重组的鱼肉蛋白凝胶性质较差，为提高其凝胶性，生产加工中往往添加一些品质改良剂来提高其黏弹性、白度等指标。研究发现，多聚磷酸盐、马铃薯淀粉、转谷氨酰胺酶、$CaCl_2$、TiO_2 均能提高肉类的凝胶特性。陈海华等 2008 年研究发现淀粉能影响鲤鱼鱼糜凝胶品质。马铃薯淀粉对鲤鱼鱼糜凝胶品质的影响优于玉米淀粉和地瓜淀粉。韩敏义等 2004 年研究发现磷酸盐具有调节肉制品的 pH 增加离子强度，解离肌动球蛋白，以及螯合 Ca^{2+}、Mg^{2+} 等功能，可以增加肉制品的弹性、改进产品的结构、增加保水性和持水力。研究发现，TiO_2 可以降低重组鱼肉蛋白凝胶的色度。

3.3.3　调理制品品质改良技术

调理水产品是指以新鲜水产品为原料，经宰杀、清洗、分割、调理、包装、速冻和冻藏等加工成的一类水产制品，因具有方便快捷、营养均衡、小容量化等特点而成为餐饮和家庭消费的热点，小包装速冻保鲜的调理制品是我国近年来发展较快的淡水加工产品。草鱼（*Ctenopharyngodon idellus*）是我国淡水养殖产量很大的鱼种，2019 年养殖产量达 553.31 万 t，因肉质鲜嫩、价格低廉，是制作鱼片的主要原料之一。近年来，随着人们生活节奏加快，草鱼的传统鲜活销售模式无法满足人们的需求，对草鱼进行调理和冻结处理具有广阔的市场前景。研究表明，调理方式、调理时间、调理程度、冻结方式及温度等因素均会影响调理水产品品质。

（1）调理过程对草鱼片品质的影响

草鱼片经过不同程度的腌制调理后，鱼肉内部固形物含量、水分含量和热特性参数会发生变化，从而提高了草鱼片冻结-解冻过程中的品质稳定性。研究显示，当加入食盐后，鱼肉中水的结合状态改变，肌肉中的自由水在离子键（或氢键）的作用下转化为结合水，使可熔融的自由水含量减少，相变潜热随之降低，导致表观比热随食盐含量的增加而向低温区下降。研究人员通过探究淡水鱼冷冻过程中热特性参数与热焓之间的预测模型，可知淡水鱼的冻结相变焓越小，其冻结速率越快。其原因是随着调理时间延长，调理鱼片的含水量和冰点显著降低、固形物含量和食盐含量显著增加，同时，在食盐作用下，鱼片中肌球蛋白和肌动蛋白吸收大量水分并结合形成凝胶状，使冻结过程中可熔融的自由水含量降低，从而使鱼片冻结释放的热焓和相变潜热降低，导致草鱼片的冻结速率加快、通过最大冰晶带所需时间缩短。水产品中自由水含量较高，这些自由水在冷冻加工过程中由液态转化为固态，必然会释放出热量，自由水含量越高则冻结相变焓越大。

（2）液氮冻结温度对草鱼片品质的影响

冻结温度是决定草鱼片冻结速率的关键因素。草鱼片在慢速冻结过程中其所含的水分会被冻结而形成大量冰晶，冻结速率越慢则形成的冰晶越大、数量越少，对肌原纤维造成损伤越大，草鱼片的持水性降低，再经加热后，鱼片中的水分更容易丧失，而冻结速率越快则形成的冰晶越小、数量越多，对肌肉组织的损伤程度越小，从而有利于草鱼片在冻结后持水性的稳定。采用超低温冻结方式，可加快冻结速率、缩短通过最大冰晶带时间，有效保持鱼肉持水性、质构特性等。有研究表明，使用液氮速冻可有效提高乌鳢、小黄鱼和大黄鱼的冻结速率，提高解冻后产品品质，但有关液氮温度对产品冻结速率和品质的影响鲜有报道。液氮冻结温度对调理草鱼片的品质有显著影响。低温冻结处理可加快草鱼片的冻结速率、抑制草鱼片冻结过程中的水分迁移作用，从而提高草鱼片在冻结过程中的质构特性、持水性和蛋白质稳定性。在 5 种冻结方式中，采用-80℃液氮喷淋冻结的草鱼片的质构特性、蒸煮损失率、盐溶蛋白含量等指标与-100℃液氮喷淋冻结、-196℃液氮浸渍冻结的样品无显著差异，但显著高于-18℃冻结和-60℃液氮喷淋冻结的草鱼片，且调理处理可提高草鱼片的冻结-解冻稳定性，调理 6h 的草鱼片的品质稳定性最好。将调理 6h 的草鱼片用-80℃液氮冻结处理，可获得高品质的调理草鱼片。

（3）调理制品配方改进技术

调理制品可根据消费者的需要，在调理加工过程中有选择性地加入各种不同香辛料或调味料，不仅可以提供不同风味，而且方便食用，能够延长产品货架期。随着人们饮食结构的改变，消费者更倾向于食用方便、具有独特风味口感的食品。研究人员通过优化实验得出了最佳的调理油炸咖喱味鲟鱼片的腌制配方和挂糊调味配方。以鱼糜为研究对象，以感官评价为评价指标，研究人员筛选出最佳的几种调味料，并优化得出最佳调味料配方。

（4）调理制品熟化方式

调理制品的熟化是指将调理食品经过不同热加工方式，使其具有不同的口感风味，方便消费者食用。不同的热加工方法会对物料的质量、营养成分和质构等品质造成不同程度的影响。目前，食品热加工技术有很多种类，主要加工方式有：常温蒸煮、高温油煎油炸、微波加热、真空低温烹制等。其中，微波加热具有加热速率快、加热均匀等优点，真空低温烹制技术具有营养损失少、防止脂质氧化等优点。研究发现，蒸制、微波和真空隔水煮制条件下样品持水力较高，质量损失率较低，其中蒸制样品中氨基酸种类齐全，蛋白质质量分数和水分含量较高，且样品的嫩度、弹性均优于其他加工方式。

3.3.4 小龙虾产品品质影响规律

小龙虾是克氏原螯虾（*Procambarus clarkii*）的俗称，属于高蛋白低脂肪的高营养特色水产品，因对外界环境适应能力强而易于养殖。近年来，多地将小龙虾养殖业作为产业扶贫项目进行重点扶持，进而促进其迅速发展；在此背景下小龙虾加工业也受到了重视，风味小龙虾、虾尾、虾仁等相关产品已见诸市场。随着消费者对食品品质的要求日益增高，提升小龙虾产品的品质成为确保产业健康发展的核心。食品品质是一个综合概念，大致可细分为营养品质、安全品质和感官品质等 3 个方面。就小龙虾而言，养殖环节、加工环节、贮藏环节均能够对其产品品质的各个方面产生显著影响（图 3-3）。例如，养殖环境会决定小龙虾的重金属污染水平等安全品质；熟制入味过程则会影响小龙虾的风味等感官品质；而贮藏条件则可通过影响小龙虾产品中蛋白质的降解等而决定其营养品质。国内外学者围绕小龙虾品质已经进行了一系列的研究，在前人研究的基础上，探讨小龙虾品质在从养殖到餐桌全过程中的形成和影响规律，可以为小龙虾产品品质的改良提供理论和技术依据。

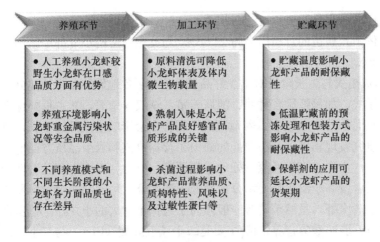

图 3-3 不同环节对小龙虾产品品质的影响

（1）养殖环节对小龙虾品质的影响

1）养殖与野生小龙虾的品质对比：消费者普遍认为野生鱼虾的品质要优于人工养殖鱼虾。但研究证实，稻田精养的小龙虾在体长、体重、可食体重、螯夹臂展、螯夹重等指标上要优于自然放养的小龙虾，且稻田精养小龙虾的肝胰腺较为发达，更符合大部分消费者对小龙虾的食用习惯及口味需求。小龙虾鲜美程度与其所含游离氨基酸（free amino acid，FAA）存在很大关系。虽然野生小龙虾头部FAA 含量普遍大于养殖小龙虾，但养殖小龙虾的虾肉中 FAA 含量要高于野生小龙虾，基于味道强度值（taste active value，TAV）的分析也表明养殖小龙虾比野生小龙虾更鲜甜。以上分析表明，与野生小龙虾相比，养殖小龙虾在感官品质方面具有一定的优势。

2）养殖环境对小龙虾安全品质的影响：养殖环境对小龙虾品质的影响不言而喻，如水体环境中的农药残留、重金属等污染物能在小龙虾体内富集，进而影响安全品质。小龙虾被认为可作为环境中重金属污染水平的指示生物，"小龙虾重金属污染严重"的说法也大肆流传。基于实际养殖环境和人工模拟水环境的研究均表明，小龙虾对重金属的富集程度与养殖水体中的浓度呈正相关。不同地区因社会经济和工业化发展水平不同，其环境中重金属污染状况也不同，因此产地地理位置与小龙虾对重金属的富集有强相关性。研究表明，不同养殖环境来源的小龙虾中都含有一定量的重金属残留。虽有研究表明小龙虾对重金属的富集主要集中在肝胰腺和鳃，而肌肉中较少，但膳食风险评估表明，重金属污染对小龙虾的高消费群体来说存在一定的健康风险，尤其是砷的污染。小龙虾的微生物污染问题也受到消费者广泛关注，针对中国浙北地区的一项监测表明，副溶血性弧菌与铜绿假单胞菌是小龙虾体内主要的污染菌，其检出率分别为 24.5%、22.1%。养殖环境与小龙虾的微生物污染程度有密切关系，针对中国淮安地区的一项检测表明，外环境水体中致病菌的总检出率为 22.50%，与此相对应的小龙虾中致病菌总检出率为 41.43%。

3）养殖模式与生长阶段对小龙虾品质的影响：各地因地制宜地建立了多种小龙虾养殖模式，如稻虾综合种养、池塘养殖、湖泊养殖等，其中稻虾综合种养占小龙虾养殖面积的 70% 左右。养殖模式不同势必会影响小龙虾的生长，进而影响其品质。研究发现稻田养殖小龙虾的虾肉在营养价值和食用品质方面要优于清水养殖小龙虾，主要表现为经蒸煮处理后其硬度、黏力、内聚力和胶着性均显著增加，蛋白质含量高于清水虾而水分含量低于清水虾，可溶物的电导率和总固形物含量也高于清水虾。虽然消费者一般倾向于选择个体大的小龙虾，但从含肉率、粗蛋白含量、脂肪酸的营养价值[主要是二十碳五烯酸（EPA）与二十二碳六烯酸（DHA）的含量]来看，幼虾营养价值相对高于红壳成虾。

（2）加工环节对小龙虾品质的影响

1）原料清洗过程对小龙虾品质的影响：由于小龙虾的生长环境复杂，其体表和体内一般携带较多的微生物，甚至致病性微生物，因此原料清洗过程在小龙虾加工工艺中非常重要。流水净化系统是国外常见的虾类净化体系，可有效降低小龙虾的细菌载量，处理 12h 后鳃部细菌总数可降低 1.05[lg(CFU/g)]。超声波处理能够显著增强流水净化效果，2 次超声处理可使虾壳肉、鳃部和肠道中细菌载量分别降低 2.18[lg(CFU/g)]、2.23[lg(CFU/g)]、1.01[lg(CFU/g)]。但温和气单胞菌（*Aeromonas sobria*）、阴沟肠杆菌（*Enterobacter cloacae*）、细粒黄杆菌（*Flavobacterium granuli*）和腐败希瓦氏菌（*Shewanella putrefaciens*）仍然是净化后小龙虾残留的优势种群，还需在后期加工中针对性地采取控制措施。

2）熟制入味过程对小龙虾品质的影响：虽然熟制入味加工环节对小龙虾的药物残留、重金属残留等安全品质会产生一定的影响，但其对小龙虾感官品质的影响最为显著。盐水煮制是小龙虾加工的必需环节，可赋予虾鲜亮的色泽，并破坏虾体的自溶酶；还可减少微生物数量，降低后续杀菌负担。相关因素对产品感官指标的影响顺序为：煮制温度＞煮制时间＞食盐浓度；采用沸盐水时，盐的质量浓度 5g/dL，盐煮 10min 即可使产品获得较好的口感，虾肉口味不至于过咸或过淡，也不至于太硬或太柔软。利用蒸汽进行热加工处理是与煮制相对应的一种方法，但两种方法处理后制作的冰冻整肢虾在质构、色泽、风味等品质方面并无显著差异。

小龙虾加工过程中，入味方式包括腌制、煮制、浸渍、真空渗透等。腌制入味工艺中，相关因素对产品感官指标的影响顺序为：蔗糖浓度＞腌制时间＞食盐浓度；按腌制时间 1h、蔗糖浓度 4%、食盐浓度 2% 加工时，产品色泽均匀、质地优良、口感细腻、风味独特。煮制入味应用较为广泛，但会导致肉质下降，且难以规模化生产。因此浸渍入味工艺受到关注，浸渍温度和时间对小龙虾的入味效果有显著影响，在 4℃、12℃、20℃下分别浸渍 15.0h、10.5h、9.0h 均可达到理想的入味效果，且产品质构及风味要优于传统煮制入味产品。一定的真空度有利于提升入味效果，使产品具有更好的风味、滋味和质构特性。

小龙虾产品的大部分风味成分是在加工过程中所形成的，对小龙虾产品风味贡献较大的挥发性物质主要是醛类化合物、含氮类化合物、少数烯酮类化合物以及长链脂肪酸的酯类化合物。不同加工方式会产生不同的风味物质，如在油炸小龙虾中可检测到较高含量的 2,5-二甲基吡嗪，赋予产品浓郁的烤香和肉香风味；而在微波小龙虾中可检测到含量较高的吡咯和较少量的 2-乙酰基噻唑，分别赋予产品甜的微弱焦香特征和坚果香与谷物香特征。

3）杀菌过程对小龙虾品质的影响：对餐饮市场进行调查发现，熟制加工后的小龙虾样品中菌落总数和大肠菌群残留量依然较高，且偶有致病菌检出，因此，虽然清洗、熟制等过程均可减少小龙虾微生物载量，但仍需通过杀菌工艺使产品达到卫生标准要求。采用巴氏杀菌处理的即食小龙虾在氨基酸组成及含量、质构特性、风味成分含量等方面要优于高温高压杀菌处理；而与一次性升温杀菌工艺相比，由于多阶段升温杀菌工艺可缩短产品处在高温的时间，因而可减少对虾肉肌纤维的破坏，改善产品质构。辐照杀菌和超高压杀菌等非热杀菌技术在小龙虾加工中也受到广泛关注。与高压灭菌相比，6kGy 的辐照灭菌能更好地抑制储藏期虾肉含水量下降和色泽发暗的现象。适宜的辐照处理还可增加虾肉中水解氨基酸和呈味氨基酸的量，从而改善产品的口味；对小龙虾致敏性蛋白质也可起到降解作用，从而提高产品安全性。应用超高压工艺进行小龙虾虾仁的生产，在达到商业无菌的同时，可控制产品解冻损失率和蒸煮损失率，并使产品具有较好的感官品质；此外，还可缩短小龙虾脱壳时间、提高虾仁得肉率。

（3）贮藏环节对小龙虾品质的影响

1）冷藏和冻藏对小龙虾品质的影响：在 25℃条件下小龙虾产品的总体可接受性会随着贮藏时间的延长而下降，对于油炸加工产品因表面油脂氧化而导致下降趋势更快，因此一般采用低温环境对其进行贮藏。小龙虾虾尾在冰温存储条件下铵态氮、三甲胺态氮以及 pH 先缓慢上升，随后迅速上升，提示存在蛋白质的降解和微生物的生长。以熟制麻辣小龙虾为对象的研究表明，产品在 4℃冷藏和−18℃冻藏时保质期分别为 4 周和 4 个月，期间产品菌落总数<4.7[lg(CFU/g)]，挥发性盐基总氮（TVB-N 值）<30mg/100g，pH 处在弱碱性范围。此外，在冷藏前 3 周内食盐含量逐渐升高（达 1.99%），之后变化不显著（$P>0.05$），而冻藏时食盐含量变化缓慢，可维持在 1.6%～1.8%。

2）预冻和包装处理对小龙虾品质的影响：产品进入贮藏阶段之前会先进行低温预处理，而不同的预冻处理方式也会影响产品品质。基于氨基酸和脂肪酸组成的分析表明，−60℃速冻处理最适宜，而液氮处理对营养成分有较强的破坏作用。产品在低温贮藏时的包装形式也会影响其贮藏过程中的品质变化。采用聚氯乙烯薄膜常规好氧包装（AP）的小龙虾虾尾在2℃下贮藏时无明显蛋白质水解，而气调包装（MAP：80% CO_2/10% O_2/10% N_2）和真空包装（VP）样品中有多种分子量水平的蛋白质发生了降解，但与此不相符的是MAP样品在贮藏10d后韧性增加，提示贮藏期间小龙虾肌肉结构的变化还受到其他理化机制的影响。

3）保鲜剂的应用对小龙虾品质的影响：在贮藏过程中配合使用适宜的保鲜剂，可使小龙虾产品品质在更长时间内保持稳定。对小龙虾优势腐败菌的抑制效果进行筛选，结果表明脱氢乙酸钠、山梨酸钾、ε-聚赖氨酸均具有较好的保鲜效果。考虑到单一保鲜剂的效果有限，复配使用保鲜剂是趋势。以山梨酸钾0.50g/L、脱氢乙酸钠0.31g/L、ε-聚赖氨酸0.21g/L和壳聚糖2.84g/L进行复配时，可有效减缓小龙虾产品感官品质的下降，微生物数量、TVB-N含量、K值、pH、TBA值等指标的变化均得到抑制，常温即食小龙虾的货架期可由6d延长至30d。

（4）小龙虾加工产品品质改良技术思路

国内外学者围绕小龙虾产品品质的影响因素进行了较为深入和广泛的研究，为产品品质的控制与提升奠定了良好的理论基础和技术依据。但品质是一个较为复杂的概念，而消费者对品质的要求也日益增高，所以仍需加强对小龙虾产品品质形成和控制方面的研究，以满足行业发展之需。具体可从如下几方面着手。

1）重视良种繁育：种苗是决定小龙虾产品品质的内在基础，急需加强小龙虾遗传机理的相关基础研究，为小龙虾优质种苗的选育提供支撑。例如，基于对小龙虾抗病相关基因进行研究，结合分子育种技术，可选育出高抗病性品种，进而可减少养殖过程中的药物投入。

2）加强养殖研究：养殖标准化程度不高导致小龙虾原料市场产品品质良莠不齐，急需建立小龙虾养殖的准入机制，推进小龙虾养殖技术标准的研究与示范。小龙虾专用饲料开发及饲料添加剂的应用也需要加大研究力度，如在成虾饲料中添加0.5%～1.5%的壳聚糖，可对小龙虾起到一定的免疫保护作用，增强其消化生理机能。

3）创新加工工艺：小龙虾加工工艺在整个食品加工业中仍较为落后，需要在加强小龙虾加工过程中品质变化规律等理论研究的基础上创新小龙虾加工工艺。例如，利用臭氧水对小龙虾进行清洗可起到杀菌作用，还能有效降解农残、氯霉素等；应用热风-微波联合干燥技术可使小龙虾虾干具有良好的色泽、质构和吸湿性。

4）突破贮藏技术：应用冻藏等技术可使小龙虾产品货架期达到6个月左右，但其成本较高，需要通过协同冻藏方式、包装方式以及保鲜剂等来构建高效、低成本的小龙虾产品贮藏技术。例如，应用电解功能水制冰替代传统冰来对小龙虾产品进行贮藏可获得更佳的效果。

3.3.5　淡水产品品质改良技术研究案例

（1）原料鱼品质改良技术

原料鱼的品质是决定加工产品品质的内在因素，为此作者团队以鲌鱼为例建立了一种淡水鱼肉质恢复的方法，并获国家发明专利授权（CN201811016304.1）。采用本发明的方法，能够在精养鲌鱼上市之前采用流水刺激其逆时针游动，使精养鲌鱼得到有效锻炼，精养鲌鱼的肉质恢复效果好，而且较为稳定。其特征在于以下方面。

1）构建肉质恢复池：由水泥或其他材质修建而成圆形肉质恢复池，池内底部设计成逆时针螺旋状，且池内底部为由圆周向中心向下倾斜状，在池内设置有推水结构，推水结构由中心的防水气泵、外侧的多个水草汁液释放结构以及连接水草汁液释放结构与防水气泵的多根空心送气管相互间通过螺栓固定而成，其中每根空心送气管上顺着逆时针方向的一侧开设一排 3～5 个孔眼，孔眼在所有空心送气管的同一侧设置；水草汁液释放结构是由顶部带盒盖的盒体、放置在盒体中的海绵构成，其中盒体侧壁上开设多个孔，海绵中事先吸附有混合水草汁液，混合水草汁液是由以下重量百分比的原料经打浆机打成浆液而得：苦草 30%～50%、马来眼子菜 20%～40%、金鱼藻 15%～30%；肉质恢复池一侧固定有排污管，排污管的管口位于肉质恢复池内，排污管连接有抽吸泵，抽吸泵通过软管连接水质净化池，水质净化池的出口通过循环管道连接肉质恢复池上的进水口。

2）肉质恢复：将精养池中达上市规格的鲌鱼捕捞上来，放入肉质恢复池中，然后开启气泵，通过气流推动肉质恢复池内的水形成逆时针环形微流，且保证水流速度为 1～2m/s，在形成微水流的过程中，水草汁液释放结构中的混合水草汁液被释放出，吸引精养鲌鱼逆时针游动，每天开启气泵 2～5 次，每次 15～30min，连续搅水 8～10 天；每天在搅水前，把海绵从水草汁液释放结构中拿出重新吸附混合水草汁液，持续添加 3～5 天；肉质恢复时间一般为 20～40 天。

3）肉质恢复期间的饵料投喂：在肉质恢复期间，投喂混拌有鲜料的常规饵料，其中鲜料主要是活的鱼虾或冰冻的鲜鱼虾或鲜的鱼虾加工下脚料，连续投喂 20～40 天，添加量为常规饵料总重的 5%～10%。

4）肉质恢复池的水质管理：每 3～5 天开启抽吸泵一次，每次 20～25min，抽出的废水在水质净化池中采用常规净化技术进行净化处理，处理后得到的清水又通过循环管道进入肉质恢复池中。

（2）风味鱼制品品质改良技术

1）低盐腌制技术研究：醉鱼、糟鱼、腊鱼等风味鱼制品加工过程中的重要环节是腌制，包括盐渍和熟成两个阶段。传统的腌制过程需要加10%以上的食盐浸渍，并需经过近30天的熟成发酵，导致生产效率不高的同时产品存在明显的健康风险。作者团队通过对湖南地区家庭制作的传统风味鱼制品进行乳酸菌的分离鉴定，筛选出6株典型的乳酸菌制成混合乳酸菌发酵剂用于风味鱼制品的腌制工艺；经过进一步的条件控制，可实现淡水鱼的"双低"腌制，即食盐用量降低至6%，熟成发酵周期缩短至9天（表3-2），并且所生产出来的产品具有本土家庭自制风味鱼制品的典型特征。淡水鱼"双低"腌制技术的建立能够极大地提升加工企业的生产效率，同时保障消费者的健康。

表3-2 不同盐浓度制作腊鱼的质构分析和感官评定结果

	盐浓度	4%	6%	8%	10%
质构分析	硬度	1.96	0.59	0.62	0.62
	黏附性	0.51	0.40	0.62	0.52
	弹性	0.06	0.05	0.06	0.08
	内聚性	0.04	0.02	0.05	0.03
	咀嚼性	2.41	0.40	0.63	0.93
感官评定	形态（分）	4.6±0.2	4.5±0.1	3.7±0.4	4.2±0.2
	色泽（分）	4.6±0.4	4.8±0.2	4.0±0.3	3.8±0.7
	气味（分）	4.0±0.4	4.2±0.3	4.2±0.1	3.4±0.4
	滋味（分）	3.4±0.3	4.0±0.5	3.8±0.2	3.1±0.1

2）快速醉制技术研究：醉鱼是我国传统美食，但其传统制作工艺需要数月时间，缩短制作时间可以节约生产成本并有利于工业化生产。作者团队研究探讨了醉鱼醉制过程中真空入味的方法，并采用正交试验和感官评定的方法对醉鱼醉制过程的配方进行了优化。研究表明，醉鱼入味效果最佳的工艺参数为：真空度0.08MPa、真空醉制时间2d、真空入味时的温度30℃；醉鱼醉制过程的最佳配方为：米酒糟300g、白酒75g、香辛料卤水120g、糖25g、味精5g。采用快速醉制工艺可将醉鱼的生产周期缩短至3d左右，口感风味与传统制作工艺相近，为其工业化生产提供了依据。

3）青鲫腌制加工产品开发：为探究食盐浓度及腌制天数对青鲫鱼肉品质的影响，作者团队以新鲜青鲫鱼肉为原材料，研究了不同食盐添加量（质量分数为4%、7%、10%、13%）对于鱼肉在室温（10℃，2d、4d、6d）期间脂质与氨基酸的变化情况。对过氧化值（POV）产生的影响：随着食盐添加量的增加，鱼肉的POV下降，即脂质氧化程度降低，鱼肉油脂更新鲜，品质更好；随着腌制时间的延长，鱼肉的 POV 上升，即脂质氧化程度增加，鱼肉油脂品质下降；使用冷溶剂指示剂滴定法测定洞庭青鲫鱼肉油脂酸价（AV）的变化情况：随着食盐添加量的增加，鱼肉的 AV 下降，即脂质氧化程度降低，鱼肉油脂更新鲜，品质更好；随着腌制时间的延长，鱼肉的 AV 上升，即脂质氧化程度升高，鱼肉油脂品质下降；硫代巴比妥酸值（TBA 值）变化：在食盐浓度为 4%、腌制 2d 时有最低值，之后随着食盐浓度的增高和腌制时间的延长而逐渐升高，表明腌制时间与青鲫鱼肉 TBA 值呈正相关，低浓度食盐对青鲫鱼肉的脂质氧化有一定的抑制作用，高浓度食盐对丙二醛的产生有刺激作用；挥发性盐基总氮（TVB-N）是由于微生物的生长繁殖和酶的作用使蛋白质分解而产生的氨及胺类等碱性含氮物质，食盐浓度与青鲫鱼肉 TVB-N 含量呈负相关，腌制时间与青鲫鱼肉 TVB-N 含量呈正相关。

　　鱼肉中脂肪酸与氨基酸含量变化的影响：青鲫鱼肉中饱和脂肪酸（SFA）、单不饱和脂肪酸（MUFA）、多不饱和脂肪酸（PUFA）随着食盐添加量及腌制天数的增加含量变化不显著，说明脂肪酸没有受到食盐及腌制天数的显著影响，脂肪酸是脂肪的水解产物，脂肪在脂肪酶的作用下分解，产生脂肪酸，而脂肪的水解主要受温度、湿度及酸碱度等因素的影响。随着腌制时食盐添加量的增加，在腌制 2d 时，青鲫鱼肉中氨基酸含量变化并不显著；在腌制 4d、6d 时，氨基酸含量有显著降低趋势；相同食盐添加量腌制的青鲫鱼肉，随着腌制天数增加，氨基酸含量无显著变化，说明食盐添加量对鱼肉氨基酸含量有显著影响，而腌制天数对其影响不大。在腌制初期，可能由于腌制时间太短，食盐未完全渗入鱼肉组织中，因此氨基酸含量无显著变化，之后随着食盐添加量升高，鱼肉氨基酸含量整体呈下降趋势，氨基酸是蛋白质在酶的作用下的水解产物，而高盐度对鱼肉蛋白酶有抑制作用，并且这种抑制作用随着盐度升高而增大，从而抑制了鱼肉氨基酸生成。本研究中可以选择 4%～7%食盐添加量腌制 2～4d 作为最佳腌制条件。

（3）即食鱼肉产品品质改良研究

　　过度投肥养殖，随之带来了鱼类肉质品质下降的问题，具体体现之一是肉质较为松散，没有嚼劲，严重影响食用口感，而且在后期加工时营养成分容易流失，降低商品价值。针对这一问题，作者团队研究开发了"一种改善即食鱼肉产品品质的方法"（CN201811014647.4），并获国家发明专利授权。该技术在预处理后通过蛋白质异构处理，部分异构液浸入鱼肉中起到连接鱼肉、促进鱼肉紧致作用，有效改善因饲料、水质喂养而带来的肉质松散的问题，经过该技术处理的鱼肉在加工成即食产品后，更耐咀嚼。通过蛋白质异构处理，部分异构液浸入鱼肉中，还起到去腥味作用，有效去除了因饲料、水质问题而使鱼肉携带的土腥味。急冷急热的处理，进一步提高了鱼肉的韧性，而且有效避免鱼肉变形、损坏，提升了产品外观形象，优化了鱼肉即食产品的口感，鱼肉紧致而爽脆，也使储放时间更长。该方法包括如下内容。

1）原料处理：将购买回来的鲜活鱼宰杀，去除内脏、腹部黑膜、鱼鳞、鱼鳍，清洗掉鱼血后，立即进入下一步工序。

2）预处理：将经过步骤1）处理的鱼肉均匀抹上食盐和料酒，用塑料膜包裹后放入冰箱腌制24~36h。

3）蛋白质异构：将经过步骤2）处理的鱼肉放入配制好的异构液中浸泡10~25min，其中异构液由以下重量百分数的原料混合而成：木瓜蛋白酶1%~3%、褐藻胶10%~20%、魔芋胶8%~10%、食盐3%~5%、料酒10%~15%、食醋3%~5%、30~35℃的温开水40%~50%。

4）急热、急冷：将经过步骤3）处理的鱼肉取出沥干表面异构液，送入100~120℃的烘箱中烘5~8min，取出后立即放入30~50℃的冷气中吹15~20min。

（4）鱼糜制品品质改良研究

1）鱼糜制品品质改良剂开发研究：盐溶蛋白（salt soluble protein，SSP）又称肌原纤维蛋白，是肌肉中最重要的蛋白质，是决定肉制品品质的最主要的蛋白质，占总蛋白含量的50%~60%。研究表明，盐溶蛋白性质对鱼肉的保水性、凝胶性等加工特性影响甚大，是潜在的鱼糜制品品质改良剂。作者团队，以白鲢、河蚌、螺蛳等低值淡水产品为原料进行了盐溶蛋白的提取，并研究了其功能特性，为鱼糜制品品质改良提供了新的思路。

a）白鲢盐溶蛋白提取及加工特性研究：白鲢盐溶蛋白的最适提取工艺条件为NaCl浓度0.8mol/L、pH 6.0、浸提时间30h、固液比1∶5（g∶mL），在此条件下鲢鱼鱼背盐溶蛋白的提取率为80%左右。白鲢盐溶蛋白热诱导凝胶具有较好保水性，可达98.24%左右，其最佳热诱导凝胶温度为80℃，添加磷酸盐对白鲢盐溶蛋白热诱导凝胶保水性具有一定提升作用。白鲢盐溶蛋白具有较好乳化能力，其乳化活性指数（EAI）为19.47m^2/g，乳化稳定性指数（ESI）为89.45%，可有效改善鱼糜制品加工品质。

b）蚌肉盐溶蛋白提取及功能特性研究：NaCl浓度0.7mol/L、pH 7、浸提时间24h、固液比1∶4（g∶mL）时，河蚌盐溶蛋白提取量最大，可达117mg/g。蚌肉盐溶蛋白的持水性和持油性分别为3.0g/g和2.2g/g；在pH为8时，其溶解性为38%；最佳起泡能力和泡沫稳定性分别为71%和24%；其乳化能力受蛋白质浓度变化的影响不大；蛋白质浓度为1.0%时，其凝胶保水性可达到74%。蚌肉盐溶蛋白替代大豆蛋白应用于鱼糜制品加工。

c）螺肉盐溶蛋白提取及功能特性研究：螺肉中盐溶蛋白的最佳提取条件为盐浓度0.7mol/L、pH 8.0、固液比1∶4（g∶mL）、浸取时间24h，该条件下盐溶蛋白提取率为13.6%。其最佳乳化活性指数为27.67m^2/g，ESI最大值为0.62，略低于大豆分离蛋白，在碱性条件下其起泡能力和泡沫稳定性较好，分别可达到 68%和 42%，优于大豆分离蛋白，保水性最大为 78.25%。螺肉盐溶蛋白具备制成鱼糜制品品质改良剂的性能，是一种较好的功能性蛋白质资源。

2）基于谷氨酰胺转氨酶（TG 酶）改善鱼糜制品品质：作者团队研究表明，TG 酶改善蚌肉糜凝胶性的最佳作用条件为：酶的添加量 2%、pH 7、45℃反应 1.0h。肉糜凝胶性得到了良好的改善，该条件下的硬度为 5910.647g，内聚性为 0.820，弹性为 0.918。辅料的添加也能改善蚌肉糜凝胶性质，马铃薯淀粉、蛋清蛋白和大豆分离蛋白的最佳添加量分别为 6%、6% 和 9%，为鱼糜制品的质构性质优化提供了理论依据。

3）筛选优良微生物菌种进行发酵改善鱼糜制品品质：作者团队筛选了适宜鱼糜发酵的菌株，并尝试通过发酵来改善鱼糜制品的安全性、产品质构、风味等品质特征。结果表明，植物乳杆菌 LP28 的生长速率高，产酸能力强，耐盐性好，无产蛋白酶能力和氨基酸脱羧酶能力，适宜作为鱼糜发酵剂；将该菌株用于发酵鱼糜，与未发酵的鱼糜相比，硬度、咀嚼性、弹性分别提高了 34.6%、73.6%、6.5%，内聚性下降了 10.5%，感官评价也有一定程度提高。发酵型鱼糜的研究为鱼糜制品品质改良提供了技术支撑。

4）鲫鱼鱼肉重组产品开发：作者团队以新鲜鲫鱼为原料，研究鲫鱼纯鱼肉的重组工艺。在单因素试验的基础上，采用正交试验以凝胶强度为指标，考察了 NaCl 添加量、谷氨酰胺转氨酶（TG 酶）添加量、TG 酶作用时间三因素对制作工艺的影响。由正交试验得出最佳添加工艺是：NaCl 添加量为 1.5%，TG 酶添加量为 0.4%，TG 酶作用时间为 21h，此条件下得到的重组鲫鱼肉制品凝胶强度可达 884.076g·cm。随着我国经济的发展和人民生活水平的不断提高，人们对鱼的需求量也越来越大，因此，对食用方便、营养均衡、风味独特的中高档鱼类产品的需求日益增加。利用鱼肉重组技术，可以将部分价值较低的鱼类或加工后的鱼片与其他原料紧密结合，形成鱼肉产品，从而增加水产品的加工品种，增加产品的经济效益。添加 NaCl 与 TG 酶，生产工艺中不加入淀粉，既能提高产品的物理性能，又能保证产品的营养价值，还能满足广大消费者对优质产品的需要，提高了鲫鱼附加值，为市场提供了营养价值高、品质好的新型水产制品，具有一定意义。

（5）小龙虾加工制品品质改良研究

1）加工过程中小龙虾品质的变化：为了研究即食小龙虾营养成分随加工过程的变化规律，作者团队以即食小龙虾可食部分为材料，测定其在清洗、油炸、调味和灭菌后的品质变化。水分、灰分、蛋白质、脂肪以及氨基酸、脂肪酸组成等营养成分变化：随着加工过程进行，水分含量显著减少，灰分含量无明显变化，脂肪含量先显著增加，在灭菌后显著减少，粗蛋白含量显著增加，总糖含量显著减少。氨基酸含量及人体必需氨基酸无显著变化；饱和脂肪酸（SFA）总量先显著减少，调味后显著增加，单不饱和脂肪酸总量先显著增加，调味后显著减少，多不饱和脂肪酸总量显著增加。即食小龙虾在加工过程中营养成分无显著损失，可食用性较高。游离氨基酸、呈味核苷酸、挥发性风味物质的含量及鲜味强度：游离氨基酸总量随着加工过程进行呈下降趋势，其中甜味氨基酸含量在加工过程中呈下降变化，鲜味氨基酸经油炸后含量减少，调味后含量增加，但并不显著；呈味核苷酸总量随着加工的进行显著增加，其中灭菌后的腺苷一磷酸（adenosine monophosphate，AMP）的呈味强度值大于1，赋予小龙虾鲜味与甜味；即食小龙虾成品的鲜味强度较清洗时降低；小龙虾的挥发性风味成分含量丰富，加工过程中挥发性成分种类及含量均增加，且以醇类、醛类和烯类为主，赋予了小龙虾丰富的特征风味。即食小龙虾在加工过程中非挥发性风味成分没有显著变化，而挥发性风味物质的种类及含量增加，具有较好的食用品质。

2）不同工艺对小龙虾加工制品品质的影响：为探讨不同加工工艺对小龙虾预制食品品质的影响，作者团队以鲜活小龙虾为原料，采用蒸煮、微波、烘烤和油炸4种加工工艺进行熟制，对处理后小龙虾的营养成分、风味物质及组织结构进行测定分析。结果表明，营养方面，油炸工艺粗脂肪含量最高，蒸煮工艺最低；粗蛋白含量微波工艺最高，油炸工艺最低；总糖含量油炸工艺最高，微波工艺最低；在微波工艺中必需氨基酸含量最高，而蒸煮工艺的必需氨基酸含量显著低于其他三种工艺；4种工艺的不饱和脂肪酸差异变化不大，都比较高。风味分析方面：烘烤工艺的呈味核苷酸含量最多，油炸工艺呈味核苷酸的总量显著低于其他三种工艺；游离氨基酸无显著性差异；油炸与烘烤工艺的挥发性风味物质以烷烃类为主；微波工艺以醇、酸类化合物为主；蒸煮工艺以醛类化合物为主。组织结构方面：油炸的咀嚼性差，其他具备较好的咀嚼性；蒸煮的硬度较大，其余的质地较软；弹性无显著性差异。综合以上品质分析可以看出4种加工工艺各有其特点，蒸煮工艺处理的小龙虾高蛋白低脂肪；油炸小龙虾灰分和总糖含量高，组织结构较佳；微波小龙虾粗蛋白含量高，必需氨基酸含量高；烘烤工艺处理的小龙虾呈味核苷酸含量高，组织结构中弹性大。因此，可以根据不同的食用目的来选择加工工艺。

3）微波熟制对小龙虾加工制品品质的影响：探究微波熟制工艺对小龙虾营养成分与风味成分的影响，作者团队以鲜活小龙虾为试验对象，分析未经微波加热、210W及350W微波加热5min后的熟制小龙虾肌肉部分的营养成分与风味成分变化。结果表明，低功率微波加热并未对小龙虾水分含量造成显著影响，而350W微波条件下水分损失显著。干基样品中，不同功率微波处理后灰分无显著变化；总糖和粗脂肪含量呈降低趋势；而随着微波功率的提高，粗蛋白含量呈上升趋势。微波熟制对小龙虾不饱和脂肪酸含量有显著影响，总氨基酸及必需氨基酸含量显著下降，但仍保持较高的营养价值。随着微波功率的提高，小龙虾中的风味成分含量显著降低，如呈鲜、甜味的游离氨基酸与呈味核苷酸，其味道强度值及味精当量值均有明显损失。所以微波加热熟制工艺在一定程度上会使小龙虾肉质营养有所损失,但可以接受;而对于小龙虾的鲜香风味与滋味有明显降低趋势,且微波功率越大,风味损失越多。

4)油炸过程对小龙虾加工制品品质的影响:为探究油炸时间对小龙虾虾尾品质的影响,作者团队以冷冻小龙虾虾尾为试验对象,分析在油炸温度为 160℃,油炸时间分别为 30s、60s、90s、120s、150s 时熟制小龙虾虾尾的油脂及风味成分变化。首先,水分、粗脂肪、过氧化值(POV)、硫代巴比妥酸值(TBA 值)及脂肪酸相对含量的变化规律为:经过不同时间油炸的小龙虾虾尾水分含量随着油炸时间的增加显著减少,粗脂肪含量则随着油炸时间的增加而显著增加;过氧化值在油炸 60~120s 时无显著变化,油炸时间为 150s 时过氧化值含量增加,且具有显著性。硫代巴比妥酸值含量则在 30~150s 油炸时间内,产生波动,但无显著性;不同油炸时间对小龙虾虾尾脂肪酸含量有显著影响,油炸时间在 30~90s 内,均无显著性变化,而饱和脂肪酸(SFA)含量则是当油炸时间达到 150s 显著减少,单不饱和脂肪酸(MUFA)含量在油炸时间为 120s 以后显著减少,多不饱和脂肪酸(PUFA)含量则在 120s 以后明显增加。挥发性风味物质、游离氨基酸和核苷酸等风味成分:小龙虾虾尾在油炸过程中,检测出了 52 种挥发性风味成分,其中醛类 11 种,醇类 14 种,酯类 3 种,烷烃类 10 种,酮类 3 种及其他类 11 种。油炸 30s、60s、90s、120s 和 150s 分别检测出 22 种、21 种、25 种、27 种、33 种挥发性风味物质。有 16 种游离氨基酸,游离氨基酸的相对含量随着油炸时间的延长总体有下降的趋势,其中鲜味氨基酸和甜味氨基酸的相对含量随着油炸时间的增加呈现下降的变化。在油炸时间为 90s 时,游离氨基酸总含量最高,为(1.09±0.13)mg/g,鲜味氨基酸为(0.56±0.05)mg/g,甜味氨基酸含量为(0.05±0.01)mg/g,鲜味氨基酸含量远高于甜味氨基酸。核苷酸总体含量随着油炸时间的增加而增加,其中呈味核苷酸中腺苷一磷酸(adenosine monophosphate,AMP)、胞苷酸(cytidine monophosphate,CMP)、鸟苷酸(guanosine monophosphate,GMP)和尿嘧啶(uridine monophosphate,UMP)的相对含量随着油炸时间的增加而总体呈上升趋势,肌苷酸(inosine monophosphate,IMP)的含量整体呈现下降趋势。在油炸 60s 时呈味核苷酸 GMP 和 IMP 含量最高,分别为(7.34±0.74)mg/100g 和(10.21±1.17)mg/100g。鲜味强度总体呈现上升趋势,在油炸 90s 时,鲜味强度最高,为 0.999g MSG/100g。

5)真空油炸技术对小龙虾加工制品品质的影响:油炸过程中易产生潜在危害物质,进而影响产品安全品质,而真空油炸技术能够有效地降低潜在危害物质形成的风险。为丰富即食水产品种类,探索真空油炸技术,作者团队以单冻小龙虾虾尾为原料,通过低温真空油炸工艺制备小龙虾虾尾酥产品。在单因素试验的基础上,以水分、油脂含量、酥脆性、硬度、丙烯酰胺含量为指标,选择真空油炸温度、真空油炸时间、料油比和脱油时间为变量，利用正交试验设计对真空油炸工艺进行优化。结果表明，真空油炸工艺的最优条件为：真空度 0.09MPa，真空油炸温度 95℃（图 3-4）、真空油炸时间 120min、油炸用油料液比 1 : 3（m/m）、脱油时间 25min，此条件下，小龙虾虾尾酥水分含量为（2.65±0.11）%，粗脂肪含量为（25.66±1.88）%，硬度为（443.21±42.36）g，酥脆性与常压油炸小龙虾虾尾酥无显著差别，丙烯酰胺含量为（11.2±0.17）μg/kg。相比于常压油炸，低温真空油炸工艺不仅减少营养损失，而且降低了油脂及丙烯酰胺含量，为提升小龙虾油炸制品品质提供理论依据和科学指导。

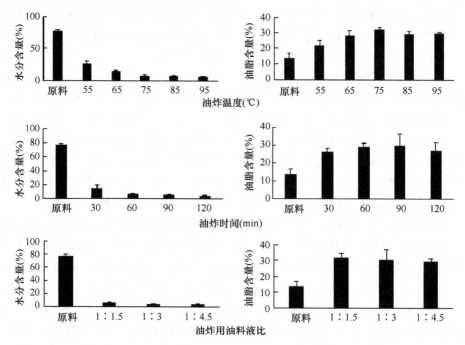

图 3-4　真空油炸工艺条件对小龙虾虾尾酥水分及油脂含量的影响

（6）新型水产加工制品开发研究

1）功能性水产加工制品开发研究：功能性是当前消费者对食品品质的更高要求，为了丰富产妇的催乳营养即食食品，同时解决鱼糜制品种类少、销量不高的问题，作者团队进行了催乳鱼糜制品的设计及其制备方法的研究。最终确定该制品的原料包括：鱼糜 13～15 份，木瓜粉 0.5～1 份，八月瓜 2～3 份，淀粉 1.5～2份，盐 0.3～0.5 份，油 1.0～1.3 份（按重量份数计）；辅料包括：料酒 0.1～0.2份，味精 0.05～0.15 份，鸡蛋清 0.3～0.5 份，葱汁 0.02～0.04 份，姜汁 0.02～0.04份（按重量份数计）。可按照该配方将产品制成鱼香肠或鱼糕形式。该制品为水产动物性食品和植物性食品很好的组合，不仅可以提供优质的蛋白质，还含有许多人体必需的营养物质，可以补充产妇的营养，促进乳汁的生成及分泌；木瓜及八月瓜配合鲫鱼、鲤鱼等催乳食物一起食用，既可为哺乳期妇女滋补身体，还可以催乳增乳。本技术成果将丰富鱼糜制品的种类，引导新型的食品消费理念，进而提高产品的销量，提高我国的水产品加工比例。

2）便携性水产加工制品开发研究：随着生活节奏加快，便携性是消费者对食品品质又一新的追求。作者团队运用时下流行的自热包装开发出一系列小龙虾自热食品（图 3-5）。以熟制加工后的小龙虾自热食品为实验对象，进行保藏工艺研究。实验采用普通封装、气调包装、真空包装、真空复合酒精保鲜卡包装 4 种不同包装方式，并结合保质期加速实验将产品分别置于 27℃ 和 37℃ 下进行储藏，通过检测菌落总数和大肠菌群随保藏时间的变化预测产品货架期，同时考察复水率来分析产品品质变化。结果发现，在 106 天的保藏时间内，产品中大肠菌群均 <3MPN/g，产品安全系数较高，而菌落总数远低于预制动物性水产制品限量（5[lg(CFU/g)]），且 4 种包装方式在两种储藏温度下菌落总数差别不大，检测期内均未达到货架终点。通过加速实验计算得知产品至少可以保存 211 天。复水率随着储藏时间的增加缓慢下降，且 4 种包装方式在两种储藏温度下复水率无明显差异。普通封装、气调包装、真空包装和真空复合酒精保鲜卡包装对货架期影响无明显区别；从大肠菌群分析，产品质量安全系数较高；从菌落总数角度分析，产品实验期间内尚未达到货架终点。复水率作为反映产品品质的次要指标，随储藏时间的增加缓慢下降，产品品质变化较小。微生物对该产品品质的影响较小，可能产品自身的 pH 变化、酶的变化，或者感官特性才是影响产品货架期的重要指标。在现在自热食品风靡社会的时代，对小龙虾自热食品保藏工艺的研究，为小龙虾自热食品的研发提供了重要的理论依据。

彩图请扫码

图 3-5　小龙虾自热食品

除小龙虾自热食品外，作者团队还以草鱼为原料，研究了草鱼的自热预制食品制备工艺，将草鱼和自热预制食品结合起来，探寻草鱼加工的新方向。实验最佳加工工艺为：处理草鱼，酵母法联合感官掩蔽法去腥，烫漂 1min，蒸制 12min，然后进行真空冷冻干燥，真空包装，即为成品。这为我国淡水鱼方便食品提供了新的思路。最适合的草鱼自热预制食品加工工艺流程为：选鱼→预处理→洗净→浸泡去腥→烫漂 1min→蒸制 12min→冻干 48h→真空包装→半成品。将获得的半成品与料包、自热包一起包装完毕即为草鱼自热预制食品。通过考察复水率和感官评定评分得出的最佳条件是：去腥时用感官掩蔽法结合酵母法去腥；蒸制时间为 12min 时草鱼鱼块的复水率最高；微波时，以 350W 的功率微波 4min，草鱼鱼块的复水率最高。蒸制是最适合草鱼自热预制食品的熟制方式，丰富了自热食品的市场，利用草鱼制成自热预制食品将为水产品的工业化提供新的思路。

3）小龙虾即食休闲食品研究：为填补小龙虾即食休闲产品的空白，作者团队以预煮小龙虾虾尾为原料，开发了一款方便携带的开袋即食小龙虾休闲食品。优化食盐添加量、花椒和辣椒添加量、鸡精和味精添加量、煮制时间 4 个因素对小龙虾休闲食品的影响，以感官评分为指标进行单因素实验和正交试验，并对产品的质构、营养、风味等品质进行分析。结果表明：最佳的工艺配方为食盐添加量 2.50%，辣椒和花椒添加量分别为 13.30% 和 2.98%，鸡精和味精添加量均为 0.66%，煮制时间 4min，感官评分为 76.66 分。小龙虾产品可食用部分的硬度为（119.83±1.61）g，弹性 3.88±2.74，内聚性 0.92±0.11，咀嚼性 424.99±2.91；小龙虾产品中水分含量为（55.85±0.09）%，灰分含量为（4.07±0.29）%，脂肪含量为（14.91±0.60）%，粗蛋白含量为（18.79±0.21）%，总糖为（3.87±0.33）%；总氨基酸 [（779.66±55.51）mg/g] 中，必需氨基酸约占 20%，必需氨基酸评分均大于 1；脂肪酸中不饱和脂肪酸约占 83%；非挥发性风味物质游离氨基酸含量为（2.529±0.100）mg/g，其中呈鲜、甜味的氨基酸约占 78%；呈味核苷酸总量达（71.28±6.59）mg/100g，其中 IMP 含量最多 [（58.13±3.45）mg/100g]；鲜味强度 0.2898g MSG/100g。小龙虾即食休闲食品含有丰富的营养与风味成分，且有高弹性、硬度适宜、耐咀嚼的特点。小龙虾即食休闲食品的开发为产业化加工提供了依据，将丰富小龙虾产品品类，扩大消费市场。

3.4 保鲜锁鲜技术

目前鱼制品以鱼片、鱼排、罐头等方便产品和各种鱼糜制品为主，适合家庭食用的鱼制品严重短缺。我国市场上的大宗淡水鱼多以鲜活形式销售，加工能力远不能适应淡水渔业生产发展的需要，大宗淡水鱼中部分已出现滞销，每年因贮藏、销售等条件限制导致的腐败损失率高达 30%。淡水鱼加工的滞后与淡水鱼生产的提升之间的矛盾日益加剧，提高淡水鱼的加工技术水平成为当务之急。淡水鱼的鲜活销售受地域限制，且流通成本较高，冷冻加工有利于扩大其销售范围，高品质冷冻鱼的研究对于推进大宗淡水鱼的产业发展、增加大宗淡水鱼的经济效益有着积极的作用。

3.4.1 影响鱼类冷冻品质的因素

低温可以有效抑制微生物的生长以及降低各种生化反应的速率，因此冷冻加工是水产品最好的保持方法之一，被广泛用于食品的长期保藏。近年来，由于冷冻食品的方便快捷，可以在短时间内完成烹饪过程，随着人们生活节奏的加快，对冷冻食品的需求量也不断上升。据食品专家预测，世界速冻食品消费量将占全部食品消费量的 60%以上。然而冷冻和冻藏过程中会产生包括脂肪氧化、蛋白质冷冻变性和聚集、冰晶升华和再结晶等在内的各种变化，引起肉品出现持水力降低、纤维硬化、风味变差、肉质下降等现象，在一定程度上降低其营养价值和商品价值。冷冻和冻藏期间影响鱼肉品质的因素较多，包括原料固有的品质（鱼种和鲜度）、贮藏前后的处理和包装方式、冻结速率、冻藏时间、解冻条件、冻藏过程中温度波动引起的反复冻融等。这些因素可以影响鱼蛋白的变性程度，以及贮藏过程中脂质的氧化程度，进而影响了鱼肉的口感、风味。

（1）原料品质的影响

鱼类肌肉在冻藏期间发生的化学变化很多，其中肌原纤维蛋白的冷冻变性、胶原蛋白的含量及其贮藏过程中的变化都是影响鱼肉质地的关键因素，脂质的氧化分解则与鱼肉的气味和滋味密切相关。鱼的种类不同，在冻藏期间的质量变化程度也有差异。研究人员比较了鳕鱼、鲻鱼以及凤尾鱼在 $-26^{\circ}\mathrm{C}$ 贮藏期间的品质变化，发现凤尾鱼的冻藏品质较差，并归因于凤尾鱼较高的脂肪含量，冻藏过程中脂肪发生氧化进而促进蛋白质变性使得鱼的气味和质构变差。许多研究也表明，脂肪含量较高的鱼类冻藏期间品质下降较快。鱼肉的新鲜度对蛋白质的冷冻变性影响较大，鱼肉越新鲜则蛋白质的冷冻变性速率越小，冷冻鱼肉的品质越好。对肌原纤维蛋白的研究表明，三磷酸腺苷及其降解产物二磷酸腺苷和肌苷酸在冻藏过程中起到保护蛋白质的作用，降低蛋白质的冷冻变性程度，进而说明僵直前冻结的鱼比新鲜度稍差的鱼冻结后品质更好。动物死后肌肉 pH 的降低（接近蛋白质等电点），三磷酸腺苷的损失以及肌纤维的收缩造成的空间效应使得肌纤维内与蛋白质结合的水分释放到肌浆中，从而导致冷冻-解冻过程中水分更容易流失，肌肉的质地变差。

（2）冻结速率及解冻条件的影响

食品在冻结过程中由于细胞内外冰晶的形成导致细胞结构受到破坏，从而使得冻品质感变差。冻结速率影响冻结过程中形成的冰晶尺寸、数量以及冰晶在细胞内和细胞间隙中的分布，慢速冻结过程中，冰晶首先在肌纤维间隙中产生，随着冻结温度的降低，细胞内部的水分子开始透过细胞膜使细胞外冰晶长大，这样形成的冰晶体积大数量少；而快速冻结过程中，温度变化快，鱼肉组织中的水分形成分布均匀的细胞内冰晶，对鱼肉品质的损害较小。解冻过程中冰晶融化增加了水分活度，导致水分流入细胞内由脱水的纤维吸收。许多学者认为解冻过程中水分的增加速率超过纤维吸收速率时，过量的水分以渗出液的形式排出。在工业生产和家庭消费中，常用的解冻方法有空气解冻、静水解冻、流动水解冻、冷藏室解冻、微波解冻等，也可以采用多种解冻方法组合解冻。其中微波解冻与其他解冻方式相比，具有更多优点，其解冻速度快、物料表层和内部均匀度高，因此降低了对肌肉组织的损伤程度。针对低温二氧化碳冻结和鼓风冻结对斑点叉尾鮰鱼片影响的研究表明，低温冻结（1.29℃/min）比鼓风冻结（0.46℃/min）的冻结损失更小，色泽更好，在冻藏过程中脂肪氧化程度较低，说明提高冻结速率有利于鱼片品质的保持。微波解冻可以较好地保持肌肉组织形态，对于斑节对虾，微波解冻虽然具有解冻速度快的优点，但是与冷藏室解冻相比，微波解冻并不能保持较好的品质，解冻汁液流失率更高，而且脂质氧化程度更严重。研究人员以虹鳟鱼为研究对象，分析了解冻方式对其理化指标、微生物指标等的影响。结果表明，静水解冻的虹鳟鱼与鲜鱼品质最接近，是最佳解冻方式。

（3）冻藏温度和反复冻融的影响

许多研究表明，冷冻水产品的冻藏温度直接影响冻品的质量，冻藏过程中蛋白质的冷冻变性程度、脂肪的氧化程度均与冻藏温度有关。冻藏温度越低，冻制品的质构、脂肪氧化及鲜度等各项指标均变化越慢，货架期越长。我国的水产品通常采用最经济的-18℃进行冻藏和流通。近年来，各项研究均指出，低温冻藏能够较好地保持冻制品的品质。国际经济合作组织水产委员会推荐冻鱼的冻藏温度低于-24℃，并应尽可能低于-30℃。国内外学者针对更低的温度展开了研究，通过测定不同冻藏温度下南极磷虾的持水性、鲜度等指标，发现-30℃和-50℃冻藏下虾肉的持水性、感官品质、K值等指标的保留程度明显优于-18℃冻藏，更能长久地保持南极磷虾的品质。研究人员以凤尾鱼为研究对象，研究了-20℃、-30℃和-80℃对冻藏期间凤尾鱼脂质氧化的影响，结果表明，冻藏过程中，凤尾鱼的氧化程度显著增加，温度的影响非常明显，温度越低，脂肪氧化程度越低，凤尾鱼的品质越好。针对脆肉鲩的研究发现-30℃冻藏4周后鱼片的硬度、黏度等质构特性与新鲜鱼片相比变化不大，低温冻藏可以有效延长水产品的货架期。在实际生产中，不同的冻藏间存在制冷能力的差异，以及不可避免的外在能耗等因素的存在，冻品在运输、贮藏、消费过程中存在温度波动，伴随着冷冻-解冻循环的发生，循环次数的增加导致冻品中的冰晶重结晶程度加重，从而产生更多的组织形态及新鲜度劣变。近年来，反复冻融对冻品品质的影响得到广泛关注。针对冷冻-解冻循环对澳洲肺鱼鱼片微生物及理化指标影响的研究表明，随冷冻-解冻循环次数的增加，TVB-N、APC 等指标均上升，颜色、质地等品质指标显著降低。温度波动对冷冻阿拉斯加鳕鱼片的品质不利，冻藏结束时虽然微生物没有超标，但是受酸败的影响，鱼片的接受度较差，因此，在贮藏过程中防止温度波动对冷冻鱼片的质量保持具有重要的意义。

（4）包装方式及化学处理方式的影响

为了减少冻品在冻藏过程中品质的下降，国内外学者采用了许多其他方法，如采用隔氧包装、可食用涂膜处理、添加蛋白抗冻剂等。这些处理方式的主要目的是减少冻藏过程中脂肪的氧化以及蛋白质的冷冻变性。包膜处理可以减少溶质渗透和水分流失，在不同分子间的相互作用下包膜剂在食品表面形成一层具有多孔网络结构的保护膜。由于鱼肉组织中的溶解氧存在，即使透过包装的氧气很少，脂肪的氧化过程也难以避免，现有的真空包装方法难以改变这一现象。将乳清蛋白涂层用于鱼片的冷冻保藏，发现经过处理的蛋白涂层对于延迟脂质氧化还原反应非常有效，而且增强了烹饪后鱼肉的白度。在冷冻保护剂的作用下，鱼肉蛋白变性程度和质构变化均降到最低，对于保持冻品的品质有良好的作用。

3.4.2　冷冻保鲜新技术

（1）浸渍冻结技术

目前，食品的冷冻加工中应用最广泛的是传统的空气鼓风式冻结，利用低温空气的对流促使食品快速传热，达到冻结的目的。浸渍冻结则是利用低温液体与食品（包装或不包装）直接接触换热，使得食品迅速冻结，与空气鼓风冻结相比具有冻结速率快、能耗低、冻结均匀、冻结品质好等优点。倪明龙等 2010 年研究了鼓风冻结与直接浸渍冻结（四元载冷剂）两种冻结方式下，草鱼块冻藏过程中品质的变化，结果表明，直接浸渍冻结的冻结速率较快，而且在冻藏过程中的蛋白质变性程度、脂肪氧化程度均低于鼓风冻结，认为浸渍冻结更有利于草鱼块冻藏过程中品质的保持。浸渍冻结虽然冻结速率比空气冻结快，但是与近年来新兴的冻结方法（如被膜包裹冻结、均温冻结、卸压冷冻等）相比，形成的冰晶体均匀度略差，冻品的品质存在缺陷。不过，新兴冻结方法设备价格高昂，不能连续生产，目前不适合工业化应用，尚处于基础数据研究、设备研究阶段，因此，对原有浸渍冻结方式进行改良是冷冻加工的研究趋势。

国内外学者研究发现，超声作用可降低预冷、相变、过冷时间等以及总冻结时间，使组织和微观结构得以更好地保留，而且有效降低了冻品的滴水损失。超声空化可以通过气泡的破裂或移动诱导初级冰核的形成，将原有的树枝状冰晶破碎成更小的片段，促进大量细小冰晶的生成，从而减少冰晶对细胞结构的破坏，获得更高的冻品品质。邓敏在 2012 年研究了不同浸渍液流速对草鱼块品质的影响,结果表明,浸渍液流速的增加使得草鱼块中形成的冰晶面积减小,蛋白质冷冻变性程度降低,在一定范围内流速的增加可以减少鱼块对浸渍液中组分的吸收,保持较好的冻品品质。浸渍冻结的载冷剂在实际生产中会因为连续冻结的使用而造成质量降低问题,此外,载冷剂的溶质渗透也影响了浸渍冻结技术的应用,针对这类问题,通常采用的有效解决方法为包装后冻结。

包装后冻结可以杜绝载冷剂与食品原料之间的直接接触,有效避免不同体系中溶质的相互渗透,既可以减少食品物料对载冷剂溶质的吸收,保持食品原有的风味和质量,还有效地降低了物料的水分流失和香气散失,在冻藏过程中还可以阻止包装外水分和氧气的进入。通常可以采用的包装方式有贴体包装、真空包装、蒸煮袋包装、热塑封口包装等,目前常用的冷冻食品包装材料有塑料薄膜(包括聚乙烯、聚丙烯、聚酯、尼龙等)、复合塑料薄膜、塑料盘、铝箔容器、纸盒等。抗氧化剂结合食品包装薄膜这类新型材料的发展有望延长食品的保质期,从茶、迷迭香、牛至、丁香、蓝莓等植物中提取的天然产物近年来也引起许多学者的研究兴趣。在低密度聚乙烯(LDPE)中添加大麦壳天然抗氧化剂的提取物,制成膜后用于鱼片的冻藏研究,发现与聚乙烯膜相比,这种薄膜有效地减缓了冻藏鱼片中多不饱和脂肪酸的水解,增强了氧化稳定性,可以有效延长产品的货架期。

(2)冰点调节技术

常用的冰点调节剂有 NaCl、$CaCl_2$ 等无机盐,蔗糖、葡萄糖、山梨糖醇等分子量较小的糖与糖醇类物质,尿素、维生素 C,以及多聚磷酸盐等。研究指出利用 NaCl、碳水化合物等物质处理,通过束缚自由水活动空间、降低分子的移动性,提高玻璃化转变温度(T_g),可以最大限度地提高冷冻制品的质量。在鱼肉中加入少量的食盐,可以提高其保水能力和多汁性,还可以降低食品的冰点,因此,将食盐腌渍作为冻结鱼肉的前处理过程是一种减少滴水损失的优良手段,以此降低冻结过程给鱼肉带来的不利影响。此外,鱼肉本身的脂肪含量以及含水量对冰点也有影响,大黄鱼在鱼块脱去 80%的水分后,冰点可以由原来的–1.4℃降低至–3℃。鲁长新等 2007 年以鲢鱼肉为研究对象,探讨了食盐添加量对其热特性的影响,发现 NaCl 的添加可以有效降低鲢鱼肉的冰点,不可冻结含水率也从 13.76%增加至 38.77%(5% NaCl),并认为 Na^+、Cl^-结合自由水可以减少熔融过程中的可熔融水分,以及在食盐的作用下肌原纤维蛋白吸收大量水分形成肌动球蛋白溶胶,从而降低了相变潜热、表观比热,有利于快速通过最大冰晶形成区,减少冰晶对机体的损伤。食盐和蔗糖的添加均可以降低脆肉鲩鱼肉的冰点、表观比热和热焓值,冰点可降低约 4℃,当 NaCl 添加量超过 2%时,氯化钠-蔗糖的混合体系中以 NaCl 为主导,蔗糖的影响较小。

3.4.3 植物源抗氧化剂在淡水产品保鲜中的应用

植物源抗氧化剂是从天然植物中提取出来的一种具有抗氧化特性的物质，可以抑制或延缓食品成分氧化分解和变质，增强食品的稳定性。它主要包括多酚类（茶多酚）、维生素类（维生素 E）、辛香料提取物（迷迭香提取物）以及中草药提取物等，具有保鲜、易贮藏、抑菌等优点。水产品中富含多不饱和脂肪酸、水分、蛋白质等物质，组织细胞内部肉质柔软，极易发生僵硬、自溶和腐败变质 3 个渐变阶段。为了提高水产品的抗氧化能力，阻止这 3 个渐变阶段的发生，产品在其加工、贮藏和保鲜过程中常添加抗氧化剂。目前使用较多的人工合成抗氧化剂如二丁基羟基甲苯（butylated hydroxy toluene，BHT）、丁基羟基茴香醚（butylated hydroxyl anisole，BHA）等，因在食品中应用范围的局限性，且可能含有潜在的毒性和致癌作用等而备受人们质疑。一些发达国家颁布相关法规限制某些人工合成抗氧化剂在食品中的使用范围，如日本曾在 1983 年对 BHA、BHT 在食品中的用量进行限制或规定暂停使用；我国规定 BHA、BHT 在食品中的最大使用量不能超过 0.2g/kg。人工合成抗氧化剂存在的诸多问题使得天然无毒的植物源抗氧化剂广受人们关注，植物源抗氧化剂具有的抗氧化作用对水产品保质期的延长更是成为学者研究课题的重点。

（1）植物源抗氧化剂的作用机理

水产品的保鲜和加工与植物源抗氧化剂的作用机理密不可分，且植物源抗氧化剂可通过多种作用机理共同抑制水产品的氧化进程，保持水产品的独特风味。植物源抗氧化剂作用的几种机理如表 3-3 所示。

表 3-3　植物源抗氧化剂作用的几种机理

作用机理种类	作用结构	典型代表
螯合金属离子（如 Fe^{2+}、Fe^{3+}、Cu^{2+}等）	形成络合物；降低机体内活性氧的产生	茶多酚、单宁等
结构中的 OH·提供质子与过氧自由基结合	直接清除自由基，阻断链式反应	单宁、维生素 E、黄酮等
抑制水产品中氧化酶的活性（超氧化物歧化酶）	减缓机体被氧化的进程，增强抗氧化能力	原花青素、维生素类、茶多酚
激活水产品中内源性抗氧化剂的作用	抑制自由基产生，重新发挥抗氧化作用	单宁、维生素 C、绿原酸等

（2）常见的植物源抗氧化剂在淡水产品保鲜和加工中的应用

植物源抗氧化剂种类繁多，近年来，其在水产品保鲜与加工领域的研究应用也不断增加。植物源抗氧化剂的性质与水产品的某些理化指标有着密切联系，最直接的是对水产品进行感官评分判定水产品新鲜度等级，以此推断植物源抗氧化剂有保鲜作用。此外，还可利用三甲胺氮值（TMA-N 值）、挥发性盐基总氮值

（TVB-N 值）、过氧化值（POV）、硫代巴比妥酸值（TBA 值）、酸价（AV 值）、菌落总数（APC）等指标来间接反映植物源抗氧化剂的抑菌与保鲜作用。

1）茶多酚（tea polyphenol）：茶多酚是茶叶中多酚类物质的总称，主要包括黄烷醇类、花色苷类、黄酮类、黄酮醇类和酚酸类等，其中有效成分儿茶素（属于黄烷醇类物质）所占含量最高，为 60%～80%。茶多酚因苯环上连有羟基，可与水产品中脂质自由基结合，有效清除有害的过氧化物自由基及羟自由基，阻断链式反应，形成稳定的抗氧化自由基，具有较强的抗氧化作用，因此经茶多酚浸渍过的冷冻的水产品样品可保留良好的质量特性，延长保质期。

研究人员采用气相色谱-质谱联用（GC-MS）方法与硫代巴比妥酸试验研究茶多酚对冷冻草鱼中脂肪酸的影响，发现茶多酚能有效抑制高度不饱和脂肪酸的分解，降低脂肪过氧化产物丙二醛（MDA）的产生，对水产品的脂质过氧化具有良好的保护作用，具有显著的抗氧化活性。且研究还发现茶多酚能够显著降低冷藏草鱼片腥味物质的生成。茶多酚的抗氧化作用主要体现在抑制水产品中蛋白质和脂肪的分解。在利用茶多酚处理冷藏的鱼糜的研究中，发现茶多酚可通过抑制脂肪和蛋白质的分解抑制水产品的氧化酸败而延长货架期。

针对蛋白质分解产生胺类物质，研究人员通过研究茶多酚浸泡后的草鱼的品质，发现其菌落总数、胺类物质随着贮藏时间的延长虽有上升，但在茶多酚的抗氧化作用下，上升缓慢。由此推断茶多酚可能与蛋白质结合生成一种较为稳定的络合物，抑制了蛋白质的分解。针对茶多酚对大黄鱼肌原纤维蛋白的变性降解影响的研究发现茶多酚组的肌原纤维蛋白巯基含量较高，减少了氧化为二硫键的机会，同时 ATP 酶活性下降减缓。研究结果表明茶多酚抗氧化、保持水产品鲜度的机理之一可能是抑制水产品中氧化酶的活性，延缓蛋白质的降解速率，保持较好的完整性。

研究证明，茶多酚抗氧化效果与浓度成剂量效应关系，浓度越高，抗氧化效果越明显，但超过最适浓度后，抗氧化能力达饱和状态。不同种属的水产品所需茶多酚的最适浓度基本相同，保鲜效果无明显差异。研究发现，浓度为 0.2%（2g/L）左右的茶多酚清除冷藏养殖大黄鱼的自由基的能力最好，保鲜效果最佳。由此可见，茶多酚的抗氧化能力主要体现在抑制水产品中氧化酶的活性，进而抑制蛋白质和脂肪的分解；添加适宜的茶多酚可提高抗氧化酶的活性，降低胺类物质与脂质过氧化产物丙二醛的产生，延长水产品的鲜度。

2）番石榴多酚（guava polyphenol）：番石榴多酚是从石榴种子中提取出的多酚类物质，具有强抗氧化作用。番石榴多酚对羟自由基、超氧阴离子自由基和 DPPH 自由基均有一定的清除作用，且在一定的浓度范围内，番石榴多酚浓度与这三者的清除能力呈线性关系。

研究人员将浓度为 0.4%、0.5%、0.6%的番石榴多酚分别用于虾肉糜的保鲜，并设置 0.15%浓度的山梨酸钾为阳性对照，研究发现 0.6%的番石榴多酚溶液能有效延缓感官评分下降的速度，pH、TVB-N 值和菌落总数虽有增加但上升缓慢，且 0.6%的番石榴多酚保鲜效果要明显优于 0.15%的山梨酸钾。番石榴多酚溶液抗氧化能力与其浓度和水产品种属、加工有关，且番石榴多酚抗氧化能力主要体现在抑制细菌的生长繁殖，使其作用于蛋白质后分解产生的胺类等碱性含氮物质减少，进而提高蛋白质的稳定性，减缓蛋白质的分解速率。

3）竹叶抗氧化物及黄酮类化合物（antioxidant of bamboo leaf and flavonoid）：竹叶被广泛应用于药物、水产等领域，竹叶抗氧化物中有效成分为黄酮和酚类化合物。竹叶黄酮具有良好的生物抗自由基作用。竹叶提取物是我国近几年来新开发的一种天然植物资源，其主要起抗氧化作用的有效成分是竹叶黄酮，一般认为黄酮的含量越高，抗氧化能力越强。竹叶抗氧化物（antioxidant of bamboo，AOB）已列入 GB 2760—2014《食品安全国家标准　食品添加剂使用标准》，被允许在水产品中添加使用。

一般来说，在相同条件下，用 AOB 处理过的水产品，均能有效减缓 TBA、TVB-N 值的增加。将大黄鱼分别浸泡在 0.1% AOB、0.2% AOB、0.2% 茶多酚和生理盐水溶液中进行处理后，每组 pH 均先下降后上升、TBA 值也逐渐上升，但是 0.2% AOB 组的 pH、TBA 值最低，0.1% AOB 组所产生的胺类物质最少。由此得出 AOB 能够抑制糖原的分解，延缓鱼肉腐败，且在同一浓度下，AOB 要优于茶多酚，抗氧化效果最好。研究表明，0.1% AOB 处理过的凡纳滨对虾保鲜效果最好，经 AOB 处理的凡纳滨对虾中 TVB-N 值增加，而菌落总数、pH 均呈现出先下降后上升的趋势，且在一定程度上延缓了增加的趋势，在抑制糖酵解的过程中，实质上也减缓了微生物分解蛋白质的进程，从而反映出了 AOB 的抗氧化作用。

由于人们对水产品加工与保鲜的更高要求，为了提高 AOB 的抗氧化效果，一些学者增添了其他的辅助方法，如气调包装技术。研究人员利用竹叶抗氧化物结合气调包装有效提高了鱼丸的品质，使鱼丸的货架期延长至 39d 以上。由此可见，AOB 主要是通过抑制水产品中脂肪氧化的进程，体现其具有良好的抗氧化作用；而 AOB 结合气调包装后，能进一步延缓水产品的腐败变质，保持原有的感官特性。

4）银杏叶提取物（*Ginkgo biloba* extract）：银杏，又称白果，具有很高的药用价值，在生物演化史上被誉为"活化石"。银杏叶中主要的活性成分为黄酮，大量研究表明：银杏黄酮具有抗氧化、抑菌的特性。银杏叶提取物的抗氧化活性主要体现在黄酮有较强的清除氧自由基的能力，能有效抑制脂质的过氧化。银杏叶提取物的抗氧化性主要体现在两个方面：一是抑制微生物繁殖所产生的水解酶水解蛋白质；二是阻断脂肪酸氧化的链式反应。

研究表明，银杏叶提取物具有广谱抑菌性，可使鱼丸中的蛋白质保持较好的完整性，延长鱼丸的货架期至 15d。冰藏鲳鱼经银杏叶提取物处理后，TVB-N 值在前期由上升较慢变为上升较快，后期上升幅度有所下降。前期曲线的变化可能是鲳鱼自身带有抗氧化酶系统，能阻止鲳鱼表面细菌的附着。随着时间的延长，抗氧化酶系统逐渐变弱，故生成的胺类物质增加较多，后期银杏提取液中的活性物质黄酮抑制了氧化酶的活性，延缓了鲳鱼的腐败变质。TBA 值整体呈上升趋势，但后期增长缓慢，有可能是银杏叶中黄酮、酚酸等化合物所含的—OH 与脂肪氧化产生的过氧自由基结合，阻断连锁反应。由此可见，银杏叶中的活性成分有较强的抗氧化能力，在水产品的保鲜与加工中，能有效延长水产品的货架期。

5）迷迭香提取物（rosemary extract）：迷迭香类属天然香辛料植物，可从中提取出植物精油，同时它也是优良的植物源抗氧化剂，其主要活性成分为迷迭香酸、黄酮类、鼠尾草酚等，分子式中含有两个邻二酚羟基，可与脂质的过氧基结合，延缓脂质过氧化速度。研究发现，在一定浓度范围内，迷迭香的抗氧化效果与其剂量成效应关系，可延缓油脂的酸败。

迷迭香提取物能抑制水产品油脂氢过氧化物的形成。研究人员将含蒸馏水、迷迭香酸、紫苏醇提取物和紫苏水提物的蒸煮液对鱼柳进行蒸煮处理，随后进行4℃冷藏试验。结果表明，迷迭香酸对鱼柳的脂质氧化有一定的抑制作用，而紫苏叶的醇提物和水提物中除含有迷迭香酸外还含有大量的小分子萜类和酚类物质而更具脂质抗氧化作用，可有效抑制氢过氧化物的降解。用不同浓度的迷迭香提取物处理大黄鱼，结果发现，浓度为 0.2%的迷迭香提取物产生的丙二醛、胺类物质从总体来看，均呈上升趋势，但是在一定的贮藏时间内，其值始终最低。由此可以看出，迷迭香提取物主要通过抑制蛋白质分解、抑制不饱和脂肪酸的氧化来体现抗氧化特性，但是迷迭香提取物的抗氧化效果不是很强，还有待进一步提高抗氧化能力。

6）复合植物源抗氧化剂：目前，单一的植物源抗氧化剂在水产品加工与保鲜上的研究虽多，但是不能满足工厂对于高品质的需求，根据栅栏技术的原理，运用不同的栅栏因子也就是几种植物源抗氧化剂的复配使用，形成对微生物等的多靶攻击，发挥协同作用，从而提高食品的保鲜效果。常用协同系数（SE）来衡量符合抗氧化剂协同增效作用的大小。

多种本身具有抗氧化作用的抗氧化剂或者添加增效剂混合使用，可提高抗氧化效果。针对在冷藏条件下茶多酚和乳清蛋白复配使用对鱼糜保鲜效果的研究表明，两者混合使用，其总巯基含量、TBARS、POV 值在原有基础上均有所降低，抑制了蛋白质和脂肪的氧化；结果表明两者混合使用有更强的抗氧化能力。两种复合抗氧化剂使用较单一的来说，抗氧化能力已有提高，但是两种以上的复合抗氧化剂对水产品的保鲜效果更强。采用壳聚糖、溶菌酶和茶多酚组成混合物对带鱼进行保鲜冷藏处理，茶多酚和壳聚糖本身就具有较强抗氧化作用，而溶菌酶抗菌谱较广，能够抑制细菌的繁殖，间接阻止了蛋白质的分解，因此三者结合使用进一步提升了带鱼的感官品质，货架期延长 11～13d。由此可见，在水产品保鲜与加工领域，重心将从人工合成抗氧化剂的使用转移至植物源抗氧化剂的复配使用。

（3）展望

目前，我国被列入食品中的天然抗氧化剂（GB 2760—2014《食品安全国家标准 食品添加剂使用标准》）主要包括茶多酚、植酸钠、甘草抗氧化剂和磷脂等。人们对植物源抗氧化剂在水产品保鲜与加工中的应用进行了大量研究，但是真正投入市场生产的还较少，主要是缺乏先进的分离提纯技术以高效率提取出植物中的活性成分，而且并未涉及选择最适宜的方法去解决水产品在贮藏加工中氧化腐败的问题。今后应加强植物中抗氧化活性成分的低损失分离纯化研究以及提高某种植物源抗氧化剂抗氧化效果的研究，为植物源抗氧化剂在水产品保鲜与加工领域的应用提供技术基础，综合利用我国丰富的植被资源，实现工业化生产，为水产品保鲜与加工选择合适方法奠定基础。

3.4.4 保鲜锁鲜技术研究案例

（1）运输过程保鲜技术

1）淡水鱼活体运输保活保鲜方法：在水产品运输过程中进行保活保鲜，对最终加工产品的鲜度维持有重要意义。为此，作者团队以鲌鱼为例发明了一种活体运输保活保鲜方法，并获国家发明专利授权（CN201710640989.6）。该方法对鱼的品质无影响，对人的健康无影响，保鲜效果好，包括如下技术环节：①捕捞前驯化，在捕捞前 10～15 天就开始对鲌鱼投喂添加有 0.1%～0.3%牛磺酸、1%～3%维生素 C 及 0.5%～1%大蒜素的饲料，以饲料总重的百分数计，且在捕捞前 5～8天开始进行捕捞训练，即通过船只拖动网孔大于鱼身的渔网在养殖水体里面来回移动，每天早晚各一次，每次训练 1～3h；②排泄清肠处理，从水体捕捞上来的成鱼活体放入盛有养殖水体的 20～50m³ 暂养水池中，暂养 12～24h，且在水体中加入大蒜素及魔芋多糖，大蒜素的滴加量为每立方米水体 0.3～0.8mg，魔芋多糖的添加量为每立方米水体 3～8g，每立方米水体中放入鲌鱼成鱼 15～30 尾，逐步降温至 18℃左右；③药饵保健处理，对步骤②中的鱼，用主要由 40%～60%纳豆菌发酵物、20%～30%矿物质、5%～8%鱼粉、0.5%～3%牛磺酸、3%～5%维生素C、5%～8%酿酒渣、0.1%～0.3%生姜制备而成的膨化药饵投喂 1 次，选择在早上8 点左右，用量为鱼体重的 1.5%；④再次饥饿处理，对步骤③中的鱼，在 3～5h内逐步将水温降至 7～12℃，不喂食；⑤上车运输，把经过步骤④处理后的鱼，装入水温 1～4℃的运输用容器中，水：鱼重量比为（1～2）：1，运输过程中，保持水温不高于 10℃，并充氧充氮，使水体中溶氧保持在 3.5～5.0mg/L，使氮气保持在 0.5～1.0mg/L；⑥到后处理，运到后，把鱼放入水温 10℃左右的水池中进行暂养出售。与现有技术相比，本发明具备的有益效果是：通过本发明的保鲜方法，在运输 3 天时的成活率达 90%，运输 4 天时的成活率达 80% 以上，从而拓展了销售市场，而且有提鲜、祛腥的效果，此外，运输过程中，对鱼品质量无二次污染。

2）淡水鱼活体远距离运输新方法：在远距离运输过程中淡水鱼鲜度急速下降，通过技术创新减缓运输过程中鲜度下降趋势具有重要意义。作者团队研究建立了"一种鲌鱼活体远距离运输新方法"（CN201810858960.X），并获国家发明专利授权。该方法的特征在于，通过以下几方面来实现。①运输水体控制：采用高氮+高氧的气体给运输水体充气，使运输水体中的氮气体积占总气体体积的 35%～55%、氧气占 45%～65%；②急冷处理：往运输水体中加入冰块，冰块的加入量以使运输水体的水温在 5min 内下降 10℃以上为准，保证运输水体水温为 8～12℃；③急热处理：待鱼运输到目的地后，把步骤②中的鱼取出，立即加入本地常温水使之在 5min 内迅速恢复至与外界相同的温度；④在运输罐中添加微胶囊：按常规微胶囊技术制作碳酸氢钠+氧化钙的可漂浮缓释微胶囊，其中囊壁包裹的物质由碳酸氢钠、氧化钙构成，碳酸氢钠含量占微胶囊总重的 40%～60%，氧化钙含量占微胶囊总重的 40%～60%；投放量为每立方米运输水体中投放微胶囊 5～20g，每 5～8h 投放一次，直至运输到目的地。本发明从鲌鱼自身、环境控制等多个方面，保证了鲌鱼体表无损伤，有效提高了鲌鱼运输的存活率（高达 90% 以上），提高了其出售品相，同时保持了鲌鱼鲜度。

3）淡水鱼远距离运输急冷至目标温度的控制方法：在水产品远距离保活保鲜运输过程中，温度的控制最为关键，为此作者团队建立了"一种鱼类远距离运输急冷至目标温度的控制方法"（CN201810859218.0），并获国家发明专利授权。该方法的步骤包括：①建立加冰量的数学模型，即 $m_冰 = \{[C \times m_1 \times (A_1 + \Delta t - t_1)] + [C_鱼 \times m_2 \times (A_1 + \Delta t_1 + \Delta t_2 - t_1)]\} / (C \times t_1 + 3.36 \times 10^5)$，式中，$m_冰$ 为加冰量；C 为水的比热容，取值 4200J/(kg·℃)；$C_鱼$ 为鱼的比热容，取值 3.70～3.76J/(g·℃)；其中根据经验值 Δt_1 取值 5～8；Δt_2 取值 0.5～1.0；A_1 为运输水温；Δt 为装箱温度、空气温度共同影响下运输水温能够升高的温度；m_1 为水重；m_2 为鱼体重；t_1 为设定目标温度。②确定加冰大小及搅拌速度，搅拌速度（w）、冰块大小（a）与降温时间（T）的关系式为 0.037（0.028$w \times a/v$）0.8Pr0.43（Pr/pri）0.25×L×t'/a=（$C \times m_冰 \times t_1$+熔化热$\times m_冰$）/T，式中，按经验值，单位时间内温降在 t'，取值 1.5℃，v 取值为 1.72×10^{-6}，Pr=v/水的导温系数=13.2，pri 取值为 13.8，L 取值为 0.33×10^{-4}。③根据计算所得的加冰量（$m_冰$）、加冰颗粒大小（a）以及搅拌速度（w），使运输水温在目标时间内降至目标温度。本发明为鱼类远距离运输采用加冰的方式来冷却提供了理论基础，可以粗略估算出需要加多少冰量才能降至目标温度，以及冰块多大、搅拌速度多少的情况下，才能快速地降至目标温度，实现加冰急冷至目标温度的控制。

（2）水产品生物保鲜剂应用开发研究

作者团队对比研究了杜仲叶、竹叶及黄秋葵等的提取物对鱼丸、鱼块等水产品的保鲜效果，开发出 3 种天然保鲜剂产品。以感官评价、菌落总数、pH、硫代巴比妥酸值（TBA）和挥发性盐基总氮值（TVB-N）为评定指标，研究结果表明：杜仲叶提取物以添加浓度 150mg/kg 时对草鱼鱼丸保鲜效果最好，可以将产品在 4℃冷藏条件下的保质期由 4～7d 延长到 10～13d（图 3-6）；1.0%壳聚糖涂膜结合 0.05%竹叶抗氧化剂浸渍液对草鱼肉片保鲜效果最佳，可使产品在 4℃冷藏条件下的货架期由 6～7d 延长至 12～13d（图 3-7）。杜仲叶、竹叶及黄秋葵等物源抗氧化剂在水产品加工制品保鲜中的成功应用，为水产品保质期延伸提供了技术保障。

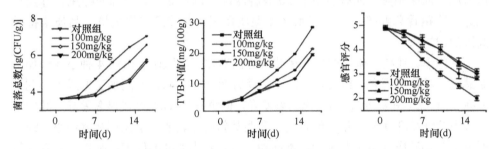

图 3-6　杜仲叶提取物对草鱼鱼丸在冷藏过程中鲜度相关指标变化的影响

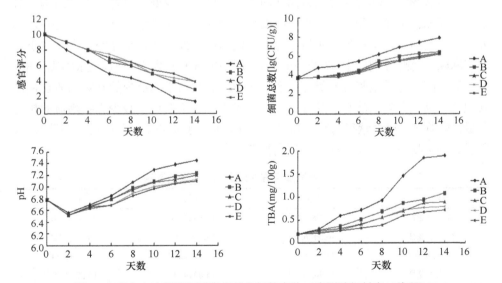

图 3-7　草鱼肉冷藏期间鲜度相关指标的变化（彩图请扫封底二维码）

A. 对照组：不经竹叶抗氧化剂和壳聚糖保鲜液处理；B. 1.0%壳聚糖涂膜；C. 0.01%竹叶抗氧化剂浸渍+1.0%壳聚糖涂膜；D. 0.03%竹叶抗氧化剂浸渍+1.0%壳聚糖涂膜；E. 0.05%竹叶抗氧化剂浸渍+1.0%壳聚糖涂膜

（3）小龙虾加工制品保鲜锁鲜研究

作者团队以小龙虾虾尾为原料，采用不同种类保鲜剂，如合成防腐剂苯甲酸钠及天然防腐剂溶菌酶、乳酸链球菌素等进行处理，并结合巴氏杀菌及高温高压等杀菌工艺，以感官评分、菌落总数、pH、挥发性盐基总氮值（TVB-N）和生物胺（BA）为检测指标，考察 4℃条件下小龙虾虾尾即食休闲食品的品质变化规律。结果表明，经过高温高压灭菌后的小龙虾虾尾即食食品保质期可达 90d。此外，以小龙虾为原料，研究了液氮速冻、冷冻液速冻、平板速冻等不同冷冻方式对小龙虾品质特性的影响。结果表明：液氮速冻对小龙虾组织结构保持、风味物质保留、保质期延长等指标的效果最好，基于以上研究，作者团队与应用单位顺祥食品有限公司积极研究引进液氮秒冻生产线 4 条，通过针对性地调试形成"渔家姑娘"品牌旗下的 20 余种冷冻预制食品，如单冻龙虾尾、麻辣小龙虾、冰镇香草虾等，解决了水产品保质期短、营养风味损失快、品质维持时间短的问题。

从色泽、质构、微观结构、风味等方面对作者团队研制出的 4 种小龙虾加工制品进行了品质研究。结果表明：①色泽方面（表 3-4），不同加工方式下小龙虾的亮度值（L）和红度值（a）无显著差异，但黄度值（b）存在显著差异，其中十三香小龙虾和麻辣小龙虾 b 值较高，表明其新鲜度较清水小龙虾和冰镇小龙虾有所下降。②质构方面（表 3-5），不同加工方式对小龙虾的硬度、弹性和咀嚼性等指标无显著影响。③微观结构方面（图 3-8），清水小龙虾和麻辣小龙虾结构相对紧密，而冰镇小龙虾和十三香小龙虾结构相对松散，肌纤维排列不是很整齐，部分崩解，粗细不是很均匀。④风味方面，清水小龙虾、冰镇小龙虾、十三香小龙虾和麻辣小龙虾分别检出 67 种、66 种、63 种和 54 种挥发性物质，包括烷烃、醇、醛、酮、酯、芳香族和含氮类等；清水小龙虾和冰镇小龙虾中的腥味物质含量比其他两种高，尤其以清水小龙虾最高，可见添加香辛料可以减少腥味物质的相对含量；酮类化合物贡献甜的花香和果香风味，冰镇小龙虾添加了茴香籽和茴香草，所以其酮类物质比其他三种小龙虾高很多。

表 3-4 不同加工方式对小龙虾色泽的影响

组别	L 值	a 值	b 值
清水小龙虾	35.29±8.04[a]	15.56±6.84[a]	13.62±2.26[a]
冰镇小龙虾	36.00±6.80[a]	13.35±5.05[a]	15.04±3.32[ab]
十三香小龙虾	33.73±5.70[a]	14.57±4.04[a]	17.67±2.24[c]
麻辣小龙虾	35.70±4.83[a]	14.09±4.79[a]	16.67±2.05[bc]

注：每列数据后不同小写字母表示差异显著（$P<0.05$）

表 3-5　不同加工方式对小龙虾质构的影响

组别	硬度	弹性	咀嚼性
清水小龙虾	185.60±54.18[a]	0.58±0.07[a]	201.43±22.90[a]
冰镇小龙虾	179.76±47.30[a]	0.55±0.04[a]	206.14±18.81[a]
十三香小龙虾	178.44±68.68[a]	0.52±0.08[a]	216.37±19.57[a]
麻辣小龙虾	165.63±12.97[a]	0.51±0.06[a]	221.56±20.35[a]

注：每列数据后不同小写字母表示差异显著（$P<0.05$）

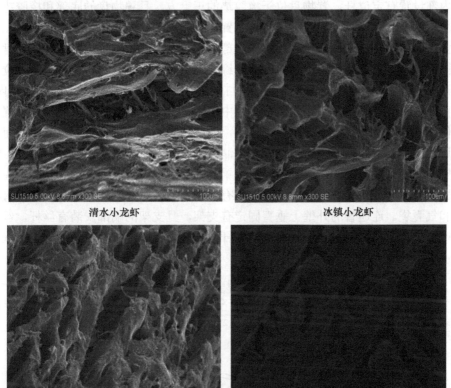

清水小龙虾　　　　　　　　　　　冰镇小龙虾

麻辣小龙虾　　　　　　　　　　　十三香小龙虾

图 3-8　不同加工方式对小龙虾虾肉微观结构的影响

（4）水产品保鲜锁鲜技术研究装置设计

在进行淡水产品保鲜锁鲜技术研究的过程中，科学合理的研究装置可大大缩短技术开发的周期。为此，作者团队进行了水产品保鲜锁鲜技术研究装置的设计，相关成果获国家发明专利授权 2 项。

1）一种提高冷鲜保质期的保鲜剂实验比对装置：利用植物源天然防腐剂对冰鲜水产品进行保鲜处理符合消费者对绿色安全食品的追求，但在进行保鲜剂筛选时缺乏便捷的试验装置，为此，研究设计了一种提高冷鲜保质期的保鲜剂实验比对装置，并获国家发明专利授权（CN201910392172.0）。该装置（图3-9）包括底座、电机、置物盘、隔离罩和喷头。底座的内部预留有定位孔，且定位孔的内部边缘处固定安装有轴承支座，并且轴承支座的中心位置处同轴连接有转杆。电机嵌入式安装于定位孔内壁上，且电机通过履带与转轮和转杆的外壁相互连接，并且转杆的上端固定有定位架，且定位架的外壁上固定安装有橡胶垫，同时定位架的内部设置有定位杆。置物盘位于橡胶垫的正上方，且置物盘的底部和橡胶垫的顶部边缘处均固定有磁性吸附环，并且置物盘的顶部安装有称重秤，称重秤和置物盘之间固定有弹性件，且称重秤的底部设置有充电孔，并且称重秤和置物盘之间固定安装有密封环，置物盘的外壁边缘处固定有挡片，且置物盘边侧的定位孔内开设有进水孔，进水孔的端部连接有排液管，排液管的另一端设置于接液斗内。底座的顶部安装有定位板，且定位板的中部固定有限位杆。隔离罩的端部设置有定位环，且定位环套设于限位杆的外侧，隔离罩之间通过连通管相互连接，而且连通管的顶部中心处设置有控制杆。控制杆通过轴承贯穿连通管连接有圆板。喷头安装于隔离罩的顶部中心处，且隔离罩的外壁顶部设置有液瓶，液瓶和喷头之间固定有橡胶环，而且液瓶的上端安装有橡胶塞，同时液瓶外壁的顶部安装有横杆和气囊袋。连通管的外壁上垂直固定有支架，且支架的端部安装有丝杆，丝杆的端部外壁上安装有滑块，且滑块与横杆和气囊袋相互连接。液瓶的外壁上嵌入

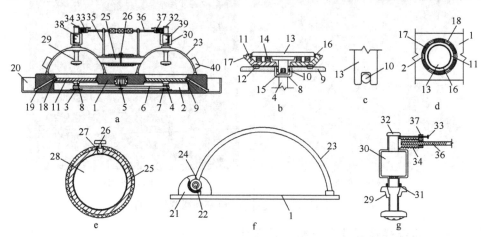

图3-9　一种提高冷鲜保质期的保鲜剂实验比对装置示意图

a. 正面结构；b. 置物盘和称重秤连接结构；c. 称重秤和定位杆连接结构；d. 挡片分布结构；e. 圆板安装结构；f. 定位环结构；g. 气囊袋安装结构

1. 底座；2. 定位孔；3. 轴承支座；4. 转杆；5. 电机；6. 履带；7. 转轮；8. 定位架；9. 橡胶垫；10. 定位杆；11. 置物盘；12. 磁性吸附环；13. 称重秤；14. 弹性件；15. 充电孔；16. 密封环；17. 挡片；18. 进水孔；19. 排液管；20. 接液斗；21. 定位板；22. 限位杆；23. 隔离罩；24. 定位环；25. 连通管；26. 控制杆；27. 轴承；28. 圆板；29. 喷头；30. 液瓶；31. 橡胶环；32. 橡胶塞；33. 横杆；34. 气囊袋；35. 支架；36. 丝杆；37. 滑块；38. 观察窗；39. 刻度值；40. 半导体制冷组件

安装有观察窗,且观察窗上设置有刻度值。隔离罩上设置有半导体制冷组件。该提高冷鲜保质期的保鲜剂实验比对装置及其使用方法,方便对比实验的进行,减少外界环境和人为因素造成的比对实验结果的误差,使得对比结果更加精确有效。

2)一种便于研究小龙虾速冻工艺系统装置:在研究工作中,通常需要使用速冻系统装置研究小龙虾在何种速冻状态下才能够最大程度地保障小龙虾的口感。但是现有的同类装置普遍存在以下缺点:无法对不同的小龙虾样品进行批量速冻对比研究,故得到的研究数据信息不准确,从而无法得出最佳的速冻方案,在不方便对小龙虾进行保存运输的同时还会破坏小龙虾的食用口感;无法对比研究小龙虾在不同温度下进行解冻时小龙虾的品质状况,故容易出现小龙虾肉质腐败或者口感变差的情况,不利于进行食用。为此,作者团队开发设计了一种便于研究小龙虾速冻工艺系统装置,并获国家发明专利授权(**CN201910371442.X**)。该装置(图 3-10)包括箱体、伺服电机和控制面板。箱体的右侧设置有安装槽,且安

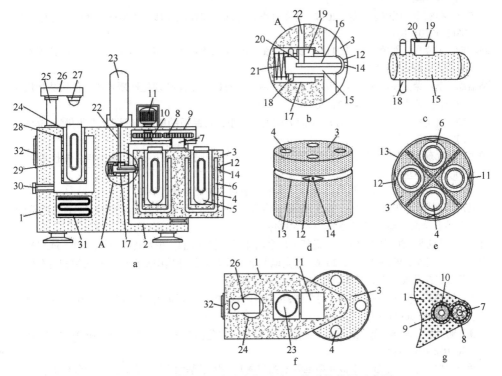

图 3-10 一种便于研究小龙虾速冻工艺系统装置示意图

a. 整体结构;b. 图 a 中 A 处放大结构;c. 顶杆结构;d. 转轮外部结构;e. 转轮俯剖结构;f. 俯视结构;g. 第一齿轮与第二齿轮连接结构

1. 箱体;2. 安装槽;3. 转轮;4. 存放槽;5. 存放罐;6. 腔体;7. 竖轴;8. 第一齿轮;9. 槽体;10. 第二齿轮;11. 伺服电机;12. 插槽;13. 滑槽;14. 穿孔;15. 顶杆;16. 注射管;17. 收纳槽;18. 支杆;19. 限位块;20. 管槽;21. 复位弹簧;22. 竖管;23. 液氮瓶;24. 解冻divisions;25. 竖杆;26. 横板;27. 摄像头;28. 承托网兜;29. 水浴解冻腔;30. 出水口;31. 加热板;32. 控制面板

装槽的内侧设置有转轮，转轮上开设有存放槽，且存放槽的内侧设置有存放罐，存放槽的外侧设置有腔体，且腔体开设于转轮的内部，水浴解冻腔位于箱体的内部，且水浴解冻腔的左侧设有出水口，出水口的上方设置有控制面板，且控制面板位于箱体的左端。该系统装置及其方法，方便对不同的小龙虾样品进行区分速冻，方便进行不同时间长度的速冻，有利于研究对比不同速冻时间会对小龙虾造成何种影响，同时方便采用不同的温度对小龙虾进行解冻，从而方便得出小龙虾合适的解冻温度。

主要参考文献

崔阳阳, 姜启兴, 许艳顺, 等. 2014. 浸渍入味对冷冻熟制小龙虾品质的影响[J]. 食品工业科技, 35(14): 297-300.

邓敏, 朱志伟. 2012. 不同浸渍冻结温度及流速对草鱼块品质的影响[J]. 食品工业科技, 33(23): 5.

董志俭, 孙丽平, 唐劲松, 等. 2017. 不同干燥方法对小龙虾品质的影响[J]. 食品研究与开发, 38(24): 84-87.

董志俭, 孙丽平, 张焕新, 等. 2017. 盐煮对小龙虾感官和理化品质的影响[J]. 食品研究与开发, 38(18): 104-107.

封功能, 王爱民, 邵荣, 等. 2011. 克氏原螯虾不同生长阶段营养成分分析与评价[J]. 江苏农业科学, 39(4): 383-385.

葛孟甜, 李正荣, 赖年悦, 等. 2018. 两种杀菌方式对即食小龙虾理化性质及挥发性风味物质的影响[J]. 渔业现代化, 45(3): 66-74.

耿胜荣, 熊光权, 李新, 等. 2017. 不同灭菌处理对小龙虾品质的影响[J]. 湖北农业科学, 56(12): 2324-2328.

郭力, 过世东, 刘海英. 2011. 盐煮和微波加热对即食龙虾质构的影响[J]. 食品与生物技术学报, 30(3): 376-380.

郭力. 2010. 小龙虾即食产品的研制[D]. 江南大学硕士学位论文: 22-29.

江晨洁, 吴光红, 张美琴, 等. 2015. 全国6省市甲壳类水产品中铅和镉污染情况调查与分析[J]. 食品安全质量检测学报, 6(8): 3237-3246.

蒋长兴, 熊清平, 焦云鹏. 2012. 小龙虾调理食品加工工艺研究[J]. 现代食品科技, (11): 1545-1547.

李兵兵, 刘纯成, 侯海燕, 等. 2016. 淮安地区小龙虾及其外环境中致病菌分布规律和耐药性分析[J]. 食品安全质量检测学报, 7(9): 3530-3534.

李乐, 郭清芳, 杨冰, 等. 2018. 湖北省潜江市小龙虾中镉含量的空间自相关分析[J]. 中国食品卫生杂志, 30(2): 169-172.

李新, 熊光权, 廖涛, 等. 2016. 小龙虾虾肉辐照后理化指标与蛋白质性质分析[J]. 核农学报, 30(10): 1941-1946.

李新苍. 2010. 克氏原螯虾Kazal型丝氨酸蛋白酶抑制因子基因克隆、表达及功能分析[D]. 山东大学博士学位论文: 35-42.

梁洁, 庞敏, 李林静, 等. 2018. 稻田与清水养殖模式下小龙虾肉的理化特性比较[J]. 湖南农业科学, (5): 79-81.

廖涛, 叶敏, 熊光权, 等. 2014. 辐照对克氏原螯虾致敏蛋白质生化性质的影响[J]. 湖北农业科学, 53(24): 6082-6085.

倪治明. 2013. 浙北地区餐饮业小龙虾重点危害因子调查及风险评估[D]. 浙江大学硕士学位论文: 28-38.

任秀芳, 周鑫, 赵朝阳, 等. 2013. 壳聚糖对克氏原螯虾生长、血清相关免疫因子、肌肉成分和消化酶的影响[J]. 大连海洋大学学报, 28(5): 468-474.

孙爱东, 赵立群. 2002. 臭氧在出口小龙虾生产中降解氯霉素、农残及杂菌应用的研究[J]. 食品科技, (10): 25-27.

汪兰, 何建军, 贾喜午, 等. 2016. 超高压处理对小龙虾脱壳及虾仁性质影响的研究[J]. 食品工业科技, 37(14): 138-141, 147.

汪兰, 何建军, 贾喜午, 等. 2017. 超高压增压次数对小龙虾脱壳及虾仁品质影响的研究[J]. 食品工业, 38(5): 49-52.

王华全, 沈伊亮. 2014. 湖北出口淡水小龙虾重金属污染监测与分析[J]. 湖北农业科学, (9): 2140-2142.

王曜, 陈舜胜. 2014. 野生与养殖克氏原螯虾游离氨基酸的组成及比较研究[J]. 食品科学, 35(11): 269-273.

吴晨燕, 王晓艳, 王洋, 等. 2018. 熟制麻辣小龙虾冷藏和冻藏条件下的品质变化[J]. 肉类研究, 32(5): 52-56.

邢贵鹏, 黄卉, 李来好, 等. 2019. 罗非鱼加工副产物脱腥工艺及其腥味物质分析[J]. 食品工业科技, 40(20): 6.

杨娟, 王守林, 刘林飞, 等. 2014. 苏北某地区小龙虾重金属含量与养殖水体的相关性分析[J]. 职业与健康, 30(20): 2896-2898.

杨振泉, 周海波, 高璐, 等. 2015. 超声波协同流水净化对克氏原螯虾中菌落总数及菌相构成的影响[J]. 食品科学, 36(17): 173-178.

于晓慧, 林琳, 姜绍通, 等. 2017. 即食小龙虾复合生物保鲜剂的优选及保鲜效果研究[J]. 肉类工业, (3): 24-32.

于晓慧. 2017. 即食小龙虾保鲜剂的复配及其抑菌机理的初步研究[D]. 合肥工业大学硕士学位论文: 23-39.

于颖颖. 2016. 克氏原螯虾 TNFAIP8 基因的表达特征及功能分析[D]. 安徽农业大学硕士学位论文: 48-65.

张刘蕾, 姜启兴, 许艳顺, 等. 2013. 油炸和真空渗透对冻藏风味小龙虾品质的影响[J]. 郑州轻工业学院学报(自然科学版), 28(4): 40-44.

张文, 吴光红, 卢元玲, 等. 2017. 江苏地区克氏原螯虾中镉的膳食暴露及风险评估[J]. 食品科学, 38(23): 201-206.

张振燕, 张美琴, 吴瑛, 等. 2014. 重金属 Cd 与 Cu 在克氏原螯虾体内富集与释放规律[J]. 食品科学, 35(17): 250-254.

赵成民, 聂勤学. 2017. 人工精养与自然生存小龙虾肌肉品质差异的初步研究[J]. 当代水产, 42(8): 94-95.

赵立, 陈军, 陈晓明, 等. 2013. 不同冷冻温度处理的熟制克氏原螯虾肉的营养评价[J]. 食品科技, 38(7): 67-72.

赵立, 陈军, 邵兴锋, 等. 2012. 冷冻方式对熟制克氏原螯虾虾肉冷冻贮藏(-18℃)条件下品质的影响[J]. 江苏农业科学, 40(10): 232-234.

周蓓蓓, 陈小雷, 鲍俊杰, 等. 2018. 超高压加工工艺对小龙虾仁品质影响的初步研究[J]. 食品科技, 43(6): 154-160.

周妍, 闻胜, 陈明, 等. 2018. 湖北省市售小龙虾中镉含量及膳食暴露评估[J]. 公共卫生与预防医学, 29(2): 52-54.

Abd-Allah M A, Abdallah M A. 2006. Effect of cooking on metal content of freshwater crayfish

Procambarus clarkii[J]. Chemistry and Ecology, 22(4): 329-334.

Alcorlo P, Otero M, Crehuet M, et al. 2006. The use of the red swamp crayfish (*Procambarus clarkii*, Girard) as indicator of the bioavailability of heavy metals in environmental monitoring in the River Guadiamar (SW, Spain)[J]. Science of the Total Environment, 366(1): 380-390.

Cadwallader K R, Baek H H. 2015. Aroma-impact compounds in cooked tail meat of freshwater crayfish (*Procambarus clarkii*)[J]. Developments in Food Science, 40(98): 271-278.

Chen G, Guttmann R P, Xiong Y L, et al. 2008. Protease activity in post-mortem red swamp crayfish (*Procambarus clarkii*) muscle stored in modified atmosphere packaging[J]. Journal of Agricultural & Food Chemistry, 56(18): 8658-8663.

Flick G J, Lovell R T, Enriquez-Ibarra L G, et al. 2010. Changes in nitrogenous compounds in freshwater crayfish (*Procambarus clarkii*) tail meat stored in ice[J]. Journal of Muscle Foods, 5(2): 105-118.

Hallier A, Prost C, Serot T.2005.Influence of rearing conditions on the volatile compounds of cooked fillets of *silurus glanis* (European catfish)[J]. Journal of Agricultural and Food Chemistry, 53 (18): 7204-7211.

Kouba A, Buřič M, Kozák P. 2010. Bioaccumulation and effects of heavy metals in crayfish: A review[J]. Water Air and Soil Pollution, 211(1/2/3/4): 5-16.

Kuklina I, Kouba A, Buřič M, et al. 2014. Accumulation of heavy metals in crayfish and fish from selected Czech reservoirs[J]. Biomed Res Int, (350): 669-690.

Lin T, Wang J J, Li J B, et al. 2013. Use of acidic electrolyzed water ice for preserving the quality of shrimp[J]. Journal of Agricultural & Food Chemistry, 61(36): 8695-8702.

López F J S, García M D G, Vidal J L M, et al. 2004. Assessment of metal contamination in Doñana National Park (Spain) using crayfish (*Procamburus Clarkii*)[J]. Environmental Monitoring & Assessment, 93(1/2/3): 17-29.

Maranhao P, Marques J C, Madeira V M C. 2010. Zinc and cadmium concentrations in soft tissues of the red swamp crayfish *Procambarus clarkii* (Girard, 1852) after exposure to zinc and cadmium[J]. Environmental Toxicology & Chemistry, 18(8): 1769-1771.

Marshall G A, Moody M W, Hackney C R. 2010. Differences in color, texture, and flavor of processed meat from red swamp crawfish (*Procambarus clarkii*) and white river crawfish (*P. acutus acutus*)[J]. Journal of Food Science, 53(1): 280-281.

McClain W R. 2000. Assessment of depuration system and duration on gut evacuation rate and mortality of red swamp crawfish[J]. Aquaculture, 186(3): 267-278.

Peng Q, Greenfield B K, Dang F, et al. 2016. Human exposure to methylmercury from crayfish (*Procambarus clarkii*) in China[J]. Environ Geochem Health, 38(1): 169-181.

Peng Q, Nunes L M, Greenfield B K, et al. 2016. Are Chinese consumers at risk due to exposure to metals in crayfish? A bioaccessibility-adjusted probabilistic risk assessment[J]. Environment International, 88(5): 261-268.

Shackelford J. 2015. The effect of cooking methods on the quality of refrigerated and frozen whole crawfish *Procambarus clarkii* Girard and *Procambarus zonangulus*[D]. Louisiana State University MA thesis: 23-30.

Vejaphan W, Hsieh C Y, Williams S S. 2010. Volatile flavor components from boiled crayfish (*Procambarus clarkii*) tail meat[J]. Journal of Food Science, 53(6): 1666-1670.

Wang X X, Lu Z Q, Zhu L N, et al. 2010. Innate immune response and related gene expression in red swamp crayfish [*Procambarus clarkii* (Girard)], induced by selenium-enriched exopoly-saccharide produced by bacterium *Enterobacter cloacae* Z0206[J]. Aquaculture Research, 41(11): e819-e827.

第4章 淡水产品副产物综合利用技术

水产品加工副产物中含有大量人体所需要的微量元素,还含有大量的蛋白质、矿质元素和其他生物活性成分,对人体的生长与发育具有重要意义。如果不充分利用这些水产品加工副产物,反而会造成资源的闲置与浪费,因此,对水产品进行深度的开发与利用是我国水产品加工行业目前面临的重要课题。对水产品加工副产物的研究与利用,在促进国民经济增长的同时也可以带动技术的革新与发展,对于技术的创新有重要的研究意义。

4.1 发酵及酶解技术

4.1.1 发酵及酶解技术基础

（1）发酵技术

发酵技术指人们利用微生物的发酵作用,运用一些技术手段控制发酵的过程,从而进行大规模生产发酵产品的技术。发酵技术主要是通过使用微生物进行发酵,制作出独特风味的食品,包括酸奶、酒类以及调味品、腐乳腊肠,而在不同种类的食品发酵中,其原理和应用也不尽相同。微生物发酵,就是利用微生物自身的代谢作用,改变蛋白质本身的品质,产生易于消化的短肽、氨基酸等物质,使废弃物变成高附加值的发酵产品。用乳酸片球菌发酵虾副产物,在 pH 4.3、5%接种量、37℃、添加 15%葡萄糖,发酵 3d 后,蛋白质回收率为 97.9%。用 3 株乳酸菌混合的发酵剂发酵虾副产物,在加入 20%葡萄糖、1∶2 固液比、10%接种量的条件下,维持温度 39℃发酵 5d,蛋白质回收率可达到 94.0%。

发酵水产品的生产工艺主要是利用环境中的微生物进行发酵,所以发酵条件如发酵原料、发酵温度、发酵时间、pH 等工艺参数,以及发酵过程中发酵剂的添加,对微生物的生长繁殖都会产生影响,进而会影响产品中生物胺的产生。适宜的温度和 pH 会促进发酵水产品中生物胺的产生和积累。氨基酸脱羧酶在酸性环境下具有较高活性,因此在低 pH 条件下,会促进游离氨基酸转变成生物胺的脱羧反应。20~37℃是多数含脱羧酶细菌生长的最适温度,较高温度会提高蛋白质水解酶和氨基酸脱羧酶活性,低温下产生物胺微生物生长能力和产生物胺活性受到抑制,所有干发酵香肠在 20℃条件下贮藏过程中色胺、腐胺、尸胺、组胺和酪胺含量均增加，且 20℃贮藏 42d 后干发酵香肠中生物胺的含量明显高于 4℃贮藏样本中生物胺的含量。优化改善不同发酵水产品的生产工艺，对靶向监控生物胺的形成有重要意义。

（2）酶解技术

酶（enzyme）是催化特定化学反应的蛋白质、RNA 或其复合体，是生物催化剂，能通过降低反应的活化能加快反应速度，但不改变反应的平衡点。绝大多数酶的化学本质是蛋白质，具有催化效率高、专一性强、作用条件温和等特点。酶早期是指在酵母中（in yeast）的意思，指由生物体内活细胞产生的一种生物催化剂，大多数由蛋白质组成（少数为 RNA），能在机体中十分温和的条件下，高效率地催化各种生物化学反应，促进生物体的新陈代谢。生命活动中的消化、吸收、呼吸、运动和生殖都是酶促反应过程。酶是细胞赖以生存的基础。细胞新陈代谢包括的所有化学反应几乎都是在酶的催化下进行的。

酶解技术的优势在于通过酶的催化作用使物质自体分解，酶催化化学反应的能力称为酶活力（或称酶活性）。酶活力可受多种因素的调节控制，从而使生物体能适应外界条件的变化，维持生命活动。利用不同酶的不同催化作用，能够提取获得各种活性成分。传统的提取工艺采用高温裂解或者低温速冻，这会导致大部分的活性成分受到破坏，使得提取物活性散失，影响功效的发挥。酶解技术是一项环境友好型蛋白质及多肽的绿色提取技术。在适宜的温度和 pH 条件下，具有一定活性的蛋白酶存在某些特异性的催化位点，这些位点可以催化底物中蛋白质结构中的肽键发生水解，使高分子量的蛋白质断裂成低分子量的多肽。蛋白酶在水解蛋白质的同时，也水解掉与蛋白质相连的物质，能有效提高蛋白质的提取率。

利用酶解技术提取蛋白质，过程简单，操作容易，反应条件温和，而且碱性蛋白酶处理不会对原料的壳聚糖回收率和质量产生影响。但因其成本过高，目前还不利于大批量生产，而且水解过程易腐败，因此还需进一步针对规模性工业化生产进行探究，酶解技术是未来生物活性物质提取技术的重要发展方向。根据应用过程中的特点，可分为单酶酶解、双酶酶解、多酶酶解、分步酶解等多种技术形式。

4.1.2　发酵及酶解技术研究案例

（1）基于酶解技术的鱼鳞高值化利用

1）鱼鳞胶原蛋白提取及酶解制备功能肽研究：作者团队以草鱼鱼鳞为原材料，探讨其胶原蛋白酸-酶组合提取工艺，并进一步研究相应抗氧化活性肽和血管紧张素转换酶抑制剂（ACEI）活性肽的制备方法。结果表明，草鱼鱼鳞胶原蛋白提取的最优工艺为：乙酸浓度 0.3mol/L、乙酸提取固液比 1：15（g/mL）条件下低温提取 24h；离心后剩余残渣再按 1∶10（g/mL）的比例浸入浓度为 2% 的胃蛋白酶溶液中低温下提取 48h；在该条件下鱼鳞胶原蛋白提取得率可达 49.58%。以草鱼胶原蛋白粗液为原料，制备抗氧化活性肽的最优工艺为：控制胶原蛋白浓度 12.5mg/mL，按 10∶1（体积比）加入浓度为 4% 的木瓜蛋白酶，60℃下酶解 75min，所得酶解液对 $ABTS^+$ 自由基的抑制率可达 45.7%；制备 ACEI 活性肽的最优工艺为：控制胶原蛋白浓度 20mg/mL，pH 调节为 4.0，每 10mL 加入 6000U 的酸性蛋白酶，37℃ 酶解 3h，所得酶解液对血管紧张素转换酶（ACE）的抑制活性可达 98.8%。

2）鱼鳞提取物高值化利用研究：基于鱼鳞胶原蛋白的酶法提取技术，作者团队开发出一种用于治疗甲沟炎的滴剂，并获国家发明专利授权。由以下重量份的配方组成：薄荷提取物 200～300 份、丁香提取物 20～40 份、樟树叶提取物 20～40 份、鱼鳞提取物 200～300 份、灭菌水 200～420 份、食用酒精 120～140 份。所述的鱼鳞提取物的制备方法为：将新鲜鱼鳞按 15∶1 用 0.3mol/L 的乙酸溶液室温浸泡 12h，3000r/min 离心 10min，取上清提取液；残渣再按 10∶1 用 $6×10^7$U/L 胃蛋白酶溶液室温提取 24h，同上离心得上清液，并与酸提取液合并；合并所得提取液经冷冻干燥后得固体提取物。本发明制备方法简单，配方简单，起效快，制备的滴剂能够有效快速治疗甲沟炎，无副作用。

（2）基于酶解技术的小龙虾虾壳高值化利用

1）小龙虾虾壳混合酶解技术研究：作者团队以克氏原螯虾副产物为原料，使用木瓜蛋白酶与风味蛋白酶按 1∶1.5 混合作为复合蛋白酶，蛋白酶用量为 1.0%，料液比 1∶10，在 pH 6.5、50℃、3h 条件下蛋白质提取率为 54.22%，先以单一的碱性蛋白酶或胃蛋白酶在各自的最优条件下分别对虾副产物进行水解，蛋白质提取率分别能达到 61.9% 和 53.9%；然后通过双酶协同工艺：碱性蛋白酶酶解 3h（温度 40℃、pH 7.5、酶加量 0.3%）、胃蛋白酶酶解 1h（温度 40℃、pH 3.0、酶加量 0.2%），蛋白质提取率倍增至 86.1%，比单酶法效果更明显。复合酶的酶切位点选择性更多，有利于蛋白质的水解。

2）小龙虾虾壳两步酶解技术研究：作者团队采用两步酶解法制备小龙虾副产物多肽，先用碱性蛋白酶水解提取小龙虾副产物中的粗蛋白，利用单因素和正交试验确定粗蛋白的最佳制备条件：2% 碱性蛋白酶，酶解 2h，料液比 1∶20（g/mL），酶解温度 55℃、pH 8.5，虾副产物蛋白质得率最高为 64.32%；利用胰蛋白酶二次酶解虾副产物中的粗蛋白以制备多肽，以蛋白质水解度为标准，利用正交试验优化得到酶解制备多肽的工艺条件：2% 胰蛋白酶，酶解 4h，料液比 1∶15（g/mL），在酶解温度 37℃、pH 8.0 的条件下，虾副产物蛋白质水解度为 45.2%。二次酶解产物比一次酶解产物的总抗氧化能力强；聚丙烯酰胺凝胶电泳图谱显示二次酶解多肽的分子质量主要集中在 3.3kDa 以下；多肽中含有 18 种氨基酸，其中必需氨基酸占总氨基酸的 64.36%。小龙虾副产物多肽可用于功能食品及调味品的开发。

3）虾壳酶解产物高值化利用研究：为实现小龙虾虾壳高值化利用，作者团队应用所建立的两步酶解技术对其进行处理后，探讨了将其与虾肉混合进行"全虾丸"的制备工艺。通过单因素和正交试验优化，确定复合酶法制备小龙虾虾壳酶解液工艺：1g 虾壳粉中添加 0.5mL 乳酸，60℃预处理 40min，复合蛋白酶（木瓜蛋白酶与风味蛋白酶比例为 3∶1）用量 5%，酶解温度 60℃，酶解时间 4h，料液比 1∶100（g/mL），酶解液中蛋白质提取率为 64.69%。酶解液冻干粉重金属含量均符合水产品重金属限量标准，且含有钙、镁、铁、硒等人体所需常量元素及微量元素；粗蛋白占（20.62±0.43）%，必需氨基酸占氨基酸总量的（61.83±1.08）%；非挥发性风味物质中呈鲜、甜味氨基酸占游离氨基酸的（11.03±0.39）%；GMP 与 IMP 总量为 50.25mg/100g。对含有酶解液冻干粉及小龙虾虾肉的"全虾丸"进行品质分析，结果显示：水分含量（26.50±0.29）%，粗蛋白（25.86±0.13）%，粗脂肪（25.19±0.33）%；不饱和脂肪酸占总脂肪酸的（71.67±5.05）%；人体必需氨基酸占氨基酸总量的（71.30±0.03）%；含有（40.51±1.23）%的呈鲜、甜味的游离氨基酸；全虾丸硬度（1.84±0.40）g，弹性 15.29±2.04，内聚性 1.58±0.22，咀嚼性 45.34±6.68。小龙虾全虾丸营养全面，风味独特，黏弹性及咀嚼性良好。添加了虾壳酶解液冻干粉及虾肉的小龙虾丸，不仅丰富了小龙虾即食产品种类，还提高了小龙虾全虾利用率。该项研究解决了全虾丸制备工艺中虾壳处理的关键技术，所制得的全虾丸成品具有营养丰富、口感优良等特点（图 4-1）。

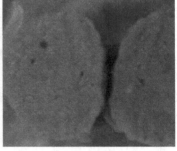

彩图请扫码

图 4-1　小龙虾全虾丸样品

（3）基于酶解技术的低值淡水珍珠高值化利用

1）珍珠粉的酶-酸水解工艺研究：作者团队以水解度为指标，对加酶量、酶解温度、酶解时间、乳酸用量进行工艺参数优化制备水溶性珍珠粉，并测定其分子质量分布和清除超氧阴离子自由基能力。结果表明，最佳水解条件为：珍珠粉用量 1.5g，酶解温度 40℃，中性蛋白酶第一次加入量 0.23g，酶解时间 3h 20min，中性蛋白酶第二次加入量 0.13g，酶解时间 3h 20min，然后温度升高到 90℃，加入 3mL

乳酸，煮沸保温 2h（95～100℃），制备的水溶性珍珠粉氨基氮含量为 10.13%。质量分数为 82.5%的水溶性珍珠粉分子质量分布范围为 61～71Da，清除超氧阴离子自由基能力为 15.07%。本研究结果为珍珠加工副产物的高值化利用提供技术支持。

2）珍珠水解液的高值化产品开发：在珍珠粉酶-酸水解技术的基础上，作者团队通过添加不同的辅料，将可溶性的珍珠母液进一步加工成各种各样的珍珠化妆品和保健品。系列珍珠保健品复配专利技术有：水溶性混合活性珍珠钙及其制备方法（CN200710035508.5）、多维富硒活性珍珠口服剂及其制备方法（CN200710035504.7）、珍珠洋参制剂及其制备方法（CN200710035506.6）、一种珍珠保健茶及其生产工艺（CN201310028155.1）、一种珍珠粉口服制剂（CN201110386460.9）、一种珍珠口服液及其制备方法（CN201110300948.5）、一种珍珠饮料及其制备方法（CN201110300952.1）、一种珍珠养颜产品及其制备方法（CN201110301694.9）、一种珍珠米乳饮品及其制备方法（CN201110300953.6）和一种珍珠丹玫保健制剂（CN201310119110.5）等。基于上述专利技术，已生产出水溶性珍珠粉、珍珠胶囊、珍珠钙 DE、"颗可珍"珍珠饮片、珍珠粉（含外用美白祛痘面膜粉）、今珠茶系列、超 90 系列饮液、的哥神含片、固体饮系列、康源饮液、美源饮液等珍珠化妆品和保健品；2015 年又获"今珠牌键丽达饮料"保健食品批准证书（国食健字G20150775）。

（4）基于发酵技术的螺、蚌、蚬加工副产物高值化利用

作者团队应用生物发酵技术，创新了一种螺、蚌、蚬加工水产副产物的高值化利用方法（CN201010530117.2），并获国家发明专利授权。其具体的加工方法步骤如下：取螺、蚌、蚬副产物，直接捣碎成 20 目制备成原料；取上述原料 80重量份，加入麸皮 3 重量份、豆粕 2 重量份，或者只加入糖 5 重量份，混合均匀后备用；按上述备用料的 5 倍加入芽孢杆菌液，在 20℃下发酵 24h；然后，加温至 65℃并维持 2h 备用；再按备用料的 5 倍加入乳酸杆菌液，在 50℃下密闭发酵24～108h，备用；取上述混合物在 60℃下烘干，再粉碎。本发明利用生物发酵工艺，对副产物进行高值化循环利用，加工出的产物含有常量元素、微量元素及其他营养元素等，有效提高其吸收利用率，保护周围生态环境，达到循环经济的目的。

4.2　蛋白（肽）分离纯化技术

4.2.1　蛋白（肽）分离纯化技术基础

（1）常用的蛋白（肽）分离纯化技术

蛋白（肽）的酶解液组分复杂，杂质较多，分离纯化比较困难。目前，国内

外很多实验室都在研究生物活性肽的分离纯化工艺，分离方法虽然很多，但仍处于研究阶段，符合市场要求的工艺不多。同时，不同来源的生物蛋白（肽）的分离方法也不是完全相同的，需要找到适合该类生物蛋白（肽）的分离方法，才能更有益于其投向市场。

1）电泳技术：电泳技术可用来分离鉴定蛋白质或多肽。而高效毛细管电泳仪已广泛应用于有机化合物、无机离子、中性分子、手性化合物、蛋白质、多肽、DNA和核酸片段的研究分析。高效毛细管电泳具有高效、快速、仪器简单和分析样品用量少等特点，但进样量少使其在生物活性肽制备中的应用受到限制。

2）层析技术：层析技术早在1903年就已被应用于植物色素的分离提取。目前，报道中可用于肽分离纯化的方法有很多，其中色谱法是生物活性肽分离纯化的重要手段。而吸附层析、凝胶过滤层析、离子交换层析和高效液相色谱等层析技术已经常用于分离生物活性肽。

3）膜分离技术：膜分离技术分为微滤、超滤和纳滤等3种方法。微滤常用于水解液分离纯化的第一步，超滤可根据超滤膜的孔径大小对大分子物质进行分级分离，而纳滤是介于反渗透和超滤之间的一种压力驱动型膜分离技术，其截留分子量为150~1000。在生物活性肽的分离纯化过程中采用纳滤技术，不仅可得到纯化的除盐后的组分，更适应于工业化的批量生产。而超滤膜可截留不同分子量的生物活性肽，但是其通常所用的最小截留分子量为3000，一般用于生物活性肽组分的粗分离，对于精细分离往往需要与其他技术联用才行。

4）融合表达载体分离技术：将要分离的生物活性肽的基因与一种可裂解的自聚集标签（cSAT）构成融合表达载体，导入菌体中，可得到具有生物活性的cSAT的聚合物，再经分离纯化。将一个携带可裂解的自聚集标签（cSAT）的抗菌肽组氨素1的表达载体转入大肠杆菌内，表达产生不溶性的融合蛋白沉淀，经二硫苏糖醇诱导裂解为可溶性的组氨素1。通过高效液相色谱分离得到纯净的抗菌肽。利用该方法不仅比传统方法更节约时间，制得的成品纯度更高。

5）探针分离技术：将要分离的纯多肽作为抗原，在生物体合成抗体（多肽），用固相酶联免疫吸附技术将合成的抗体分离。蛋白质-抗体与特定的金属颗粒结合制备特定的分离探针，用这种探针来分离水解混合物中的特定活性多肽，结合到探针上的多肽用特异洗脱液洗脱下来。以纯化的探针作为抗原，在生物体中合成抗体（多肽），用固相酶联免疫法分离抗体，将分离出的抗体与牛血清白蛋白（BSA）结合，然后再与特定的氧化铁磁性粒子结合，制备成新颖的多肽分离探针。该法与其他方法相比，分离时间短，对功能性食品与医疗食品的研究具有重要的意义。

6）方法联用技术：实际应用中，单一的分离方法很难达到预期分离效果，往往需要多种方法联用，不仅能实现生物活性肽多级分离，还能达到提高产品质量的目的。例如，高效液相色谱-质谱联用、离子交换层析-薄层色谱-高效液相色谱联用和离子交换层析-凝胶过滤层析-高效液相色谱联用等。

（2）蛋白（肽）分离纯化技术在水产品中的应用

1）淡水鱼加工副产物中蛋白（肽）分离纯化：淡水鱼鱼鳞和鱼皮作为主要的加工副产物，对其进行高值化利用具有重要的意义。国内外学者以功能肽的制备为思路，基于蛋白（肽）分离纯化技术，开展了一系列淡水鱼加工副产物的高值化利用研究。

采用 DA201-C 大孔吸附树脂分离草鱼鱼鳞肽（FSP），通过改变 pH、吸附时间和温度等条件，得出吸附最佳 pH 在 6 左右，吸附 10h 时达到平衡。分别采用体积分数为 20%、40%、60% 和 80% 的乙醇水溶液梯度洗脱，收集洗脱液，旋蒸、冷冻干燥得到不同组分。然后在体外对各组分的血管紧张素转化酶（ACE）抑制活性进行检测，结果表明 80% 乙醇洗脱组分的 ACE 抑制活性最强。

将草鱼蛋白酶解液先后通过截留分子质量为 10kDa 和 3kDa 的超滤膜，得到分子质量小于 3kDa 的混合肽，其抑制血管紧张素转化酶（ACE）的能力最强。混合肽经 DA201-C 大孔吸附树脂吸附，再用体积分数为 25%、50%、75% 和 90% 的乙醇水溶液洗脱，得到抑制 ACE 能力最强的组分。该组分再经 2 步反相高效液相色谱（RP-HPLC）进行分离，最终得到抑制 ACE 活性最强的三肽。

研究人员对罗非鱼的鱼皮明胶进行酶解，再通过凝胶过滤层析、离子交换层析和 RP-HPLC 分离得到抗氧化组分，经液相色谱-电喷雾质谱（LC-ESI/MS）鉴定出抗氧化肽组分 Glu-Gly-Leu（m/z=317.33）和 Tyr-Gly-Asp-Glu-Tyr（m/z=645.21）。

2）淡水虾副产物中蛋白（肽）分离提取：随着社会对水产品需求的不断提高，虾类产业链规模不断扩大，导致虾类加工过程中副产物，即虾头、虾壳、虾足以及低值小虾等激增，传统处理方法是将这些副产物制成低价值饲料，附加值低。归纳总结出几种虾副产物中活性蛋白（肽）的提取方法及其活性研究，为虾副产物进一步产业化开发利用提供了理论参考；从虾及其副产物中提取制备的活性多肽在功能食品开发利用上有着广泛的应用潜力与市场前景。

碱液提取法是较为传统的蛋白质提取方法。稀碱溶液可进入细胞内部，所以绝大多数蛋白质易溶于稀碱溶液，蛋白质在碱的催化作用下肽键发生断裂。又因为蛋白质是两性化合物，在一定的碱性环境中，蛋白质以离子形式溶解于碱性溶液，进而提取细胞中的蛋白质。利用碱溶液法提取克氏原螯虾副产物蛋白质的最佳条件：利用 10% 氢氧化钠溶液在 100℃ 条件下反应 4h，此时提取出蛋白质的纯度为 77.38%。同样利用碱法并加以超声波辅助来提取锦州对虾副产物中的蛋白质，在超声温度 50℃、氢氧化钠质量分数 10% 的条件下提取 30min，蛋白质提取率为 14.16%。碱液提取法操作简单，成本低廉，但是其对环境污染较大，在提取时不仅水解程度难以控制，而且提取出的蛋白质结构也会受到一定程度的破坏。

　　碱溶酸沉提取法是利用蛋白质在碱性溶液中溶解，再用酸液将蛋白质提取液中的 pH 调至蛋白质的等电点，使蛋白质沉淀析出，最后分离清洗，调回 pH，得到蛋白质。南极磷虾中蛋白质的溶解最适条件为 pH 11.5 和 4℃，此条件下经过两次碱溶，每次 30min，蛋白质的溶出率为 97.23%；酸沉的最适 pH 为 4.6，在酸沉的同时加入适量的谷氨酰胺转氨酶，能够有效提高蛋白质的得率，最终蛋白质得率为 52.68%。碱溶酸沉法提取虾及其副产物中的蛋白质，是目前实验室内最常用的一种提取方法，工艺方法成熟，但在工业生产中会"收容"大量的酸和碱，有一定的危险性，对环境也会造成一定影响。

　　盐溶液提取法也可称为盐析法，是一种蛋白质提取技术。在中性的盐溶液中，蛋白质分子表面的电荷增加，能够增强蛋白质分子与水分子之间的作用，从而使蛋白质在水溶液中的溶解度增大。通过盐溶液提取法优化虾蛄中的盐溶蛋白：在提取液 pH 6.36、NaCl 浓度 0.11mol/L、料液比 1∶3（$V∶m$）、搅拌 24min 后，提得蛋白质含量达 22.46mg/g。此法虽简单，无危害性溶剂，但是提纯率较低，且要对所提取的蛋白质进一步脱盐纯化。其实蛋白质与多肽的界定并不明确，一般来说，肽链中含有 100 个氨基酸残基时，即为蛋白质。在提取蛋白质后，可以切断肽键来获得不同分子量的多肽、寡肽等。

　　酶解法是一项环境友好型蛋白质及多肽的绿色提取技术。在适宜的温度和 pH 条件下，具有一定活性的蛋白酶存在某些特异性的催化位点，这些位点可以催化底物中蛋白质结构中的肽键发生水解，使高分子量的蛋白质断裂成低分子量的多肽。蛋白酶在水解蛋白质的同时，也水解掉与蛋白质相连的物质，能有效提高蛋白质的提取率。

　　超声波辅助酶提取法是伴随以上几种方法而产生的提取方法。超声波的主要作用是利用其空化效应、热效应、化学效应、生物效应等对细胞的细胞壁和细胞膜进行物理破碎，增大物质分子的运动频率和速度，加速碱液的扩散，从而加速蛋白质的溶解速率，最终提高蛋白质的提取率。通过超声波辅助木瓜蛋白酶提取南美白对虾副产物中的蛋白质：在超声功率 120W 下处理 20min 后，并在 pH 7.5、木瓜蛋白酶添加量 8000U/g 条件下，60℃酶解 3h，最终蛋白质水解度达 65.25%。同样，超声波也可以辅助双酶来提取南美白对虾副产物中的蛋白质。pH 7.5、180W 条件下超声 30min，1% 的碱性蛋白酶和 0.1% 的中性蛋白酶混合提取，酶解温度 50℃，酶解 3h，蛋白质水解度最高为 42.5%。通过超声波的机械振荡以及酶的催化作用来提高蛋白质的提取率，超声确实可以提高提取效率，同时也会增加一定的成本消耗。

　　总体而言，对于虾加工副产物中蛋白质及多肽的提取，酶解法和微生物发酵法更有发展前景，同时也可在两种方法的基础上辅以超声波、微波等技术，提高虾副产物中的蛋白质及多肽的回收率。

3）其他淡水产品副产物中蛋白（肽）分离提取：用 Sephadex G-50 与 G-25 对梭子蟹下脚料的酶解产物进行分离纯化，得到分子量在 1096.5 左右的 3 个抗氧化性较强的组分，经高效液相色谱分析，所得组分基本达到纯化。对具有抗氧化组分的氨基酸进行分析，得到 11 种氨基酸，其中具有抗氧化能力的酪氨酸、半胱氨酸和组氨酸所占比例很高。凝胶过滤层析对于分子量相近，尤其是分子量小于 1000 的生物活性肽的分离很难达到预期效果。

4.2.2　蛋白（肽）分离纯化技术研究案例

作者团队在利用蛋白（肽）分离纯化技术进行淡水产品加工副产物的高值化利用方面也开展了一系列工作，其中典型的案例是从低值河蚌肉中进行蛋白（肽）的分离提取。

作者团队研究建立了一种从河蚌肉中同时提取蚌肉提取物、蛋白粉和多肽粉的方法，并获发明专利授权（CN200710035779.0）。该方法适应的加工原料包括三角蚌、褶纹冠蚌、无齿蚌或丽蚌的肉和边角料，原料经绞碎、酶解、过滤、离心分离、冻干，先后制成蚌肉提取物、蚌肉蛋白粉和蚌肉多肽粉。该方法仅采用生物酶技术进行提取，不添加任何有机溶剂，因此所制备的蚌肉提取物、蚌肉蛋白粉和蚌肉多肽粉保持了原料的天然特性。该方法所制备的产品，对预防肿瘤发生、改善身体状况有益，对环境无污染，有利于蚌肉资源高值化利用，增加蚌农收入。

超声辅助酶法制备野生河蚌肉蛋白源抗氧化肽的方法，属于生物技术领域，主要将鲜活野生河蚌剥壳取肉，河蚌肉绞碎匀浆，添加中性蛋白酶，在底物蛋白浓度 6%、pH 6.0、超声功率 150W、40℃条件下超声处理 30min，然后将反应体系在 50℃、pH 6.0 的条件下继续酶解 3h，灭酶，离心，酶解液经过超滤进行纯化并通过冷冻干燥制备抗氧化肽。以上述工艺制得的抗氧化肽呈淡黄色，略带腥味，具有较高的抗氧化活性，1mg/mL 的反应体系还原力为 0.263，DPPH 自由基清除率为 80.4%，是优质的抗氧化剂。

以酶解河蚌多肽为原料，对其中的降血压肽进行初步分离及性质研究，采用凝胶 Sephadex G-50 对酶解河蚌多肽进行分离纯化，得到 2 个组分 MPP1 和 MPP2，其分子质量分别为 14 125Da 和 1271Da，用高效液相色谱（HPLC）测定血管紧张素转化酶（ACE）抑制率，其半抑制浓度（IC_{50}）分别为 0.88mg/mL 和 0.32mg/mL。其中，组分 MPP2 具有明显的降血压作用，对氨基酸组成的分析表明，MPP2 中谷氨酸（Glu）含量最高，即 14.04g/100g；疏水性氨基酸含量高达 29.76g/100g，与其较高的降血压活性密切相关。

利用胃蛋白酶水解河蚌肉可以得到具有较高 ACE 抑制率的水解物。采用四因素二次通用旋转设计对胃蛋白酶水解河蚌肉的水解条件进行优化，研究了酶与底物的质量比（E∶S）、温度、pH 和时间对水解产物 ACE 抑制率的影响，胃蛋白酶的最优水解条件为 E∶S 6%，水解体系温度 34℃，pH 为 3，水解时间为 7h。

4.3　淡水鱼内脏综合利用技术

鱼油中富含高度不饱和脂肪酸，其中二十碳五烯酸（EPA）和二十二碳六烯酸（DHA）具有较高医药价值，对缺油症、心血管病、炎症、癌症等疾病有一定疗效，还具有增强人体免疫力、健脑益智、保护视网膜等功效。我国淡水鱼资源丰富，但由于加工业发展滞后，鱼内脏作为主要的加工副产品被大量丢弃。然而研究发现，淡水鱼内脏中富含油脂，且其成分与深海鱼油的某些有效成分相同，甚至比深海鱼油更易被人体吸收。例如，鲢鱼、草鱼、鳙鱼、鳊鱼的内脏富含油脂类化合物，且其含量显著高于腹肌和背肌等部位，尤其是鲢鱼内脏中油脂含量达 141.7g/kg。已有较多学者围绕淡水鱼油制剂的生理活性功能进行了动物模型研究或临床观测，结果表明淡水鱼油的摄入有利于高脂血症和冠心病的防治。因此，进行淡水鱼油的开发一方面能有效解决鱼副产品的资源浪费问题，另一方面还能为人类提供丰富的营养资源。随着淡水鱼油提取工艺研究的深入，其技术更趋完善，提取工艺也多种多样。

4.3.1　淡水鱼内脏油脂提取技术

淡水鱼油的原料主要为鱼类加工废弃物，来源广泛，且符合绿色发展理念，具有较广阔的应用前景。目前，我国淡水鱼油提取工艺多是采用稀碱水解法的改进方法：钾法。超临界流体萃取技术和水酶解法提取鱼油工艺的提油率较高，能最大程度地减小对鱼油功能成分的破坏，保护油脂的有效成分，提高油脂的质量和产量，是具有极大发展潜能的高新提取分离方法，但目前这 2 种方法还难以实现规模化、工业化利用，一是因为测定试验数据困难、工艺过程设计复杂；二是因为生产设备成本高、效益低。酶水解法提取鱼油工艺的最新研究中大多利用微波辅助、超声波辅助法等方法进行工艺优化。有机溶剂萃取法提取鱼油工艺的设备繁杂，且存在有机溶剂残留的问题，影响环境。蒸煮法提取鱼油工艺所需资金成本较高，而且不能将与蛋白质结合的脂肪完全分离开来，导致提取的鱼油产量相对较低，不适合工业化大规模生产。当前，优化提取方法、改进提取条件、提升鱼油提取率及品质是国内各学者研究淡水鱼油提取工艺的热点。今后如何降低成本，进一步扩大规模进行工业化生产，将资源和产业化进一步结合，实现资源的可持续发展，避免环境污染，仍然是淡水鱼油提取工艺的重点和难点。

（1）稀碱水解法

稀碱水解法是利用低浓度碱液将鱼肝蛋白质组织分解，破坏蛋白质和甘油的结合关系，从而更加充分地分离鱼油。与其他淡水鱼油提取工艺相比，该方法成本较低，所得鱼油产品物美价廉。传统的稀碱水解法是先离心、后盐析，但这种做法的提取时间较长，有研究人员对传统的稀碱水解法进行了改进，先盐析、后离心，提取时间缩短至原来的 1/3，同时鱼油的提取率和质量品质也有所提高。水解时间、盐析时间、盐用量这 3 个因素是影响稀碱水解法粗鱼油提取率的主要因素。但总体发现使用稀碱水解法提取的鱼油不容易被氧化，鱼油极易被皂化。有研究表明，采用传统稀碱水解工艺提取鱼油，废水中残留了较多的钠盐，这些新的废弃物会对环境造成影响。针对这一问题，一些学者改进了传统稀碱水解法，提出了钾法和氨法。以绿色无污染肥料的钾盐为原料，或采用氨水和铵盐替代传统稀碱水解法中的氢氧化钠，最后产生的废弃物可作肥料循环使用。同时，钾法和氨法提取工艺具有鱼油提取率稳定、制品质量良好的优点，还可以对废弃物进行综合利用，解决了环境污染问题，对资源和环境的可持续发展具有重要意义。

（2）酶水解法

酶水解法是利用蛋白酶从蛋白质中分离油脂的一种新方法，因具备反应条件温和、能耗低、特异性强、蛋白质不变性等特点，在很大程度上提高了出油率，有效避免了环境污染问题。有研究发现，利用胰蛋白酶提取鱼油的效果最好、提取率最高，中性蛋白酶提取效果其次，碱性蛋白酶效果最差。另有研究人员对酶解法提取鱼油工艺进行了优化，认为酶解法提取鱼油的最佳工艺条件为：酶解温度 50～55℃、酶解 pH 中性、酶添加量 2%左右、酶解时间 3～4h，鱼油的提取率可达到 70%～85%。研究还表明，采用酶水解法提取鱼油可获得大量酶解液，进一步加以利用，避免资源浪费和环境污染。

（3）蒸煮法

蒸煮法是利用油脂与水互不相容的原理，在加热蒸煮过程中使动物脂肪细胞破裂、油脂析出，并以水作为溶剂，从而达到分离油脂的目的。研究人员以甲鱼为材料，研究了蒸煮法提取鱼油的工艺，发现该方法操作简单，对所需设备条件不苛刻，但油脂的提取率和品质不高，其主要原因是蒸煮法属于物理方法，在蒸煮过程中易产生大量杂质，如胶质、色素等，降低出油率。此外，长时间高温加热会导致油脂中部分多不饱和脂肪酸链裂解而降低其营养价值，产生游离脂肪酸等。通过蒸煮然后压制得到的鱼油可产生相当数量的二十碳五烯酸、二十二碳六烯酸和多不饱和脂肪酸。研究发现，蒸煮后再压制有利于提高鱼油质量，这可通过过氧化值、TBARS 值等指标来证明。蒸煮法在深海鱼油的提取工艺中应用广泛，但在淡水鱼油提取工艺中报道较少。

（4）溶剂萃取法

溶剂萃取法是基于油脂在两液相中的浓度差，推动油脂分子从高浓度扩散到低浓度溶液中。已开发用于脂质提取的溶剂系统包括氯仿-甲醇、正己烷-异丙醇和二氯甲烷-甲醇，但存在提取方法费力、提取精度不高、需要大量溶剂等缺点。有机溶剂萃取法是鱼油分离的传统常见方法，影响有机溶剂萃取效果的因素主要有溶剂的种类及性质和萃取的工艺条件（包括时间、温度、萃取方式等）。研究显示，乙醚作溶剂时油脂提取率较高。但溶剂法提取鱼油不能分离提取与蛋白质相结合的脂肪，因此提取率相对较低，同时提取过程中还会出现乙醚的挥发，造成经济损失和一定程度的环境污染。

（5）超临界流体萃取

超临界流体萃取（SFE）是一项发展很快的化工分离技术。近年来，利用超临界流体萃取技术获取油脂的研究报道较多。超临界流体萃取技术的原理是利用超临界流体对脂肪酸、植物碱、醚类、酮类、甘油酯等的特殊溶解作用，有选择性地把极性大小、沸点高低和分子量大小不同的各种成分依次萃取出来。研究人员利用超临界 CO_2 作为萃取溶剂的优势，提出了一种耦合萃取-分馏工艺，作为去除游离脂肪酸和改善鱼油质量的一种方法，可替代物理和化学精制程序。影响油脂萃取的各因素中萃取压力对油脂萃取率的影响最大，而萃取时间的影响最小。现在业界普遍认为，超临界流体萃取技术的提取率高、选择性好、无溶剂残留，而且还能有效萃取热敏性、易氧化、易挥发性物质。与传统的溶剂萃取法相比，运用超临界流体萃取工艺提取的油状物透明、质量好、无杂质。

4.3.2 淡水鱼内脏油脂提取工艺研究

作者团队以鱼油开发为思路，研究了淡水鱼内脏的综合利用技术。通过比较研究，确定水酶法为淡水鱼内脏油脂的最适宜提取方法；在探究了不同工艺参数对水酶法提取淡水鱼内脏油脂效果的基础上，基于正交试验优化了草鱼内脏油脂的水酶法提取工艺，为生产实际提供了技术依据。

（1）5 种淡水鱼油提取方法的比较研究

以草鱼内脏为材料，对比了 5 种油脂提取方法的效果，结果如表 4-1 所示。结果表明，水酶法提取的鱼油提取率最高、品质最好，能最大程度地减小对鱼油功能成分的破坏，保护油脂的有效成分，提高油脂的质量和产量，是具有极大发展潜能的高新提取分离方法。而利用蒸煮法提取的鱼油提取率最低、品质较差。

表 4-1　不同方法提取草鱼内脏油脂的效果比较

提取方法	提取得率（%）	感官评分	碘值（g/100g）	酸价(mg/g)	过氧化值(meq/kg)
稀碱法	22.42	22.0	172	12.1	6.2
水酶法	24.53	22.0	150	7.4	6.7
溶剂法	20.03	19.5	126	4.7	7.1
蒸煮法	13.59	16.0	124	23.1	6.1
低温法	24.00	12.5	188	12.6	6.6

（2）提取条件对水酶法提取淡水鱼内脏油脂效果的影响研究

以草鱼内脏为材料，通过单因素试验，研究酶解过程中的 pH、酶解持续时间、酶解温度及酶添加量等因素对鱼油提取得率的影响，结果如图 4-2 所示。

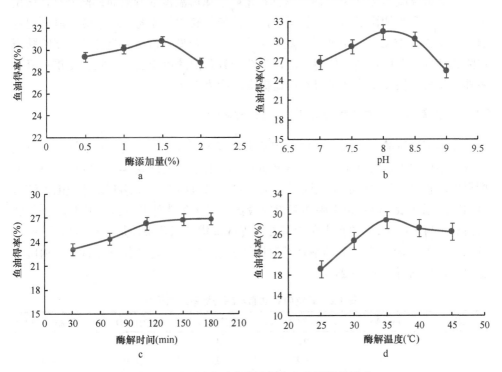

a

b

c

d

图 4-2　不同因素对水酶法提取鱼油效果的影响

鱼油得率会因为酶添加量的增加先缓慢提高后逐渐降低。在酶添加量为 1.5% 时，鱼油得率达到最大值。其原因有可能是添加酶量不足 1.5% 时，底物与酶未能达到饱和状态,故随着酶添加量的增多得率进一步升高;当酶添加量达到 1.5% 时,底物就已经达到了饱和,继续增大酶添加量对促进水解效果不佳,甚至可导致部分酶丧失活性,失去催化功能。综合考虑工厂经济效益问题加之酶添加量对鱼油得率影响不显著($P>0.05$),后续正交试验以酶添加量 0.5% 作为试验依据。

随着 pH 的提高鱼油得率先上升后降低,在 pH 7.0~8.0,鱼油得率随着 pH 的升高而升高;在 pH 8.0~9.0,鱼油得率随着 pH 的升高而降低;在 pH 为 8.0 时,鱼油得率达到最高(31.40%)。pH 可能会直接影响酶的活性,过酸或者过碱均可能导致酶蛋白发生变性而丧失活力,从而对鱼油得率产生不利影响。

随着酶解时间的延长,鱼油得率逐渐提高,在 180min 时达到最高。差异显著性分析表明,酶解时间对于鱼油得率的影响极显著($P<0.01$),可能是因为随着时间的增长,底物得到充分水解。当时间达到 150min 时,底物与酶已得到较为充分的水解,增长速率变缓。但是由于酶解时间太久,提取的成本太高及鱼油容易发生氧化而导致损失,所以选择较短的时间,更有利于工厂提高经济效益。

当酶解温度为 25~35℃ 时,鱼油得率随着酶解温度的升高而逐渐升高,这是由于温度的升高加快了高分子热运动,促使酶与底物更加充分地接触,进而促进酶解;在 35~45℃ 时,鱼油得率随着温度升高而降低,这是因为温度会影响胰蛋白酶的活性,温度过高会使酶失活,且会导致鱼油的色泽加深,腥味变重,降低鱼油的品质。根据试验结果得到最适提取温度为 35℃。

(3)淡水鱼内脏油脂水酶法提取工艺优化研究

在单因素试验的基础上,作者团队进一步采用 $L_9(3^4)$ 正交试验设计,对草鱼内脏油脂提取工艺进行了优化,结果如表 4-2 所示。根据表 4-2 中的极差可以分析得出,影响草鱼内脏的主次因子分别为 C>A>D>B,即酶解温度>pH>酶解时间>酶添加量。淡水鱼内脏油脂提取最优化工艺条件是采用 $A_2B_3C_2D_2$,采用胰蛋白酶、料水比 1:1 的淡水鱼内脏油脂提取最优化工艺条件是:pH 8.0,酶添加量 0.6%,酶解温度 37℃,酶解持续时间 35min。在此工艺条件下进行草鱼内脏油脂提取,鱼油得率为 35.27%。

表 4-2 草鱼内脏油脂水酶法提取工艺优化

试验号	pH(A)	酶添加量(B)(%)	酶解温度(C)(℃)	酶解时间(D)(min)	鱼油得率(%)
1	7.5	0.2	33	20	26.74
2	7.5	0.4	37	35	31.13
3	7.5	0.6	41	50	28.08
4	8.0	0.2	37	50	33.72
5	8.0	0.4	41	20	27.89
6	8.0	0.6	33	35	34.80

续表

试验号	pH（A）	酶添加量(B)(%)	酶解温度（C）(℃)	酶解时间(D)(min)	鱼油得率（%）
7	8.5	0.2	41	35	26.35
8	8.5	0.4	33	50	29.37
9	8.5	0.6	37	20	30.51
K_1	85.95	86.81	90.91	85.14	
K_2	96.41	88.39	95.36	92.28	
K_3	86.23	93.39	82.32	91.17	
k_1	28.65	28.94	30.30	28.38	
k_2	31.47	29.46	31.79	30.76	
k_3	28.74	31.13	27.44	30.39	
极差 R	2.82	2.19	4.35	2.38	

4.3.3　淡水鱼内脏油脂脂肪酸组成及抗氧化技术研究

随着生活水平的提高，中国居民对食品营养与安全的要求迅速提高，而脂肪酸的均衡摄入对人体的健康十分重要。当前我国居民主要食用菜籽油等植物油和猪油等动物油，这些油脂的共同特点是 n-6/n-3 脂肪酸比例系数较高，易引发各种疾病。寻找富含多不饱和脂肪酸的油脂来源，改善饮食中各种脂肪酸的平衡，特别是增加摄入 n-3 脂肪酸的比例，是预防心血管疾病的重要措施。研究发现，增加鱼油的摄入量能够提高冠心病患者的存活率。相关数据显示，鱼油富含多不饱和脂肪酸，且 n-6/n-3 脂肪酸比例较低，部分鱼油作为鱼油制剂供应市场。我国淡水鱼资源丰富，淡水鱼内脏脂肪中多不饱和脂肪酸含量较高，特别是 n-3 系列的脂肪酸，现在还未引起人们的关注，鱼类内脏大多被丢弃或处理，造成了巨大的浪费。作者团队在建立淡水鱼内脏油脂的水酶法提取技术基础上，进一步对鲢鱼、鳙鱼、鳜鱼、鳊鱼、草鱼 5 种主要淡水鱼内脏脂肪的脂肪酸组成进行了分析，同时探讨建立了淡水鱼内脏油脂的抗氧化措施，以其为淡水鱼内脏鱼油的开发和脂肪酸的平衡利用提供科学依据。

（1）淡水鱼内脏油脂脂肪酸组成研究

采用 GC-MS 对 5 种淡水鱼内脏油脂的脂肪酸组成进行了分析，结果如表 4-3 所示。摄入过多的饱和脂肪酸，可能会导致血清胆固醇升高，从而增加罹患冠心病的风险。鳙鱼内脏中所占的饱和脂肪酸最多，达到 39.61%，鲢鱼、鳜鱼、鳊鱼和草鱼分别占 33.95%、31.67%、27.42% 和 27.16%。单不饱和脂肪酸具有降胆固醇和调节血脂的作用。结果表明鳊鱼内脏中的单不饱和脂肪酸占比最高，达61.00%，草鱼、鳙鱼、鲢鱼和鳜鱼分别占 49.51%、46.94%、43.43%和 43.31%。

多不饱和脂肪酸是评价食用油营养水平的重要依据。其中鳜鱼内脏油脂中多不饱和脂肪酸占比最高,达 25.02%,而财鱼、草鱼和鲢鱼内脏油脂中多不饱和脂肪酸占比分别为 22.62%、15.48% 和 13.45%,鳊鱼组占比最低,为 11.58%。

表4-3 5种淡水鱼内脏油脂脂肪酸组成分析

脂肪酸	财鱼	鲢鱼	鳜鱼	鳊鱼	草鱼
SFA(%)	33.95±1.57	39.61±1.02	31.67±0.59	27.42±1.15	27.16±3.01
MUFA(%)	43.43±3.65	46.94±3.40	43.31±1.59	61.00±4.47	49.51±14.87
PUFA(%)	22.62±1.71	13.45±0.72	25.02±2.34	11.58±1.33	15.48±2.21
EPA(%)	1.93±0.37	ND	2.76±0.10	ND	1.88±0.17
DHA(%)	5.68±0.28	ND	9.11±0.28	0.91±0.07	2.37±0.22
n-6(%)	8.15±0.79	6.55±0.40	9.70±1.85	6.53±0.50	6.01±0.57
n-3(%)	14.47±0.91	6.90±0.31	15.32±0.49	5.05±0.84	9.47±1.64
n-6/n-3	0.56	0.95	0.63	1.29	0.64

多不饱和脂肪酸通常分为 n-3 和 n-6,鳜鱼内脏油脂中的 n-3 不饱和脂肪酸占比最高,为 15.32%,其次为财鱼、草鱼和鲢鱼,占比分别为 14.47%、9.47% 和 6.90%,而鳊鱼中 n-3 不饱和脂肪酸占 5.05%。鳜鱼内脏油脂中的 n-6 不饱和脂肪酸占比最高,占比为 9.70%,其次为财鱼、鲢鱼和鳊鱼,占比分别为 8.15%、6.55% 和 6.53%,最后为草鱼,占比为 6.01%。研究表明,DHA 和 EPA 能够改善代谢障碍,抑制脂肪生成。EPA 具有清理血管中的胆固醇和甘油三酯的功效,DHA 对大脑神经细胞和视网膜的发育十分重要。其中鲢鱼内脏油脂中并未检测出 EPA 和 DHA;鳊鱼内脏油脂中也并未检测出 EPA。而鳜鱼内脏油脂中的 DHA 含量最高,为 9.11%,财鱼内脏油脂中的 DHA 含量为 5.68%,EPA 含量为 1.93%,草鱼内脏油脂中的 DHA 含量为 2.37%,EPA 含量为 1.88%。

(2)淡水鱼内脏油脂抗氧化技术研究

通过顶空固相微萃取以及色谱质谱联用技术,研究分别添加了 0.02% 叔丁基对苯二酚(tert-butylhydroquinone,TBHQ)、0.04% 茶多酚、0.03% 迷迭香,以及未添加抗氧化剂的草鱼内脏油脂在加速氧化条件下(60℃)的挥发性成分变化规律,以期为淡水鱼油的抗氧化贮藏提供技术依据。

醛类物质主要产生于脂肪降解。由图4-3可知,4组鱼油中醛类物质含量在0~8 天总含量均呈上升状态,第 8 天均上升至最高值,随后下降。其中迷迭香组与茶多酚组醛类物质前 8 天的含量相近,且均低于空白组(CK);空白组在第 8 天时醛类物质含量高达 45.86%;第 12 天茶多酚组鱼油醛类物质含量相比其他组下降迅速,降到 35.71%;迷迭香组与空白组基本相同且高于茶多酚组。前 8 天 TBHQ 组鱼油醛类物质含量上升平缓,远低于其他三组。

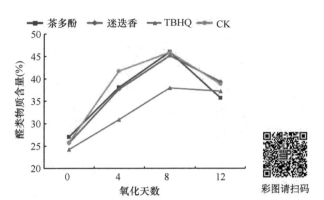

图 4-3 氧化过程中鱼油中醛类物质含量的变化百分比

　　酮类物质则是由氨基酸、脂肪氧化降解以及微生物产生的。由图 4-4 可知，鱼油中的酮类物质在氧化过程中整体呈上升的趋势，茶多酚组、迷迭香组、空白组中的酮类物质含量从低于 3.00%上升至约 13.00%，第 4 天茶多酚组酮类物质含量远超其他三组；第 4 天至第 8 天，空白组酮类物质含量超越茶多酚组升至 11.90%；第 12 天含量最高组为迷迭香组，其含量为 12.57%，与最低组相差了 6.90%。TBHQ 组鱼油酮类物质含量上升平缓且明显低于其他组别。

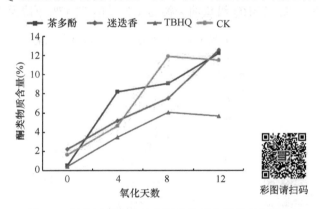

图 4-4 氧化过程中鱼油中酮类物质含量的变化百分比

　　醇类物质主要由脂肪氧化、醛的还原作用、碳水化合物和氨基酸的代谢产生。4 组鱼油醇类物质含量从氧化开始到氧化结束，上升速度缓慢，呈上下波动状（图 4-5），其中茶多酚组醇类物质含量从 8.77%上升至 13.30%，共增加了 4.53%。迷迭香组醇类物质含量由 4.42%上升至 10.76%，增加了 6.34%。TBHQ 和空白对照组分别增加了 2.91%和 5.31%。TBHQ 组鱼油醇类物质含量低于其他组，且增加量少，故抗氧化效果最好。

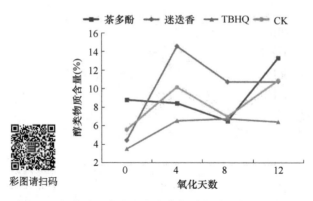

彩图请扫码

图 4-5　氧化过程中鱼油中醇类物质含量的变化百分比

　　烃类物质来源比较复杂，主要源自脂质降解以及脂肪酸烷基自由基氧化。由图 4-6 可知，鱼油氧化过程中，烃类物质越来越少，可能是因为在某种条件下，烃类物质转化为了醛类或酮类物质。4 组鱼油烃类物质含量减少程度、减少量基本一致，均为下降趋势。第 0 至第 4 天减少速度快，第 4 天直到氧化过程结束烃类物质含量变化趋于平缓。空白组烃类物质含量由 61.90%下降至 24.15%；茶多酚组鱼油烃类物质含量由 55.29%下降至 14.70%；迷迭香组鱼油烃类物质含量由 52.40%下降至 9.93%；TBHQ 组鱼油烃类物质含量由 52.47%下降至 11.31%。

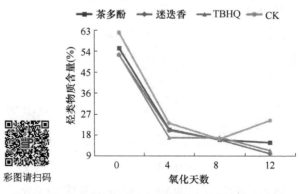

彩图请扫码

图 4-6　氧化过程中鱼油中烃类物质含量的变化百分比

　　由图 4-7 可知，4 组鱼油在第 0 天至第 4 天其他类物质含量上升迅速。但 TBHQ 组鱼油其他类物质含量在第 8 天下降至 10.82%，随后又上升至 16.51%，空白组在第 8 天后其他类物质含量整体呈下降趋势。迷迭香组和茶多酚组其他类物质含量在第 4 天后均为先降后升趋势。

　　综合上述结果可知，草鱼内脏油脂氧化过程中，醛酮类物质增加，醇类物质小幅增加，烃类物质大幅减少，其他类物质含量增加，这说明油脂氧化过程中，

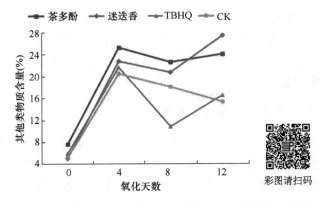

图 4-7　氧化过程中鱼油中其他类物质含量的变化百分比

会产生大量醛、酮类物质，这些物质不仅影响鱼油产品整体价值，还会产生不良风味。TBHQ 组鱼油产生的醛类、酮类、醇类物质含量最少，鱼油氧化程度不高，抗氧化效果最明显。

4.4　其他淡水产品加工副产物综合利用技术

前文中已涉及淡水鱼鱼鳞、淡水鱼内脏、淡水小龙虾虾壳等副产物的综合利用技术，然而在淡水产品加工过程中还存在较多的其他类型副产物，如淡水小龙虾加工过程中的水煮液、淡水小龙虾肝胰腺等。作者团队针对这些副产物的综合利用也开展了相关研究。

4.4.1　小龙虾水煮液综合利用

小龙虾是一种淡水经济虾类，因滋味鲜美广受消费者喜爱。其水煮液是加工过程中的副产物，具有浓郁的小龙虾鲜香味及丰富的营养成分，直接排放不仅造成资源浪费，还污染环境。为此，对小龙虾水煮液的一般营养成分、矿质元素、脂肪酸、氨基酸组成及挥发性、非挥发性风味成分等进行测定分析，以期为其资源化利用提供理论依据。

（1）小龙虾加工水煮液中挥发性风味成分萃取条件优化

通过顶空固相微萃取-气质联用（HS-SPME-GC-MS）结合正交试验优化小龙虾加工副产物水煮液中挥发性风味物质的萃取条件。结果表明，采用 50/30μm DVB/CAR/PDMS 萃取头老化后，不需要平衡，最优萃取工艺条件为 NaCl 添加量 30%、萃取时间 40min、萃取温度 75℃，此条件下小龙虾加工水煮液中挥发性风味物质共检出 34 种，其中醛类和芳香族化合物的相对含量较高，其次为醇类和杂环化合物，烷烃类和酯类化合物相对含量较少。采用顶空固相微萃取（HS-SPME）技术萃取小龙虾加工水煮液中挥发性风味成分的方法简便快捷，但在相同检测方法下分析出的挥发性风味成分相对较少，可以结合 SDE 法萃取小龙虾加工水煮液中的挥发性风味物质。

（2）小龙虾加工水煮液中营养成分与风味物质分析

以小龙虾加工过程中的废弃水煮液为研究对象，分别对其一般营养成分、矿质元素、脂肪酸、氨基酸组成及挥发性、非挥发性风味成分等进行测定分析。结果表明（图 4-8，表 4-4），小龙虾在蒸煮工艺过程中产生的废弃水煮液中固形物含量约为（0.98±0.17）%。其冻干粉中，粗脂肪[（4.42±0.29）%]含量少，灰分[（23.42±1.68）%]、粗蛋白[（47.33±0.06）%]及总糖[（19.76±0.27）%]含量较多；在测定的 7 种矿质元素中，钾含量最高（40 500mg/kg），含有少量硒元素，约1.82mg/kg。饱和脂肪酸和不饱和脂肪酸含量分别占脂肪酸总量的（26.86±1.99）%和（73.14±1.99）%；总氨基酸中必需氨基酸占 70%；非挥发性风味物质中，有（9.53±0.69）%的鲜味氨基酸和（26.29±0.81）%的甜味氨基酸；利用同时蒸馏萃取法萃取得到挥发性风味成分 73 种，最多的是烷烃类（28 种），其次为酯类（12种）、醛类（9 种）、芳香族（6 种）、醇类（5 种）、酸类（4 种）及其他杂环化合物（9 种）。小龙虾加工过程中的废弃水煮液营养与风味成分丰富，对其进行精深加工，有助于副产物的高值化利用。

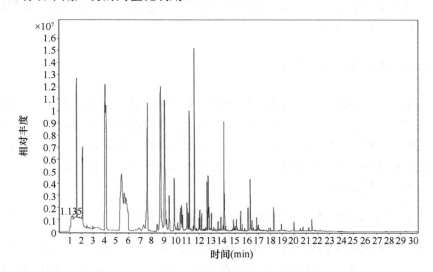

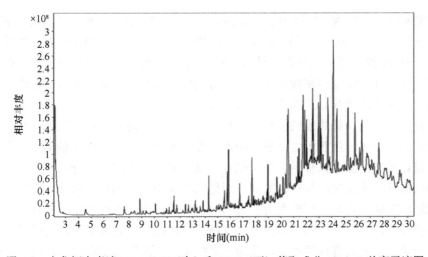

图 4-8　小龙虾水煮液 HS-SPME（上）和 SDE（下）萃取成分 GC-MS 总离子流图

表 4-4　小龙虾加工水煮液中挥发性风味成分

序号	挥发性风味成分	种类数		相对含量（%）	
		SDE	HS-SPME	SDE	HS-SPME
1	烷烃类（31）	28	5	47.77	3.34
2	酯类（13）	12	1	43.40	0.26
3	醛类（13）	9	7	8.94	19.95
4	芳香族（9）	6	4	7.31	21.72
5	醇类（6）	5	2	7.28	2.52
6	酸类（4）	4	0	14.09	ND
7	杂环化合物（9）	9	0	14.09	ND
8	其他化合物（3）	0	3	ND	1.24
	合计（88）	73	22	142.88	49.03

4.4.2　小龙虾肝胰腺综合利用

为促进小龙虾副产物加工产业发展，提高小龙虾利用率及经济价值，为后续相关研究奠定基础。本研究以小龙虾肝胰腺为分析对象，分别测定分析了其中脂肪酸、氨基酸等的营养性，游离氨基酸、呈味核苷酸等风味的享受性以及重金属含量的安全性。结果表明其水分含量高[（79.58±4.05）%]，灰分含量为（0.38±0.20）%，粗脂肪含量为（5.39±0.03）%，粗蛋白含量为（7.85±0.15）%，总糖含量为（1.52±0.15）%；小龙虾肝胰腺干基中，约有 30%饱和脂肪酸和 70%不饱和脂肪酸，总氨基酸含量为（373.67±14.12）mg/g，其中必需氨基酸约占 25%。风味成分中，游离氨基酸含量约为（2.34±0.18）mg/g，其中有 45%的甜、鲜味氨基酸；呈味核苷酸总量达（272.98±12.56）mg/100g，鲜味强度为 3.7456g MSG/100g；挥发性风味物质有 38 种，其中酯类含量最高（9.580μg/g）。此外，小龙虾肝胰腺中的重金属含量低于食品安全国家标准。小龙虾肝胰腺营养与风味成分丰富，可作为一种天然、安全且富含营养的副产物进行开发利用。

分别对小龙虾肝胰腺的安全性、营养性、享受性进行分析后发现，小龙虾肝胰腺中的重金属含量低于食品安全国家标准；蛋白质、脂肪酸含量丰富，含有人体必需氨基酸；游离氨基酸、呈味核苷酸以及酯类、醛类化合物共同作用，使肝胰腺以甜鲜滋味为主，与虾肉共同食用可以享受小龙虾的鲜美滋味。因此，作为小龙虾加工副产物的肝胰腺具有较大的回收利用价值，可以利用小龙虾肝胰腺的营养和呈味特点，加以利用和开发小龙虾调味产品或风味添加剂，对促进小龙虾加工产业的发展具有积极意义。我国小龙虾无论在国际还是在国内市场均有旺盛的需求，小龙虾精深加工产品有一定经济开发价值，以肝胰腺作为原料的精深加工产业发展前景十分广阔。充分利用小龙虾副产物的潜能，是未来小龙虾及其副产物精深加工产业发展的方向。

主要参考文献

白洋, 高晓东, 罗光炯, 等. 2010. 罗非鱼下脚料提取鱼油工艺及市场讨论[J]. 广西轻工业, 26(9): 1-2.

陈友地, 何友仁, 李秀玲, 等. 1991. 沙棘油提取方法的研究[J]. 林产化学与工业, 11(4): 309-318.

杜欣, 汪兰. 2011. 3 款鲟鱼食品加工工艺[J]. 农村新技术(加工版), (4): 55-56.

郭静, 曾柏全, 刘艳, 等. 2010. 酶解法制备冰糖脐橙全果汁饮料的研究[J]. 中南林业科技大学学报, 30(9): 202-204.

洪鹏志, 杨萍, 章超桦, 等. 2007. 酶解罗非鱼下脚料制备的超微罗非鱼骨粉营养价值分析[J]. 食品与机械, 23(3): 125-126, 131.

黄俊明, 罗建波. 1993. 油脂的热化学变化及其产物的毒性与检测[J]. 中国公共卫生, (4): 166-168.

黄志斌. 1996. 水产品综合利用工艺学[M]. 北京: 中国农业出版社.

贾小辉. 2007. 超临界 CO₂ 流体萃取红花籽油的研究[D]. 西北农林科技大学硕士学位论文.

李昌文. 2008. 超临界萃取技术在粮油工业中的应用[J]. 粮油加工, (7): 82-84.

刘春娥, 刘峰, 许乐乐. 2009. 鱼油提取方法研究进展[J]. 水产科技, (3): 7-10.

罗蔓莉, 李学英, 王大忠, 等. 2013. 油脂提取技术研究现状[J]. 现代农业科技, (23): 297-299.

乔庆林, 李集诚. 1991. 鱼油研究的进展[J]. 海洋渔业, 13(3): 137-140.

邵娜. 2012. 草鱼内脏鱼油提取工艺优化及品质测定[D]. 吉林农业大学硕士学位论文.

宋恭帅, 张蒙娜, 俞喜娜, 等. 2019. 5 种提取方法对甲鱼油品质的影响[J]. 核农学报, 33(9): 1789-1799.

唐峰, 吴代武, 叶元土, 等. 2019. 青占鱼蛋白水制备酶解鱼溶浆最佳工艺条件的研究[J]. 饲料工业, 40(12): 31-34.

王芳, 熊善柏, 张娟, 等. 2009. 提取方法对淡水鱼油提取率及品质的影响[J]. 渔业现代化, 36(5): 54-59.

王乔隆, 邓放明, 唐春江, 等. 2008. 鱼油提取及精炼工艺研究进展[J]. 粮食与食品工业, 15(3): 10-12.

王文婷, 苏博, 杜丹丹, 等. 2019. 酶解法提取鲫鱼下脚料中鱼油的工艺研究[J]. 兰州文理学院学报(自然科学版), 33(3): 48-52.

吴燕燕, 李来好, 李刘冬, 等. 2003. 罗非鱼油的制取工艺及其氧化防止方法[J]. 无锡轻工大学学报, 22(1): 86-89.

徐广新. 2015. 松籽油提取、成分分析及其抗氧化活性[D]. 扬州大学硕士学位论文.

薛淑静, 熊光权, 关健, 等. 2008. 酶解法在鲢鱼内脏鱼油提取中的应用[J]. 湖北农业科学, 47(11): 1320-1322.

杨官娥, 杨琦, 赵建滨, 等. 2001. 钾法提取鱼油工艺的研究[J]. 山西医科大学学报, 32(1): 31-32.

杨官娥, 杨琦, 赵建滨, 等. 2002. 氨法提取鱼油工艺的研究[J]. 中国海洋药物, 21(3): 25-27.

杨琦, 赵建滨, 刘志贞, 等. 2000. 传统淡碱水解法提取鱼油工艺的改进研究[J]. 山西医科大学学报, 31(6): 560-561.

袁美兰, 温辉梁, 傅升. 2004. 超临界流体萃取在油脂工业中的应用现状[J]. 粮油食品科技, 12(1): 36-38.

张金哲, 高倩倩. 2017. 鲤鱼内脏鱼油提取工艺的优化[J]. 肉类工业, (9): 31-35.

张郁松. 2006. 超临界 CO_2 萃取大蒜油的工艺研究[J]. 粮油加工, (10): 48-50.

Chakraborty K, Joseph D. 2015. Cooking and pressing is an effective and eco-friendly technique for obtaining high quality oil from *Sardinella longiceps*[J]. European Journal of Lipid Science and Technology, 117(6): 837-850.

Endo J, Arita M. 2016. Cardioprotective mechanism of omega-3 polyunsaturated fatty acids[J]. Journal of Cardiology, 67(1): 22-27.

Lee C M, Trevino B, Chaiyawat M A. 1995. A simple and rapid solvent extraction method for determining total lipids in fish tissue[J]. Journal of AOAC International, 79(2): 487-492.

Mercer P, Armenta R E. 2011. Developments in oil extraction from microalgae[J]. European Journal of Lipid Science and Technology, 113(5): 539-547.

Rubio-Rodríguez N, de Diego S M, Beltrán S, et al. 2012. Supercritical fluid extraction of fish oil from fish by-products: a comparison with other extraction methods[J]. Journal of Food Engineering, 109(2): 238-248.

Wu Q, Wang C, Liu J. 2017. Extraction of cornus wateri oil by supercritical carbon dioxide and GC-MS analysis[J]. Journal of the Chinese Cereals and Oils Association, 32: 135-140.

第5章　淡水产品加工设备设施改良与创新

针对淡水产品加工设备落后、自动化程度低等现状，以小龙虾、淡水鱼为重点研究对象，系统地开展了水产加工设备创新。针对水产品运输环节进行设备创新，确保了水产品在运输过程中的品质，为水产加工制品的质量控制提供了基础。针对水产品加工预处理环节进行设备创新，提升了水产品预处理效率，尤其解决了鱼鳞等水产品加工副产物的分类回收难题。针对水产品加工环节进行设备创新，提升了加工处理效果，解决了加工过程中品质控制难、稳定性差等难题。针对加工副产物利用环节进行设备创新，解决了水产加工副产物利用难的问题。

5.1　淡水产品运输环节设备创新

淡水产品从养殖基地到加工企业之间的运输过程，对最终加工产品的品质有重大影响。如运输过程中控制不当导致水产品大量死亡，必将使得由此加工出来的产品表现出一系列不良特性。因此，淡水产品运输环节的核心是保活保鲜。

5.1.1　影响淡水产品运输存活率的主要因素

（1）淡水产品种类与体质

不同类群的淡水产品，其生存环境、生理结构特征和代谢方式均不相同，即使同一种类同一品种，其成体与幼体也存在很大的差异，这些因素会显著影响其在运输过程中的存活率。所以在研究淡水产品活运方法和创新运输设备时，必须考虑水产品种类的差异。另外，体质健壮、适应能力强的个体在运输过程中容易存活，为了减少活运途中水产品对氧的消耗和应激反应，运输前常将运输的水产品暂养1～2天，同时还采用逐步降温方式使水产品适应低温环境。

（2）氧气供给量和消耗量

在无水活运形式下，由于空气中氧的含量较水中高30倍左右，氧的供给量不是限制因素，但对以鳃为主要呼吸器官的鱼类来说，此时氧气的交换量远小于水中的交换量，所以鱼类的无水活运较虾、蟹、贝等水产品存活率低。水产品在有水活运情况下，由于空气中氧的含量比水中高许多倍，而其对水中氧气的消耗量又较空气中大，结果水中氧的浓度不断下降。为了提高水产品有水活运的存活率，必须不断向水中供给一定的氧气。供氧的多少与活运水产品的耗氧量有关，活运水产品的耗氧量又与水产品的种类、体重和水温等有关，水产品体重较大、运送水温较高时耗氧量较大。对于大多数鱼类来说，温度每升高 10℃，耗氧量约增加 1 倍，水温每升高 0.5℃，鱼的运输量约减少 5.6%。另外，淡水鱼等水产品处于兴奋时耗氧量较静止状态下增加 3~5 倍，所以生产上常常采用降温、麻醉剂等措施降低活运水产品的兴奋性与代谢强度。供给活运水产品的氧源可采用各种释氧剂（如过氧化氢、过氧化氢与碳酸钠或尿素的结晶物）与纯氧等。用增氧剂供氧具有操作简便等优点，特别适合于空运。在车运或船运时运用增氧剂供氧，则要处理好供氧时间与供氧速度之间的关系。采用纯氧泵供氧效果好，比较适合于汽车或船运供氧，但操作比较复杂。

（3）温度

水温越高，水产品的代谢强度越大，对氧气的需求量越大，同时代谢排出的废物也增多，造成水质污染，使其存活力下降。因此，降温是提高水产品运输存活率的有效措施。水产品运输的合适水体温度范围因水产品种类、水产品生态环境（冷水、暖水性等）和运输季节情况而异。对鱼类来说，夏季冷水性鱼类运输的合适水体温度为 6~8℃，暖水性鱼类为 10~12℃；春秋两季冷水性鱼类运输的合适水体温度为 3~5℃，暖水性鱼类为 5~6℃；冬季 2 种不同生态环境的鱼类运输的合适水体温度均为 1~2℃。

（4）水质环境

运输水产品的水质应当满足悬浮物含量低和 pH 合适等要求。水质悬浮物多，一方面使运输水产品摄氧困难，另一方面有利于微生物生长，易使活运水产品受感染，造成死亡。所以用于活运的水质事先应当进行过滤处理。pH 偏高或偏低都会刺激活运水产品的神经末梢，影响其呼吸速率。淡水鱼的最适 pH 为 6.5~8.5。运输途中水质污染主要是由活运水产品的代谢废物造成的，消除代谢产物是延长活运时间的关键。水产品代谢废物包括其呼吸器官排出的二氧化碳、氨，皮肤排出的黏液、水和无机盐，肾排出的氨、尿酸和尿素，以及肠道排出的各种无机物等。这些污染物不仅会造成其呼吸困难，而且便于微生物的滋生，从而使运输时间和存活率下降。生产上通常采取运输前停喂饵料或暂养和降低运输途中水产品的代谢强度等措施来解决。代谢排出的氨与二氧化碳会引起运输水体的 pH 发生变化。鱼呼吸产生的二氧化碳会使水的 pH 降低，氨的大量排出使 pH 升高，两者都会使鱼受到刺激，对鱼的存活不利。水质中的泡沫与浮渣也是影响存活率的一个因素，特别是在代谢物含量高时影响更大，添加氯化钠可以降低水体中的泡沫量。

（5）水产品应激性

水产品在运输途中，当外界环境条件发生各种变化（如汽车的加速减速、飞机的起飞与降落、水质 pH 变化等）时，会表现出一些应激反应，如活运水产品应激反应强烈，即遇到各种变化时其兴奋性高，会造成供氧不足，使其进行强烈的无氧呼吸，从而导致其体内酸碱失衡，对活运造成巨大的影响。此外，应激性强，水产品之间摩擦会增加。这些因素均会造成存活率下降。

5.1.2 淡水产品保活运输主要方法

提高水产品运输存活率的方法从原理上讲包括两个方面：一是降低活运水产品的代谢强度；二是改善活运水体的水质环境。前者可采用物理化学麻醉法、降低水体和活运水产品的温度以及减少其应激反应等措施完成，后者可采用供氧，以及添加各种缓冲体系、抑菌剂、防泡剂和沸石等措施来实现。

（1）麻醉法

麻醉法包括物理麻醉法与化学麻醉法。化学麻醉法就是采用各种无毒或低毒的镇静药物对活运水产品进行全身麻醉，使其暂时失去痛觉和反射运动，造成活运水产品行动迟缓，代谢强度降低，对氧的消耗量和代谢废物减少，从而达到提高其存活率的方法。采用麻醉法活运水产品的效果与水产品的种类、使用的镇静药物剂量、运输水体的温度和正确的操作方法密切相关。麻醉法运输水产品时，麻醉药物的合适剂量与使用的药物种类、水产品的种类及个体大小有关，生产中应以具体试验为依据进行确定。麻醉方法对于麻醉法的效果也有巨大的影响。生产上一般先采用正常的剂量将鱼类等进行麻醉，然后装入水槽。将等量的淡水加入水槽，使原有的麻醉剂浓度降低 50%。物理麻醉法根据中医上的针灸原理，将银针直接插入鱼的头部使其处于麻醉状态后，然后进行活运。银针的粗度、插入的部位与深度等因素对物理麻醉效果具有重要影响，但发明者对此未作报道。此项技术的发明为低成本远距离活运水产品提供了一条有效的途径。

（2）生态冰温运输法

各种水产生物和其他冷血动物一样，都存在一个区分生死的生态冰温零点，或称临界温度。生态冰温零点与温度计上的 0℃不同，水产品的种类不同、生态环境不同，其临界温度也不同。从生态冰温零点到结冰点的这段温度范围称生态冰温。将生态冰温零点降于接近冰点，是活体长时间保存的关键。处于冰温冬眠的淡水产品，呼吸和新陈代谢强度极低，为无水活运提供了条件。

（3）常规降温运输法

常规降温运输法就是采用缓慢降低运输水体与水产品的温度，降低活运水产品的代谢强度，从而达到在少水或无水状态下进行远距离运输的方法。降温通常采用加冰或冷冻机的方式完成，降温的方法、速率及程度对活运水产品的存活率与运输成本具有巨大的影响。据文献报道，运输水产品与水共存时的降温速率不宜超过 $5℃/h$；降低的程度应视水产品的种类和年龄而定；降低方法有一次降温和多次逐步降温等。

（4）模拟冬眠运输法

冬眠是动物生理对不利的季节环境的一种适应。已有研究证实，在深度冬眠的动物的血清中有一种或多种触发物质，其中一种称阿片样肽，在诱导冬眠上起重要作用。用腹膜内注射或渗透休克方式把这种冬眠诱导物质注入鱼体内，结果表明这些物质对鱼体的呼吸作用与肝肾功能具有重大的影响。其呼吸速率下降，血清中苯丙氨酸转氨酶和尿酸水平短暂升高，而天冬氨酸转氨酶和尿氮水平降低。在上述结果的基础上，Kadokami 在 20 世纪 90 年代构想出一套通过诱导动物冬眠进行水产品活运的方法。它包括了一种把鱼类从养殖水槽转移到冬眠诱导槽的装置，然后将鱼转入一个温度维持在 $0\sim4℃$ 的冬眠保存槽中或送入运输低温容器中的转运盒中，其温度也保持在 $0\sim4℃$。由于鱼类的肾功能降低，其排尿量非常少，不需水循环，可以采用无水或少量水进行鱼类的长距离运输。

5.1.3　淡水产品运输环节设备创新案例

（1）一种活鱼运输车

活鱼运输车运输是当前应用最为广泛的保活运输方法，这种方法运输的密度相对大，运输时间相对长。然而早先的活鱼运输车结构通常是采用大型单体水箱，并配合温控、充氧系统，其无法实现大批量、多品种的装载运输，而且在装运和卸货的过程中，由于大水体粗放型的操作，难免会伤害到鱼体，同时因为要用手抓，因此取鱼不方便。针对上述现有技术存在的不足，作者团队创新设计了一种可大批量装载不同品种鱼类、取鱼方便且对运输鱼体伤害小的活鱼运输车，并获得实用新型专利授权（CN201420563011.6：一种活鱼运输车）。

所设计的活鱼运输车（图 5-1），包括箱体，箱体固定在运输车上，箱体通过若干块纵横交错的隔板划分成若干个运输格，每个运输格中设有若干个漏框，每个运输格内都设有充氧器、排污系统、溶氧量检测仪、氨氮检测仪；其中溶氧量检测仪、氨氮检测仪分别连接控制器的信号输入端，控制器的信号输出端连接充氧器，控制器安装在箱体上；在箱体外侧安装有电子秤，位于箱体前面的运输车上安装有机械臂。

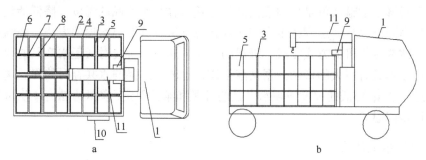

图 5-1 一种活鱼运输车示意图

a. 俯视图；b. 主视图

1. 运输车；2. 箱体；3. 隔板；4. 运输格；5. 漏框；6. 充氧器；7. 溶氧量检测仪；8. 氨氮检测仪；9. 控制器；10. 电子秤；11. 机械臂

创新设计的该活鱼运输船相比于之前技术装备的有益效果是：将箱体划分成若干个独立存在的运输格，可以减少运输过程中水的晃动，减少对鱼体的机械损伤，并利于车子前行；同时，可根据单个运输格的体积设两层或两层以上的漏框，且运输格具有各自的水体环境，从而实现大批量、多品种的活鱼装载；在装运和卸货时，可直接通过机械臂吊起漏框上的吊绳，而不必人工一条条抓，使取鱼更加方便，也不会产生因手抓鱼而对鱼体造成损伤。

（2）一种淡水鱼离水品质变化监测系统装置

随着对淡水鱼运输技术和理论的深入研究，离水运输因便于实现大批量的长途运输，成为淡水产品加工企业广泛使用的运输方式。在离水运输过程中，为了确保淡水鱼的品质，需要对不同淡水鱼在不同离水环境的品质变化进行实时监测。因此，在运输设备中就需要安装有相应的检测系统装置。现有的监测方法是鱼在离水后，使用监测探头（摄像头）对鱼类表面状态变化进行观察，其不足有两个方面：一是，需要人工进行复杂的手动操作来实现完全离水和喷淋离水的两种外部环境，进而便于进行离水品质变化监测；二是，装置内部结构设计不合理，大多为简易的一个水箱，监测数据不准确，使用极其不便。针对这些不足，作者团队创新设计了一种淡水鱼离水品质变化监测系统装置及其监测方法，并获得发明专利授权（CN201910385305.1：一种淡水鱼离水品质变化监测系统装置及其监测方法）。

所设计的淡水鱼离水品质变化监测系统装置（图 5-2），包括水箱、监测探头和喷头。水箱的边侧有水泵，水泵的吸水端与水箱内部的底端相连通，水箱的顶端开口处覆盖有箱盖。监测探头安装在水箱的内壁，且监测探头对称分布有 2 个。

喷头位于水箱的内部，且喷头通过连接管安装在竖杆的底端，并且 1 个竖杆的底端至少对称安装有 2 个倾斜分布的连接管。竖杆为垂直分布，其转动安装在箱盖上，且竖杆的上方设置有横管；横管固定在箱盖上，且横管通过软管和水泵的出水端相连接。箱盖的边缘处安装有丝杆和滑杆，滑杆固定在水箱的箱壁上，丝杆的底端穿过水箱另一侧壁延伸至第一锥齿上。第一锥齿与第二锥齿相啮合，两者分别为水平和垂直分布。水箱的底端固定在动力箱的顶端，且动力箱的内部安装有水平分布的转轴和电动机，并且电动机和转轴相连接。转轴的中段套设有第二横筒，水平分布的第二横筒通过轴承座转动安装在动力箱内部；水箱的内部滑动连接有水平分布的放置板，且水箱的内部固定有垂直分布的竖柱。

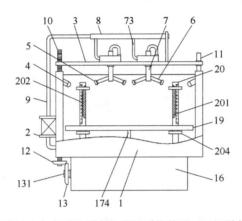

图 5-2　一种淡水鱼离水品质变化监测系统装置（正视结构示意图）

1. 水箱；2. 水泵；3. 箱盖；4. 监测探头；5. 喷头；6. 连接管；7. 竖杆；73. 进水管；8. 横管；9. 软管；10. 丝杆；11. 滑杆；12. 第一锥齿；13. 第二锥齿；131. 第一横筒；16. 动力箱；174. 调节杆；19. 放置板；20. 竖柱；201. 照射灯；202. 刻度标识；204. 挡板

竖杆的顶端外侧包裹有水盒（图 5-3），水盒的底端开口处密封固定在箱盖上端面，且水盒的边缘处和进水管相连通，水盒的上端面固定连通有弯管，并且弯管的末端通过轴承连接的方式安装在竖杆顶端，弯管和通道相连通，同时通道开设在竖杆内部且与连接管相连通。水盒的截面呈圆形结构，且水盒的边侧处与进水管相连接，水盒的内部设置有桨叶板，并且等角度分布的桨叶板固定在竖杆上，进水管的顶端与横管相连通。丝杆和水箱为转动连接，丝杆的顶端和箱盖为螺纹连接，且箱盖和滑杆为滑动连接。第二锥齿和第一横筒的左端固定连接，水平分布的第一横筒转动连接在动力箱的侧壁，且第一横筒的内壁固定有等角度分布的第一棘齿，第一棘齿和第一棘爪相卡合，并且等角度分布的第一棘爪转动安装在转轴表面。第二横筒的内壁固定有等角度分布的第二棘齿，第二棘齿和第二棘爪相卡合，且等角度分布的第二棘爪转动连接在转轴表面，第二横筒上固定有垂直分布的凸轮，并且凸轮的边缘处和调节杆的底端相接触。调节杆垂直分布，其与水箱滑动连接，且调节杆的顶端固定在放置板下端面，并且调节杆的尾端固定有弹簧。竖柱贯穿放置板上的漏水孔，竖柱的直径小于漏水孔的直径，放置板的上方和下方分别设置有 1 个固定在竖柱顶端和底端的挡板，且挡板的直径大于漏水孔的直径，并且竖柱上设置有照射灯和刻度标识。

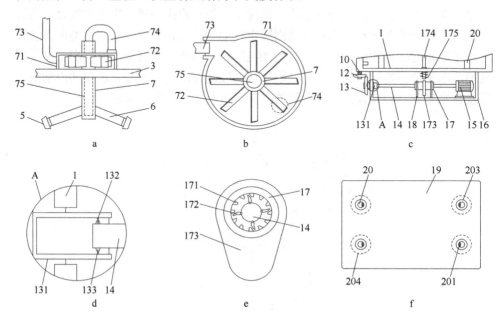

图 5-3　一种淡水鱼离水品质变化监测系统装置相关细节示意图
a. 水盒正剖面结构；b. 水盒仰视结构；c. 动力箱正剖面结构；d. 图 c 中 A 处放大结构；e. 第二横筒侧视结构；
f. 放置板俯视结构

1. 水箱；3. 箱盖；5. 喷头；6. 连接管；7. 竖杆；71. 水盒；72. 桨叶板；73. 进水管；74. 弯管；75. 通道；10. 丝杆；12. 第一锥齿；13. 第二锥齿；131. 第一横筒；132. 第一棘齿；133. 第一棘爪；14. 转轴；15. 电动机；16. 动力箱；17. 第二横筒；171. 第二棘齿；172. 第二棘爪；173. 凸轮；174. 调节杆；175. 弹簧；18. 轴承座；19. 放置板；20. 竖柱；201. 照射灯；203. 漏水孔；204. 挡板

　　利用该装置对淡水鱼品质进行监测的步骤包括：①启动电动机并带动转轴正转，通过丝杆的螺纹传动带动箱盖在滑杆滑动，使箱盖脱离对水箱的覆盖，在水箱中添加适量的水以及待监测的淡水鱼；②使电动机持续运转，直至箱盖重新覆盖在水箱的上端面开口处，此时通过监测探头来记录淡水鱼活性以及表面品质；③启动电动机并带动转轴反转，通过第二横筒带动放置板向上移动，使淡水鱼处于离水状态；④关闭电动机，启动水泵，使水泵将水箱中的水抽至喷头中，使旋转状态的喷头对鱼身进行喷洒，通过监测探头来记录半离水淡水鱼活性以及表面品质；⑤关闭水泵，打开竖柱上的照射灯，通过监测探头来记录离水淡水鱼活性以及表面品质。

　　该淡水鱼离水品质变化监测系统装置及其监测方法的有益效果体现在如下几

方面：①在确保装置原有功能效率提升的情况下，在装置内部添加了自动化调节离水环境的结构设备，使装置的整体功能更加完善，监测数据更加精准；②水盒以及喷头和竖杆等结构的使用，便于在水泵的驱动下对离水鱼进行喷淋操作，以便于保证离水鱼在相应监测要求下的活性维持；③桨叶板等结构的使用，便于利用水流自身的冲击力带动竖杆以及喷头同步转动，确保喷淋效果，并且能通过喷淋的方式增加水中的氧气含量；④第一横筒以及第二横筒的使用，便于通过调节电动机转向的方式，来实现装置内的箱盖升降或放置板升降（淡水鱼离水）的不同功能；⑤竖柱处的使用，便于通过刻度来观测水位高度以及离水鱼离水高度；⑥照射灯的使用，能够为离水鱼的观测提供便利；⑦挡板的使用，便于在放置板上移和下移的时候对漏水孔进行封堵。

5.2　淡水产品预处理环节设备创新

淡水产品到达加工企业后，无论是要对其进行初加工还是深加工，在此之前还需要进行一系列预处理。预处理过程大致可分为清洗和清理两个环节，其中清洗环节主要目的是去除水产品表面的污染物，而清理环节则是在清洗的基础上对水产品中非可食部分进行去除，如鱼鳞的去除、虾壳的剥除等。在进行预处理设备的设计与创新时，重点需要破解两个方面的难题，一是如何不断提升设备的自动化程度，二是处理过程中如何自动化地收集所清理出来的副产物。

5.2.1　淡水产品自动化清洗设备

（1）淡水产品通用清洗设备

现有的淡水产品清洗方式是将其置于槽中通过搅拌清洗，这种方法容易使水产品碰伤而影响加工。针对这一问题，作者团队开发设计了一套完整的且适用于各类水产品的自动化清洗处理设备。清洗设备主要包括清洗槽组件和高压充气组件，可实现全程自动化的水产品的清洗处理。基于该套设备，能够实现对水产品的外压增氧浸泡、微波气泡清洗、气泡喷淋等多级清洗，极大地提升清洗效果和速度，从而为后续得到品质、口感优异的水产加工产品奠定了基础。基于上述创新设计，获得了多项授权实用新型和发明专利。

1）清洗槽组件：该组件（图 5-4）包括用于封装清洗液和清洗物料的水箱箱体、用于带动水箱箱体内腔中的物料移动的输送带以及驱使输送带运转的驱动结构。输送带具有至少两个凸出输送平面用于托起输送带并对输送带上的物料进行冲洗，以及物料滤水的物料清洗台，以形成对物料的多级冲洗。物料清洗台包括处于物料清洗台上的输送带两侧并用于防止物料脱出的护板以及设于护板上用于对输送带上的物料进行冲洗的清洗水液喷口管。物料清洗台具有斜坡段以及平台段，清洗水液喷口管设置于斜坡段和/或平台段上。输送带两侧设有用于利用物料自身重力滑落至输送带上的斜边。输送带上开设有用于渗透清洗水液和物料污垢的透水孔，多个透水孔均布于输送带上。输送带上设有沿输送带横向放置并用于推动物料随输送带移动的推板，多个推板沿输送带的运动方向等间距排布。水箱箱体包括用于与输送带围合形成物料清洗区域的内层箱体以及处于内层箱体外用于盛装使用后的清洗水液的外层箱体，内层箱体与外层箱体之间具有间距空间。内层箱体上开设有用于渗漏清洗水液和物料污垢的透水孔。水箱箱体的上部开设有至少一个用于观察和清理内层箱体与外层箱体之间的间距空间的观察窗。水箱箱体底部设有至少一个用于排放清洗水液和物料污垢的排水排污口。

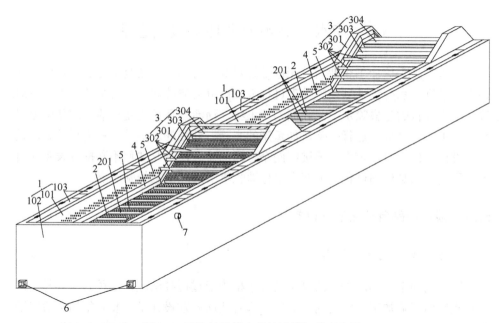

图 5-4　水产清洗设备的清洗槽组件示意图

1. 水箱箱体；101. 内层箱体；102. 外层箱体；103. 观察窗；2. 输送带；201. 推板；3. 物料清洗台；301. 护板；302. 清洗水液喷口管；303. 斜坡段；304. 平台段；4. 斜边；5. 透水孔；6. 排水排污口；7. 自动溢流阀

2）高压充气组件：该组件（图 5-5）包括用于产生高压气体的高压气体发生装置和用于从高压气体发生装置的输出端接入至清洗槽内的接入管。接入管的输出端连通用于从清洗槽内的物料输送带底部向物料输送带上表面的物料喷射高压气体以分散物料和增加水体含氧量的喷气管，和/或接入管的输出端连通至用于向清洗槽内的物料输送带表面喷射清洗水液以清洗物料的喷水管。接入管设置有多组，每一组接入管上均设有用于控制高压气体通断的气体阀门。接入管与喷水管之间设有用于防止喷水管内的清洗水液进入接入管内的单向止逆阀。喷气管沿物料输送带的纵向、横向、斜向中的至少一个方向布置。多根喷气管相互连通形成布设于物料输送带底部的管网。喷气管的气体喷口和/或喷水管的液体喷口采用径向尺寸内小外大用于增加管内压力并产生加压喷射效果进行均匀喷射的锥形口。喷气管的气体喷口与物料输送带呈角度设置；和/或喷水管的液体喷口与物料输送带呈角度设置。物料输送带具有水平段、上升段和下降段，喷水管设于水平段、上升段、下降段中的至少一处。一根接入管与对应连通的喷气管和/或喷水管构成一组高压充气单元，多组高压充气单元沿物料输送带的移动方向等间距布设。

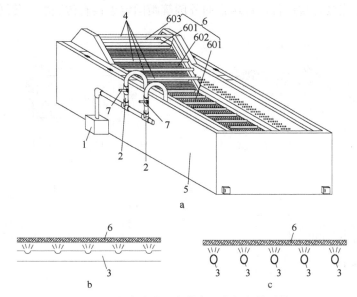

图 5-5 水产清洗设备的高压充气组件结构

a. 整体示意图；b. 物料输送带与横向喷气管的结构示意图；c. 物料输送带与纵向喷气管的结构示意图
1. 高压气体发生装置；2. 接入管；3. 喷气管；4. 喷水管；5. 清洗槽；6. 物料输送带；601. 水平段；602. 上升段；603. 下降段；7. 气体阀门

（2）淡水产品专用清洗设备

上述淡水产品通用清洗设备能够满足大多数淡水产品的清洗处理要求。但是还有一些特殊的淡水产品具有不同的特点，其清洗处理的要求也不同。为此，作者团队进行了相关淡水产品的专用清洗技术及装备的创新，重点针对小龙虾的特点设计开发了一种具有去虾线功能的小龙虾加工用清洗装置，针对螺蛳的特点设计开发了一种方便去除螺蛳尾部的螺蛳加工用清洗装置。基于两种装置的开发设计，均获得国家发明专利授权。

1）一种具有去虾线功能的小龙虾加工用清洗装置：小龙虾是近年来深受市场欢迎的淡水产品，现有的小龙虾加工用清洗装置存在的不足包括：不能方便地完成小龙虾的上料；污水不方便处理，易造成出水管的堵塞；不能方便地固定小龙虾从而对小龙虾腹部进行清洗；不能方便地去除小龙虾的虾线。作者团队开发设计了一种具有去虾线功能的小龙虾加工用清洗装置，有效弥补了上述不足。

该装置（图 5-6）包括清洗池、清洗台和抬高块。清洗池的左侧面上方焊接有入水管，清洗池的左侧面下方焊接有出水管，并且入水管和出水管上均贯穿连接有球阀。出水管的右侧连接有过滤槽，过滤槽的右侧连接有第一固定块，第一固定块的下方贯穿清洗池的下方，第一固定块的左侧面下方通过第一弹簧固定连接在清洗池的内部。清洗池的内壁下表面左侧上方固定连接有第一齿柱，第一齿柱的外侧固定连接有传送带，传送带的外侧等距固定连接有传送板，传送带的右侧

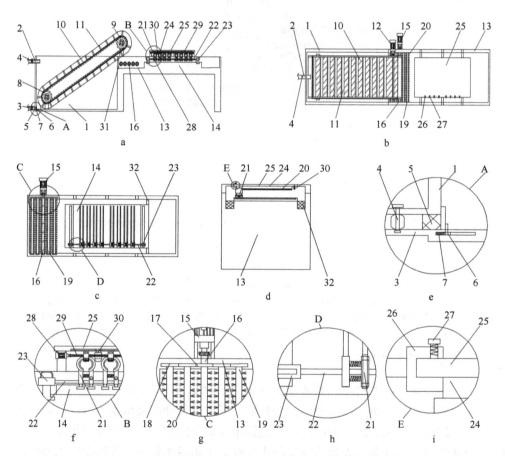

图 5-6　一种具有去虾线功能的小龙虾加工用清洗装置示意图

a. 正视剖面结构；b. 俯视结构；c. 俯视局部剖面结构；d. 侧视剖面结构；e. 图 a 中 A 处放大；f. 图 a 中 B 处放大；g. 图 c 中 C 处放大；h. 图 c 中 D 处放大；i. 图 d 中 E 处放大

1. 清洗池；2. 入水管；3. 出水管；4. 球阀；5. 过滤槽；6. 第一固定块；7. 第一弹簧；8. 第一齿柱；9. 第二齿柱；10. 传送带；11. 传送板；12. 第一电机；13. 清洗台；14. 抬高块；15. 第二电机；16. 第一连接杆；17. 第一齿轮；18. 第二齿轮；19. 第二连接杆；20. 刷毛；21. 夹具本体；22. 第三连接杆；23. 把手；24. 刷块；25. 第四连接板；26. 第二固定块；27. 固定杆；28. 第三电机；29. 第四连接杆；30. 割线刀；31. 落水口；32. 挡网

上方内部连接有第二齿柱，第二齿柱的后侧固定连接有第一电机。清洗台焊接在清洗池的右侧面上，清洗台的上表面左侧上方固定连接有第二齿柱，清洗台的左侧面预留有落水口。清洗台的后侧面左上方位置固定连接有第二电机，第二电机的前侧固定连接有第一连接杆，第一连接杆贯穿连接在第二电机的后侧，第一连接杆的前侧嵌套连接在清洗台的前侧，第一连接杆的外侧后方位置固定连接有第一齿轮，且第一齿轮的左右两侧分别连接有两个互相啮合的第二齿轮，第二齿轮的前侧固定连接有第二连接杆，第二连接杆的前侧嵌套连接在清洗台的前侧，第二连接杆与第一连接杆的外侧均等距粘贴连接有刷毛。抬高块固定连接在清洗台的上表面中部，抬高块的前后侧面右边位置均焊接连接有挡网，并且挡网的下方和远离抬高块的一侧均焊接连接在清洗台上。抬高块的上方滑动连接有 8 组夹具本体，且 8 组夹具本体均被第三连接杆贯穿连接。夹具本体包括第一连接板、第二弹簧、第二连接板、第三连接板、滑块、夹片和橡胶片，且第一连接板的右侧通过第二弹簧固定连接有第二连接板，第二连接板的下方连接在第三连接板上，第三连接板与滑块的下方均嵌套连接有滑块，第一连接板和第二连接板的上方均固定连接有夹片，夹片上粘贴连接有橡胶片，第三连接杆的左右两侧均固定连接有把手，且把手嵌套连接在抬高块上。夹片与夹片之间设置有刷块，且刷块的下表面粘贴连接有刷毛，刷块活动连接在第四连接板上，且第四连接板的前后两侧均固定连接在清洗台上，刷块的前侧连接有第二固定块，第二固定块的上方贯穿连接有固定杆，固定杆的下表面与第四连接板的上表面紧密贴合。刷块的后侧设置有第四连接杆，第四连接杆的右侧嵌套连接在第四连接板上，第四连接杆的左侧固定连接有第三电机，第三电机的上方固定连接在第二电机的下表面上，第四连接杆的中部外侧连接有割线刀，割线刀的上方贯穿连接在第二电机上。

　　过滤槽在出水管上构成拆卸结构，且过滤槽与第一固定块紧密贴合，并且第一固定块在清洗池上构成伸缩结构。第一齿柱和第二齿柱均与传送带啮合连接，且传送带倾斜设置。清洗台的上表面倾斜设置，且清洗台的上方内壁前后两侧间距尺寸等于抬高块的宽度尺寸与 2 个挡网的长度尺寸之和。第一齿轮与第二齿轮采用啮合连接的方式相连接，且第一齿轮与第一连接杆采用固定连接的方式相连接，并且第一连接杆在清洗台上构成转动结构。滑块在第一连接板和第三连接板上均构成转动结构，且第二连接板与第三连接板采用铰接连接的方式相连接。把手在抬高块上构成滑动结构，且把手通过第三连接杆与夹具本体构成连动结构。刷块的下表面等间距粘贴连接有刷毛，且刷块在第四连接板上构成滑动结构。第二固定块的形状呈"C"字形，且第二固定块与第四连接板采用卡槽连接的方式相连接，并且第二固定块与固定杆采用螺纹连接的方式相连接。割线刀与第四连接杆采用螺纹连接的方式相连接，且割线刀与第四连接板采用嵌套连接的方式相连接。

　　该具有去虾线功能的小龙虾加工用清洗装置，可以方便地完成小龙虾的上料，且方便对污水进行处理，不易造成出水管的堵塞，并且可以方便地固定小龙虾，对小龙虾腹部进行清洗，而且可以方便地去除小龙虾的虾线。设置有第二齿柱、第一齿柱、传送带和传送板，第二齿柱与第一齿柱均与传送带啮合连接，且第二齿柱的后侧设置有第一电机，传送带的外侧等距固定连接有传送板，传送带倾斜设置，则可以将清洗池中的小龙虾捞出后向右上方的清洗台进行运输，即可自动完成上料工作。设置有清洗台、挡网、出水管和过滤槽，清洗台的上表面倾斜设置，且清洗台与抬高块之间固定连接有挡网，则可以将取虾线前后的小龙虾分隔，且污水可以沿着清洗台通过落水口落入清洗池中，清洗池的左侧下方设置有出水管，出水管上卡槽连接有过滤槽，污水可以方便地通过出水管排出，过滤槽可以防止小龙虾和杂质导致的出水管堵塞。设置有第二连接板、第二弹簧和橡胶片，第二连接板与第三连接板采用铰接连接的方式相连接，且第二连接板通过第二弹簧与第一连接板相连接，则通过第二弹簧的弹性可以方便地将小龙虾固定在 2 个夹片之间，且夹片上粘贴连接有橡胶片，起到保护小龙虾的作用。设置有夹具本体、第三连接杆、刷块和把手，把手与夹具本体均在抬高块上构成滑动结构，第三连接杆贯穿 8 个夹具本体，且第三连接杆的左右两侧均固定连接有把手，通过滑动把手即可方便地移动夹具本体，且 2 个夹片之间设置有刷块，刷块下方设置有刷毛，在移动夹具本体的过程中即可将小龙虾的腹部进行刷洗。设置有第四连接杆、割线刀和第四连接板，第四连接杆与割线刀采用啮合连接的方式相连接，且割线刀嵌套连接在第四连接板上，转动第四连接杆时，割线刀即可在水平方向上移动，将夹具本体移动至最后侧时，即可将夹具本体上固定的小龙虾虾头部分的虾线割断，掐住小龙虾虾尾中部，即可方便地取出虾线。

　　2）一种方便去除螺蛳尾部的螺蛳加工用清洗装置：螺蛳是指田螺科动物方形环棱螺或其他同属动物的全体，是一种既可用来入药也可烹饪成美食的淡水产品。螺蛳柔软的肉体藏于其坚硬的外壳中，加工时需要通过一定的手段将螺蛳的尾部剪去，方便取出肉体。现有的螺蛳加工用清洗装置往往清洗效果不好，且一般的螺蛳加工用清洗装置不方便对螺蛳的尾部进行去除，也不具有筛分螺蛳的功能。针对这些问题，作者团队创新设计了一种方便去除螺蛳尾部的螺蛳加工用清洗装置。

　　该清洗装置（图 5-7）包括清洗箱、第一承托板、切割刀、筛分箱和第二承托板。清洗箱的上端固定安装有第一电机，第一电机的右侧固定安装有进料口，第一电机的下端焊接有竖杆，竖杆的外表面固定安装有第一毛刷。清洗箱的内表面等间距安装有第二毛刷，第二毛刷相邻位置固定设置有喷头。竖杆的下方设置有固定板，固定板的左右两端均与清洗箱焊接相连，固定板的下方设置有横板，横板滑动连接在收集箱的上表面，收集箱的底端与清洗箱的底端上表面活动连接。第一承托板固定安装在清洗箱的下方，清洗箱的右端开设有出料口，出料口的内

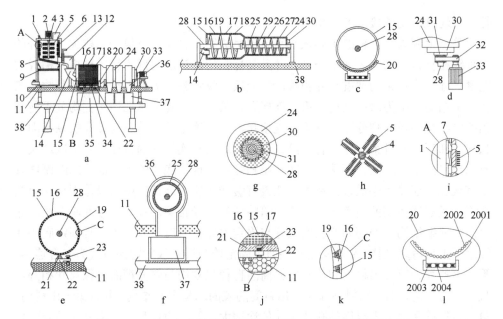

图 5-7　一种方便去除螺蛳尾部的螺蛳加工用清洗装置示意图

a. 正视剖面结构；b. 剪切箱和筛分箱正视剖面结构；c. 剪切箱与支撑板连接侧视剖面结构；d. 筛分箱与固定盘连接俯视结构；e. 剪切箱侧视剖面结构；f. 连接罩侧视剖面结构；g. 筛分箱与固定盘连接侧视结构；h. 竖杆与第一毛刷连接俯视结构；i. 图 a 中 A 处放大结构；j. 图 a 中 B 处放大结构；k. 图 e 中 C 处放大结构；l. 支撑板侧视剖面结构。

1. 清洗箱；2. 第一电机；3. 进料口；4. 竖杆；5. 第一毛刷；6. 第二毛刷；7. 喷头；8. 固定板；9. 横板；10. 收集箱；11. 第一承托板；12. 出料口；13. 抽拉板；14. 输料口；15. 剪切箱；16. 第一连接孔；17. 第二连接孔；18. 第三连接孔；19. 消音棉；20. 支撑板；2001. 连接底座；2002. 滚珠；2003. 缓冲底座；2004. 弹簧；21. 切割刀；22. 固定底座；23. 固定栓；24. 筛分箱；25. 第一出料筒；26. 第二出料筒；27. 第三出料筒；28. 第一横杆；29. 第二横杆；30. 固定盘；31. 连接盘；32. 皮带；33. 第二电机；34. 镂空板；35. 废料箱；36. 连接罩；37. 储料箱；38. 第二承托板

部滑动连接有抽拉板，出料口的下方设置有输料口。输料口固定安装在剪切箱的左端，剪切箱的外表面从左到右依次设置有第一连接孔、第二连接孔和第三连接孔，并且第一连接孔、第二连接孔和第三连接孔均与剪切箱镶嵌连接。剪切箱的内部镶嵌安装有消音棉，剪切箱的左右两端下表面均设置有支撑板。切割刀位于剪切箱的正下方，切割刀的下表面焊接连接有固定底座，固定底座的前端螺纹连接有固定栓。筛分箱位于剪切箱的右侧，且筛分箱的内表面从左到右依次镶嵌安装有第一出料筒、第二出料筒和第三出料筒。剪切箱的内部贯穿连接有第一横杆，且第一横杆的右端焊接连接有第二横杆。筛分箱的右端焊接有固定盘，固定盘的内表面啮合连接有连接盘，连接盘的右端外侧通过皮带连接有第二电机。固定底座活动连接在镂空板的上表面，镂空板的正下方设置有废料箱。第一出料筒、第二出料筒和第三出料筒的外侧均活动连接有连接罩，且连接罩的正下方设置有储料箱。第二承托板安装在废料箱和储料箱的下表面，且废料箱和储料箱与第二承托板均通过滑动连接的方式相连接。

第一毛刷关于竖杆的中心在水平方向呈放射形分布，且第一毛刷关于竖杆的中轴线在竖直方向上等间距分布，并且竖杆在清洗箱的内部为转动结构。横板的宽度尺寸与收集箱的宽度尺寸相等，且横板在收集箱上为拆卸结构，并且收集箱在清洗箱的底部为滑动结构。第一连接孔、第二连接孔和第三连接孔均关于剪切箱的中心呈环形阵列分布，且第一连接孔、第二连接孔和第三连接孔的纵截面形状均为梯形，并且第一连接孔、第二连接孔和第三连接孔的直径尺寸依次增大。支撑板包括连接底座、滚珠、缓冲底座和弹簧，连接底座的上表面等间距镶嵌安装有滚珠，连接底座通过弹簧固定连接有缓冲底座。连接底座的纵截面形状为圆弧形，且连接底座的曲率半径与剪切箱的曲率半径相等，并且连接底座在缓冲底座上为伸缩结构。切割刀的长度尺寸与固定底座的长度尺寸相等，且固定底座在镂空板上为滑动结构，并且固定底座通过固定栓与镂空板的连接方式为卡合连接。第一出料筒、第二出料筒和第三出料筒的直径尺寸均与筛分箱的直径尺寸相等，且第一出料筒、第二出料筒和第三出料筒的表面均呈多孔结构，并且第一出料筒、第二出料筒和第三出料筒的孔径尺寸依次增大。第一横杆和第二横杆的外表面均呈螺旋状结构，且第一横杆的外径尺寸与剪切箱的内径尺寸相等，并且第二横杆的外径尺寸与筛分箱的内径尺寸相等。固定盘的内表面和连接盘的外表面均呈锯齿状结构，且固定盘与连接盘构成传动结构。

该方便去除螺蛳尾部的螺蛳加工用清洗装置，解决了大多数螺蛳加工用清洗装置清洗效果不好且一般的螺蛳加工用清洗装置不方便对螺蛳的尾部进行去除的问题，并且解决了普通的螺蛳加工用清洗装置不具有筛分螺蛳功能的问题。在清洗箱的内表面等间距安装有喷头，可通过喷头的作用对清洗箱中的螺蛳进行喷洗，且清洗箱中通过竖杆连接有第一毛刷，可通过竖杆的转动带动第一毛刷的转动，从而对清洗箱中的螺蛳表面进行刷洗，且在清洗箱的内表面设置有第二毛刷，可通过第二毛刷的作用对接触清洗箱内表面的螺蛳进行刷洗，从而提高清洗效率，且使螺蛳清洗得更干净。在剪切箱的内表面设置有第一连接孔、第二连接孔和第三连接孔，并通过第二电机的作用带动剪切箱转动，从而使剪切箱中的螺蛳由于离心作用而依次通过第一连接孔、第二连接孔和第三连接孔露出剪切箱，并通过剪切箱下方的剪切刀对其尾部进行剪切，且第一连接孔、第二连接孔和第三连接孔的孔径尺寸依次增大，可对不同大小的螺蛳进行剪切。在剪切箱的右侧设置有筛分箱，在筛分箱的内表面依次设置有第一出料筒、第二出料筒和第三出料筒，第一出料筒、第二出料筒和第三出料筒的外表面均呈镂空状结构，因此在筛分箱转动的同时，会使筛分箱中的螺蛳甩出，第一出料筒、第二出料筒和第三出料筒的孔径尺寸依次增大，因此使不同尺寸大小的螺蛳依次甩出，从而做到对螺蛳的筛分。

5.2.2　淡水产品自动化清理设备

（1）淡水鱼鱼鳞去除装置

在淡水鱼加工处理过程中，首先应该对淡水鱼表面的鳞片进行去除，现有的淡水鱼加工处理台往往不方便对鳞片进行去除，或难以对处理后的鳞片进行收集和处理，或不适应于不同体型的淡水鱼脱鳞处理。为解决上述技术不足，作者团队对淡水鱼鱼鳞去除装置进行了一系列创新设计，并获得 3 项国家发明专利授权。

1）一种方便去除鱼鳞的淡水鱼加工处理台：该装置（图 5-8）包括处理台面板、淡水鱼本体、处理板和收集箱。处理台面板的上表面焊接连接有固定架，固定架的上端内侧固定安装有横板；横板的内部贯穿连接有进水管，进水管的下端固定连接有喷头。淡水鱼本体位于横板的正下方，淡水鱼本体的左右两侧均安装有去鳞板，去鳞板焊接连接在竖板的内表面，且竖板通过滚珠与固定架的内表面滑动连接，固定架与竖板之间贯穿连接有把手。淡水鱼本体的后端固定安装有第一连接杆，第一连接杆的下端固定连接有第一固定杆。淡水鱼本体的前端固定安装有第一连接板，第一连接板的内部贯穿连接有连接栓，连接栓与第一连接板以螺纹连接的方式相连接；第一连接板的下端固定连接有第二固定板，第二固定板的右侧安装有第二固定杆，第二固定杆的上端固定安装有第二连接板，第二连接板的左端焊接连接有连接头。第二固定板和第二固定杆的下端均镶嵌安装有固定槽，固定槽的内部卡合连接有固定块，固定架的后端活动连接有固定夹，且固定夹通过第一弹簧连接有第三连接板。处理板镶嵌安装在处理台面板的右端上表面；收集箱位于处理台面板的下方，且收集箱的内部下端滑动连接有承托板。收集箱的上端内表面固定安装有紫外线灭菌灯，紫外线灭菌灯通过线路板连接有蓄电池，紫外线灭菌灯的外侧固定安装有透光板，收集箱的右侧下端固定安装有固定件，且固定件通过连接件固定连接有排水管。

喷头在横板的下表面等间距分布，且喷头与横板构成转动结构。去鳞板包括连接槽、第二弹簧、横杆和去鳞刀，连接槽的底部固定连接有第二弹簧，第二弹簧的左端焊接连接有横杆，横杆的左端固定安装有去鳞刀。横杆的纵截面形状为"T"字形，且横杆的右端内径尺寸与连接槽的外径尺寸相等，并且横杆在连接槽的内部为伸缩结构。第一连接杆的纵截面形状为"L"字形，且第一连接杆的前端呈半球形结构，并且第一连接杆在第一固定杆上为升降结构。连接栓的外表面呈螺纹状结构，且连接栓的右端呈锯齿状结构，并且连接栓通过第一连接板在第二固定板上为升降结构。固定块的外端呈弧形结构，且固定块与处理台面板构成伸缩结构，并且固定块的外径尺寸与固定槽的内径尺寸相等。固定夹的前端呈弧形结构，且第三连接板与固定夹构成伸缩结构，并且固定夹与固定架构成伸缩结

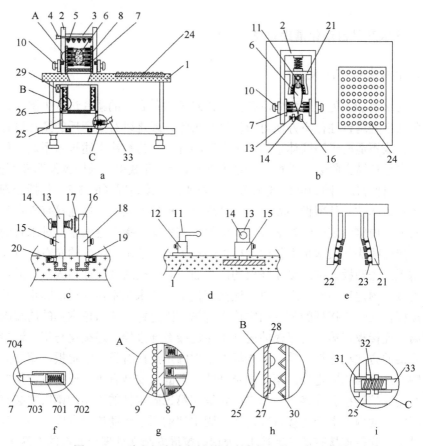

图 5-8　一种方便去除鱼鳞的淡水鱼加工处理台示意图

a. 正视剖面结构；b. 俯视剖面结构；c. 第一连接板与第二连接板连接正视结构；d. 第一连接杆与第一连接板连接侧视结构；e. 固定夹俯视结构；f. 去鳞板结构；g. 图 a 中 A 处放大结构；h. 图 a 中 B 处放大结构；i. 图 a 中 C 处放大结构

1. 处理台面板；2. 固定架；3. 横板；4. 进水管；5. 喷头；6. 淡水鱼本体；7. 去鳞板；701. 连接槽；702. 第二弹簧；703. 横杆；704. 去鳞刀；8. 竖板；9. 滚珠；10. 把手；11. 第一连接杆；12. 第一固定杆；13. 第一连接板；14. 连接栓；15. 第二固定板；16. 第二连接板；17. 连接头；18. 第二固定杆；19. 固定槽；20. 固定块；21. 固定夹；22. 第一弹簧；23. 第三连接板；24. 处理板；25. 收集箱；26. 承托板；27. 紫外线灭菌灯；28. 线路板；29. 蓄电池；30. 透光板；31. 固定件；32. 连接件；33. 排水管

构。紫外线灭菌灯在收集箱的内表面等间距分布，且紫外线灭菌灯通过线路板与蓄电池的连接方式为电性连接。固定件和排水管的内径尺寸均与连接件的外径尺寸相等，且固定件和排水管与连接件的连接方式均为螺纹连接。

该方便去除鱼鳞的淡水鱼加工处理台，解决了大多数淡水鱼加工处理台不方便对鳞片进行去除且一般的淡水鱼加工处理台不方便对淡水鱼进行清洗的问题，并且还解决了普通的淡水鱼加工处理台不方便对处理后的鳞片进行收集和处理的问题。在固定架的内侧通过竖板连接有去鳞板，且去鳞板中横杆的末端固定安装有去鳞刀，且横杆通过第二弹簧在连接槽的内部为伸缩结构，因此，可使横杆上的去鳞刀与淡水鱼本体的各个位置接触，由于竖板通过把手与固定架相连接，且竖板在固定架上为滑动结构，因此，可通过前后推动把手，使竖板带动去鳞刀在淡水鱼本体的表面进行滑动，从而将淡水鱼本体表面的鳞片去除。在固定架上端的横板上等间距固定安装有喷头，且喷头通过进水管相连接，可通过进水管进行供水，使喷头对淡水鱼本体进行喷洗，使去除过后的鳞片在水的作用下脱离，从而将淡水鱼本体的表面清洗干净。在固定架的正下方处理台面板上开设有开口，且在开口的正下方设置有收集箱，可使去鳞过程中产生的鳞片和污水通过开口流进收集箱中，在收集箱的内部下端设置有承托板，且承托板为镂空结构，可对收集的鳞片进行控水，使污水通过排水管排出下水道，而承托板上的鳞片将通过紫外线灭菌灯的作用进出杀菌，防止鳞片在收集箱中滋生细菌，且紫外线灭菌灯的外侧固定安装有透光板，且透光板呈锯齿状结构，可对紫外线灭菌灯发出的光线进行反射，使紫外线灭菌灯产生的管线条数增多、方向改变，从而使杀菌效果更好。

2）一种能够回收鳞片的鲫鱼快速脱鳞装置：该装置（图 5-9）包括基板、固定板、载板和传送带。基板的左端下方连接有连接板，且连接板的上表面连接有第一弹簧；基板的左半部上表面开设有缺口，且缺口的右侧设置有开设在基板右半部上表面的第一滑槽。固定板位于基板的左端表面，且固定板的前后两侧均设置有底端和基板上表面固定连接的挡板；固定板的左上方设置有底端安装在基板上表面的伸缩板，且伸缩板的右端表面连接有顶板。顶板的左端通过固定轴和伸缩板相连接，且顶板的中间位置开设有第二凹槽。载板位于顶板的下方，且载板的顶端对称设置有套筒；套筒的内部穿插有清洁板，且清洁板的顶端连接有清洁布；清洁板的内侧设置有第一滑杆，且第一滑杆和载板固定连接，并且载板的下表面安装有刮片。传送带位于第一弹簧的下方，且传送带的前后两端均设置有侧板；传送带的右侧设置有顶端和基板相连接的收集腔，且收集腔的右端安装有箱门。收集腔的内部设置有拉杆，且拉杆的上表面焊接有第二滑杆；拉杆的左端固定连接有调节板，且调节板的内部设置有内板。内板的下表面均匀分布有第二弹簧，且第二弹簧的底端连接有活动板；活动板的底端连接有刮板，且刮板的下方设置有位于收集腔底部的引导块。收集腔的右侧设置有支腿，且支腿的顶端和基板的右端下表面固定连接；支腿的上方设置有箱体，且箱体的下端设置有放置盒，并且放置盒的右端固定连接有位于箱体外部的隔板。箱体的上端设置有水箱，且水箱的左端设置有水泵，水箱的左端表面连接有载水板，且载水板的下表面安装有喷水口。

基板的纵切面形状呈折线形，且基板和连接板的连接方式为焊接，并且连接板上均匀分布有贯穿在基板内部的第一弹簧，同时第一弹簧和固定板固定连接，而且固定板的底端呈"U"形槽状结构。顶板在伸缩板上为转动结构，且顶板和

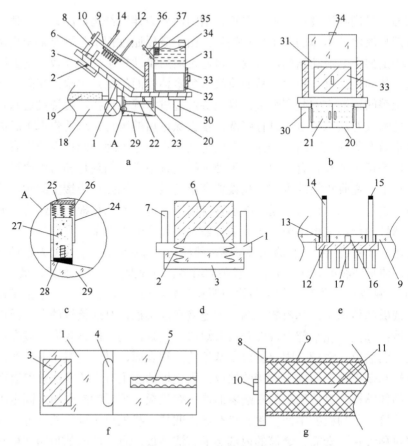

图 5-9　一种能够回收鳞片的鲫鱼快速脱鳞装置示意图

a. 正面结构；b. 右侧面结构；c. 图 a 中 A 处放大结构；d. 基板和固定板连接结构俯视图；e. 载板和清洁板连接
结构；f. 基板仰视结构；g. 顶板俯视结构

1. 基板；2. 第一弹簧；3. 连接板；4. 缺口；5. 第一滑槽；6. 固定板；7. 挡板；8. 伸缩板；9. 顶板；10. 固定
轴；11. 第二凹槽；12. 载板；13. 套筒；14. 清洁板；15. 清洁布；16. 第一滑杆；17. 刮片；18. 传送带；19. 侧
板；20. 收集腔；21. 箱门；22. 拉杆；23. 第二滑杆；24. 调节板；25. 内板；26. 第二弹簧；27. 活动板；28. 刮
板；29. 引导块；30. 支腿；31. 箱体；32. 放置盒；33. 隔板；34. 水箱；35. 水泵；36. 载水板；37. 喷水口

伸缩板通过固定轴固定连接，并且顶板的结构为网状结构。顶板通过伸缩板在基
板上构成升降结构，且载板通过第二凹槽在顶板上构成滑动结构，并且载板的下
表面均匀分布有刮片。载板通过套筒和清洁板卡槽连接，且套筒穿插在第二凹槽
的内部，并且载板和清洁板均和顶板构成拆卸结构。拉杆和调节板的连接方式为
焊接，并且拉杆通过第二滑杆和第一滑槽在基板上构成滑动结构，并且第一滑槽
的内壁呈锯条状结构。活动板穿插在调节板的内部，且活动板在调节板上为伸缩
结构，并且活动板的宽度尺寸和收集腔的宽度尺寸相同。刮板的纵切面呈直角梯
形结构，且刮板的斜边和引导块的上表面紧密贴合，并且刮板的顶端呈螺纹杆状
凸出结构，同时刮板通过顶端的螺纹杆状凸出结构和活动板相连接。引导块的纵

切面呈三角形结构，且引导块直角边的长度尺寸和收集腔的长度尺寸相同。载水板在水箱的左端表面倾斜设置，且载水板的下表面均匀分布有喷水口。

该能够回收鳞片的鲫鱼快速脱鳞装置，可以在不损坏鲫鱼的情况下将鲫鱼稳定固定进行去鳞，且去除的鳞片便于回收，去鳞后的鲫鱼可以快速地运送到下一个流水线。固定板通过和第一弹簧相连接，从而在基板上构成弹性伸缩结构，且固定板的底端呈 "U" 形槽状结构，通过固定板的特殊形状和第一弹簧的弹性作用，可以将鲫鱼稳定且不损坏地固定住。在基板上开设有缺口，去鳞时产生的鳞片可以利用刮片刮动通过缺口落入收集腔中，从而便于对鱼鳞进行回收，同时通过喷水口可以将水箱中的水喷出，从而将残留在基板上的污秽冲掉。刮板通过顶端的螺纹杆状凸出结构和活动板连接，便于拆卸，且活动板在调节板上为伸缩结构，配合刮板的特殊形状，可以在调节板滑动的过程中始终保证刮板和引导块贴合，从而将鳞片刮掉。设置有传送带，当鲫鱼去鳞结束后，可以直接将鲫鱼放在传送带上运送到下一个加工流水线，且在运送的过程中，侧板可以防止鲫鱼掉落。

3）一种能够进行调节的连续式鱼鳞去除机：该设备（图 5-10）包括去鳞室、清洗室和储水室。去鳞室的右上端开设有进料口，且进料口的下方设置有传动辊，传动辊的外侧安装有第一传送带。第一传送带的外侧设置有调节装置，第一传送带的上方开设有第一安装槽。第一安装槽的底部固定安装有卡板，第一安装槽的内部安装有高压水泵。高压水泵的输出端连接有清洁喷头，第一传送带的左侧设置有中间去鳞辊。中间去鳞辊的左侧安装有侧边去鳞辊，中间去鳞辊的上方设置有上方去鳞辊，中间去鳞辊的中部外侧安装有去鳞丝条，中间去鳞辊的外侧端部安装有传动盘，传动盘的外侧设置有带轮。上方去鳞辊的左侧安装有限位辊，且限位辊的外侧安装有第一限位板。第一限位板的左侧设置有第二限位板，且第一限位板与第二限位板之间设置有第二传送带。第二传送带的上方开设有第二安装槽，第二限位板的左侧下方安装有固定块，且固定块的下方连接有第一滤板。清洗室设置在去鳞室的左端，且清洗室的内部顶端与电机的底端相连接，并且电机的外侧设置有防护罩；电机的输出端与转轴杆的顶端固定连接，且转轴杆的外侧设置有搅拌杆；搅拌杆的右侧安装有第二滤板，且搅拌杆的下方设置有第三滤板。储水室设置在去鳞室的下端，且储水室的内部右侧后方连接有滤水室，并且滤水室的顶端安装有连接水管；储水室的右侧壁内侧安装有进水喷头，且进水喷头的外侧连通有进水口，并且储水室的左下端开设有出水口，清洗室的左上端安装有出料门。

去鳞室的下端面通过第一滤板与储水室相连通，且去鳞室的左端与清洗室的右端上部相连通，并且清洗室的下端面和右侧面分别通过第三滤板和第二滤板与储水室相连通。传动辊单体之间通过第一传送带构成传动结构，且第一传送带、中间去鳞辊和侧边去鳞辊单体之间的中心轴线在同一平面上，并且该平面为倾斜

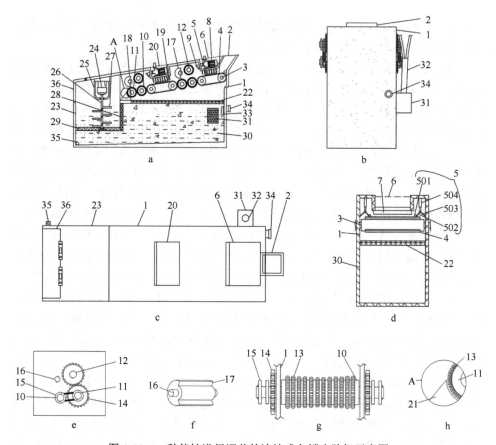

图 5-10 一种能够进行调节的连续式鱼鳞去除机示意图

a. 正面剖切结构；b. 侧面结构；c. 俯视结构；d. 侧面剖切结构；e. 中间去鳞辊、侧边去鳞辊和上方去鳞辊连接
结构；f. 第一限位板结构；g. 去鳞丝条排列结构；h. 图 a 中 A 部放大结构

1. 去鳞室；2. 进料口；3. 传动辊；4. 第一传送带；5. 调节装置；501. 推板；502. 摇杆；503. 摇臂；504. 伸缩
杆；6. 第一安装槽；7. 卡板；8. 高压水泵；9. 清洁喷头；10. 中间去鳞辊；11. 侧边去鳞辊；12. 上方去鳞辊；
13. 去鳞丝条；14. 传动盘；15. 带轮；16. 限位辊；17. 第一限位板；18. 第二限位板；19. 第二传送带；20. 第
二安装槽；21. 固定块；22. 第一滤板；23. 清洗室；24. 电机；25. 防护罩；26. 转轴杆；27. 搅拌杆；28. 第二
滤板；29. 第三滤板；30. 储水室；31. 滤水室；32. 连接水管；33. 进水喷头；34. 进水口；35. 出水口；36. 出
料门

平面。调节装置包括推板、摇杆、摇臂和伸缩杆，且推板的内侧连接有摇杆，并
且摇杆的顶端连接有摇臂，而且末端连接在去鳞室内壁上的摇臂的顶端连接有伸
缩杆，推板、摇杆、摇臂和伸缩杆之间的连接方式均为铰接，且其之间构成连动
结构。中间去鳞辊、侧边去鳞辊和上方去鳞辊的外侧均均匀设置有去鳞丝条，并
且去鳞丝条的形状结构呈环形螺旋状结构，并且去鳞丝条的直径尺寸在中间去鳞
辊、侧边去鳞辊和上方去鳞辊上自两侧向中间逐渐减小。中间去鳞辊和侧边去鳞
辊之间通过带轮构成连动结构，且侧边去鳞辊通过传动盘单体之间的啮合与上方

去鳞辊构成传动结构，并且侧边去鳞辊和上方去鳞辊的转动方向与去鳞丝条的转动方向均相反。第一限位板的形状结构呈 2/3 中空圆柱形结构，且第一限位板和第二限位板的形状结构相同，并且第一限位板和第二限位板在去鳞室的内侧均为转动结构。固定块与第一滤板之间为一体化结构，且固定块的顶面呈弧形槽状结构，并且该弧形结构的曲率半径与中间去鳞辊的曲率半径相等。搅拌杆通过转轴杆与电机构成传动结构，且搅拌杆等间距均匀分布在转轴杆的外侧，并且搅拌杆的形状结构呈圆柱形结构。储水室与滤水室之间的连接面呈镂空结构，且该镂空结构镂空尺寸与第二限位板镂空尺寸均小于第二滤板的镂空尺寸，并且第二滤板的镂空尺寸小于第一滤板与第三滤板的镂空尺寸，即第一滤板与第三滤板的镂空尺寸相同。

该能够进行调节的连续式鱼鳞去除机，能够在不同体型的鱼中使用，且能够保证鱼的位置不会发生偏移，有利于快速进行鱼的处理工作，并且便于对鱼和鱼鳞进行分类收集处理，有利于长期使用。通过伸长伸缩杆，使得摇杆和摇臂之间的铰接角度改变，从而使得推板之间的距离改变，以便于适应经过筛选的鱼的尺寸，且推板与第一传送带和第二传送带之间均为不接触设置，避免推板对第一传送带和第二传送带的传动造成影响，便于进行调节，增加了该装置的适用范围。通过传动盘和带轮便于中间去鳞辊分别带动侧边去鳞辊和上方去鳞辊进行转动，从而便于通过中间去鳞辊、侧边去鳞辊和上方去鳞辊外部自两侧向中间逐渐缩小的环形螺旋状结构的去鳞丝条对鱼鳞进行刮除，同时避免了鱼的位置发生滑落偏移。在电机的带动下，使得转轴杆外侧均匀分布的搅拌杆对鱼进行搅拌，从而便于沾染在鱼身上的鱼鳞在重力作用下经过第三滤板落到储水室内，便于鱼鳞的下落，方便进行分类收集。通过将出水口打开，能够使得储水室内部的水体直接带着鱼鳞冲出，然后将出料门旋转打开，进行鱼的收集，通过将进水口与外界水管进行连接，通过进水喷头对储水室内冲水，从而将仍粘在储水室内的鱼鳞冲出，进而避免异味的产生，增加该装置的使用寿命。

（2）淡水小龙虾清理设备

去钳、开背、剥壳等是淡水小龙虾加工过程中涉及的主要清理工序，但这些工序均缺乏相应的加工设备，大多需要手工操作。针对这一现状，作者团队进行了一系列淡水小龙虾清理设备的开发和设计，有效地提升了淡水小龙虾加工过程中去钳、开背、剥壳等清理工序的效率，并获得 3 项国家发明专利授权。

1）一种方便去钳的小龙虾加工处理装置：该处理装置（图 5-11）包括支撑架和传送台。支撑架的上端左侧设置有齿轮盘，且齿轮盘的右端连接有固定臂。固定臂的左端前后两侧均活动连接有支撑杆，且支撑杆固定安装在支撑架的上表面；固定臂的右端内侧固定连接有筛分箱，且筛分箱的左端表面固定连接有弹簧杆。

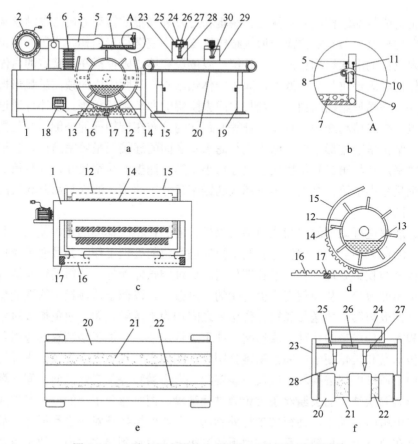

图 5-11　一种方便去钳的小龙虾加工处理装置示意图

a. 正视剖面结构；b. 图 a 中 A 处放大结构；c. 搅拌筒、外筒体和齿轮板连接的侧视结构；d. 外筒体和齿轮板连接的活动状态结构；e. 传送台的俯视结构；f. 第一侧板与传送台连接的侧视剖面结构

1. 支撑架；2. 齿轮盘；3. 固定臂；4. 支撑杆；5. 筛分箱；6. 弹簧杆；7. 筛分板；8. 卡钩；9. 挡板；10. 凸轴；11. 绳链；12. 搅拌筒；13. 清洗液；14. 扫杆；15. 外筒体；16. 齿轮板；17. 电磁块；18. 控制面板；19. 第一伸缩杆；20. 传送台；21. 第一传送槽；22. 第二传送槽；23. 第一侧板；24. 液压缸；25. 活动块；26. 吊杆；27. 第二伸缩杆；28. 切割片；29. 第二侧板；30. 清扫盘

弹簧杆固定连接在支撑架的上表面，筛分箱的内部底端安装有筛分板，且筛分箱的右端外表面前后两侧均活动连接有卡钩，筛分箱的右表面卡合连接设置有挡板，且挡板上焊接连接有凸轴。挡板的上端外表面固定连接有绳链，且绳链远离挡板的一端连接在筛分箱的外表面。支撑架的右端内侧设置有搅拌筒，且搅拌筒的内部设置有清洗液。搅拌筒的外表面等角度固定设置有扫杆，且搅拌筒的外侧设置有外筒体，外筒体的下端前后两侧均设置有齿轮板，且齿轮板的外表面焊接连接有电磁块，并且电磁块活动连接在支撑架的内部。电磁块通过电性连接有控制面板，且控制面板固定在支撑架的内侧。传送台位于支撑架的右端，且传送台的下表面左右对称设置有第一伸缩杆；传送台的上表面后端预留设置有第一传送槽，

且第一传送槽的前侧设置有第二传送槽；传送台的上端左侧固定安装有第一侧板，且第一侧板的上端中间卡合连接有液压缸。液压缸的下端设置有活动块，且活动块的内部贯穿连接有吊杆，并且吊杆的前后两端均固定在第一侧板上；活动块的下表面固定连接有第二伸缩杆，且第二伸缩杆的下端固定连接有切割片，所述第一侧板的右端设置有第二侧板，且第二侧板上固定安装有清扫盘，并且第二侧板固定安装在传送台的上端右侧。

齿轮盘与固定臂的连接方式为啮合连接，且固定臂在支撑杆的内侧为转动结构，并且固定臂的转动角度为 0°～15°。固定臂和筛分箱通过焊接构成一体化结构，且筛分箱在固定臂的内侧为伸缩结构。挡板在筛分箱上为转动结构，且挡板通过凸轴和卡钩与筛分箱的连接方式为卡合连接，并且挡板的最大转动角度为钝角。搅拌筒在支撑架的内侧为转动结构，且扫杆呈放射状设置在搅拌筒的外表面，搅拌筒的内部为蜂窝状结构，且扫杆的外端紧密贴合在外筒体的内表面。外筒体的上端呈孔状结构，且外筒体的上端口宽度尺寸等于筛分板的长度尺寸。电磁块、外筒体和齿轮板构成连动结构，且齿轮板在支撑架的下端内部为滑动结构，齿轮板与外筒体的连接方式为啮合连接，且外筒体在支撑架的内侧为转动结构。传送台在支撑架的右侧为升降结构，且第一传送槽和第二传送槽的中轴线关于传送台的中轴线对称设置，并且第一传送槽的宽度尺寸大于第二传送槽的宽度尺寸。第一侧板呈倒"U"字形结构，且第一侧板的前后两端均焊接连接在传送台上。切割片在传送台的上端为升降结构，且切割片和第二伸缩杆在第一侧板的内侧为滑动结构，并且切割片呈纵截面三角形结构。

该方便去钳的小龙虾加工处理装置，设置有自动化筛分装置，不需要人工进行挑拣，且可以直接转移到传送装置上进行加工，省时省力，有清洗消毒装置，且清洗的效果较好，比较均匀，有去钳装置，且能够调节尺寸使小龙虾钳切割比较均匀，可以对筛分的小龙虾进行同时加工，提高效率，且加工平台上设置有清扫装置。通过设置有齿轮盘、固定臂、支撑杆和弹簧杆，首先通过支撑杆的作用支撑固定臂且保证其活动的效果，再通过齿轮盘和固定臂的啮合连接作用，使得固定臂快速反复转动达到震动的效果，再通过弹簧杆的作用进行缓冲减震。通过设置有卡钩、挡板、凸轴和绳链，通过卡钩和凸轴的卡扣连接，方便将挡板固定住，避免在筛分的过程中导致小龙虾掉出，且可以将卡钩和凸轴分离通过绳链的作用使绳链展开一定的角度，方便小龙虾落到传送台上进行加工。通过设置有搅拌筒、清洗液和扫杆，清洗液会通过搅拌筒流出到外筒体的内部，再通过搅拌筒的转动作用带动扫杆转动对小龙虾进行不断的翻滚搅动清洗，提高清洗效率。通过设置有外筒体、齿轮板和电磁块，通过电磁块的滑动作用带动齿轮板左右移动，通过齿轮板与外筒体的啮合连接作用使得外筒体能够发生偏转，从而在扫杆的转动作用下将龙虾扫出到传送台上。通过设置有液压缸、活动块、第二伸缩杆和切割片，通过液压缸的作用控制第二伸缩杆伸缩从而带动切割片升降对龙虾钳进行切割，且通过 2 组活动块的滑动作用，能够调节 2 组切割片之间的距离，从而对不同尺寸的龙虾钳进行切割。

2）一种小龙虾开背装置：该装置（图 5-12）包括操作台和增压泵。操作台的上端左侧卡合安装设置有清洗箱，且清洗箱的内部底端左右两侧均固定安装有第一电动伸缩杆。第一电动伸缩杆的上端固定安装有过滤箱，且过滤箱的内部中间竖直固定设置有分隔板。清洗箱的左侧壁设置有玻璃板，且清洗箱的左侧表面固定安装有保护壳。保护壳的内部底端固定设置有安装座，且安装座的内部卡合安装有紫外线灯，紫外线灯的上端电性连接有电源。操作台的内部右端固定设置有第一电机，且第一电机的上端安装有第一齿盘。第一齿盘的左侧啮合连接有第二齿盘，且第二齿盘的上端连接有转盘。转盘的内部开设有槽道，且转盘的左右两

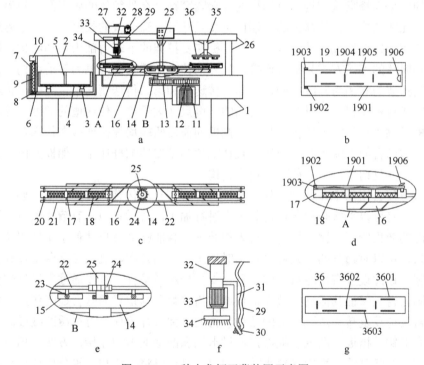

图 5-12　一种小龙虾开背装置示意图

a. 正视剖面结构；b. 压紧装置结构；c. 撑爪片展开结构；d. 图 a 中 A 处放大结构；e. 图 a 中 B 处放大结构；f. 后支片和第二电动伸缩杆连接结构；g. 切割装置结构

1. 操作台；2. 清洗箱；3. 第一电动伸缩杆；4. 过滤箱；5. 分隔板；6. 玻璃板；7. 保护壳；8. 安装座；9. 紫外线灯；10. 电源；11. 第一电机；12. 第一齿盘；13. 第二齿盘；14. 转盘；15. 槽道；16. 支承板；17. 放置板；18. 放置槽；19. 压紧装置；1901. 压紧板；1902. 固定轴座；1903. 转轴；1904. 第一切割槽；1905. 第二切割槽；1906. 抠块；20. 活动件；21. 撑爪片；22. 伸缩条；23. 辅助滑轮；24. 第三齿盘；25. 吊杆；26. 支架；27. 水箱；28. 增压泵；29. 水管；30. 喷头；31. 后支片；32. 第二电动伸缩杆；33. 第二电机；34. 清扫盘；35. 第三电动伸缩杆；36. 切割装置；3601. 切割板；3602. 第一切割片；3603. 第二切割片

侧均固定连接有支承板，支承板的上端活动安装有放置板，且放置板的内部等间距开设有放置槽。放置板的上端安装设置有压紧装置，且放置板的前后两侧均活动连接有活动件。活动件远离放置板的一端活动连接有撑爪片，且撑爪片的外表面固定连接有伸缩条。伸缩条的下表面固定安装有辅助滑轮，且辅助滑轮位于槽道的内部。伸缩条的内侧啮合连接有第三齿盘，且第三齿盘的中间贯穿连接有吊杆，并且吊杆的底端活动连接在转盘的内部。吊杆的上端固定连接有支架，且支架上表面左侧固定安装有水箱；增压泵紧密设置在水箱的右侧，且增压泵的下端连接有水管；水管的下端连接有喷头，且喷头的外侧设置有后支片；后支片的上端前侧固定连接有第二电动伸缩杆，且第二电动伸缩杆的下端固定连接有第二电机，第二电机的下端安装有清扫盘；支架的右端下表面固定安装有第三电动伸缩杆，且第三电动伸缩杆的下端固定安装有切割装置。

　　过滤箱在清洗箱的内部为升降结构，且第一电动伸缩杆关于过滤箱的中轴线对称设置有 2 组，并且过滤箱的底端表面呈蜂窝状结构。第一齿盘、第二齿盘和转盘构成连动结构，且支承板关于转盘的中轴线对称设置有 2 组。放置槽在放置板的内部设置有 3 组，且放置槽的下端表面呈蜂窝状结构。压紧装置包括压紧板、固定轴座、转轴、第一切割槽、第二切割槽和抠块，压紧板的左端内部贯穿设置有固定轴座，固定轴座的外端固定设置有转轴，压紧板的上表面等间距开设有第一切割槽，第一切割槽的右侧前后对称开设有第二切割槽。活动件关于撑爪片对称设置，且放置板的前后两侧均通过 2 组活动件连接有 1 组撑爪片，并且第三齿盘、伸缩条和撑爪片构成连动结构。伸缩条关于吊杆的中心对称设置有 2 组，且伸缩条在转盘的上端为滑动结构，并且伸缩条的左右两端均连接有撑爪片。第二电机在支架上为滑动结构，且第二电机在支架的下端为升降结构。切割装置包括切割板、第一切割片和第二切割片，切割板的下表面等间距安装有第一切割片，第一切割片的右侧前后对称安装有第二切割片。

　　该小龙虾开背装置及其方法，对小龙虾的清理消毒比较干净彻底，方便工作人员从清洗槽内拿取小龙虾，固定装置简单巧妙，使小龙虾不易脱落，保证加工的连续性，对小龙虾有深度加工装置，方便将其钳部展开并去除，并且开背的效果较好，方便工作人员操作，能对两批或者多批小龙虾同时进行清洗和加工，效率较高。设置有第一电动伸缩杆、过滤箱和分隔板，通过第一电动伸缩杆的伸缩作用方便将过滤箱以及过滤箱内部的小龙虾推出水面，方便工作人员拿放小龙虾，且在分隔板的分隔作用下将未加工和加工过的小龙虾分开存放。设置有玻璃板、紫外线灯和清扫盘，通过紫外线灯的作用发射紫外线，在玻璃板的作用下进行多处折射，从而增加进入清洗箱内部的紫外线，提高其消毒杀菌的效果和程度。设置有第一电机、第一齿盘和第二齿盘，通过第一电机、第一齿盘和第二齿盘构成连动结构，方便带动 2 组支承板和放置板规律化切换，方便进行工位的切换，能对两批或者多批小龙虾同时进行清洗和加工，保证操作的连续性，提高工作效率。设置有压紧装置、撑爪片和切割装置，通过压紧装置的作用方便将小龙虾夹紧固定，且在撑爪片的作用下方便将小龙虾的钳子撑开，再通过切割装置的切割作用对小龙虾进行去钳和开背。

3）一种具有冲洗功能的小龙虾剥壳装置：该装置（图 5-13）包括固定平台、虾壳收集箱、搅拌箱和虾肉清洗箱。固定平台的上端表面固定连接有滑板，且固定平台的拐角处通过支撑柱焊接连接有横板；横板的内部自右向左依次滑动连接有第一滑块和第二滑块，且第二滑块的下端固定连接有连接杆；连接杆的右表面固定连接有支撑台，且支撑台内部交错设置有第三齿轮和第二齿轮；第三齿轮和第二齿轮的连接方式为啮合连接，且第三齿轮的内部贯穿螺纹连接有螺纹杆；螺

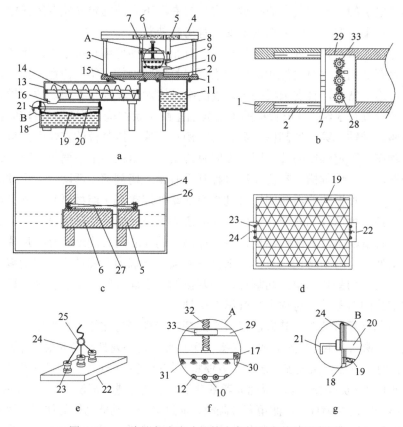

图 5-13　一种具有冲洗功能的小龙虾剥壳装置示意图

a. 正面剖切结构；b. 固定平台、连接杆和支撑台连接俯视结构；c. 横板、第一滑块和第二滑块连接俯视结构；d. 过滤网和固定块连接俯视结构；e. 固定块、线圈和钢丝线连接整体结构；f. 图 a 中 A 处放大结构；g. 图 a 中 B 处放大结构

1. 固定平台；2. 滑板；3. 支撑柱；4. 横板；5. 第一滑块；6. 第二滑块；7. 连接杆；8. 伸缩杆；9. 弯刀；10. 放置板；11. 虾壳收集箱；12. 滚轮；13. 搅拌箱；14. 搅拌叶；15. 入料口；16. 下料口；17. 盖板；18. 虾肉清洗箱；19. 过滤网；20. 连接轴；21. 摇把；22. 固定块；23. 线圈；24. 钢丝线；25. 套环；26. 第一齿轮；27. 皮带；28. 第二齿轮；29. 支撑台；30. 竖刀；31. 毛刷；32. 螺纹杆；33. 第三齿轮

纹杆自外向内依次贯穿支撑台和第三齿轮，且螺纹杆的下端固定连接有盖板；盖板的右下端焊接连接有竖刀，且竖刀的左侧等间距设置有毛刷；盖板在连接杆的右端为滑动连接，且盖板的下侧设置有放置板；放置板的表面转动连接有滚轮，且放置板固定连接在固定平台的中部上表面；第一滑块的下端固定连接有伸缩杆，且伸缩杆的下端焊接连接有弯刀；第一滑块和第二滑块的后侧均啮合连接有第一齿轮，且第一齿轮与第一齿轮之间转动连接有皮带。虾壳收集箱通过螺栓连接固定在固定平台的右下端，且固定平台的左下端通过螺栓连接固定有入料口。搅拌箱的右上端焊接连接有入料口，且搅拌箱的左下端焊接连接有下料口，并且搅拌箱的内部转动连接有搅拌叶。虾肉清洗箱位于搅拌箱的下方，且虾肉清洗箱的内部滑动连接有过滤网；虾肉清洗箱的左右内壁均贯穿连接有连接轴，且连接轴的左端转动连接有摇把。过滤网的左右两端均固定连接有固定块，且固定块的上表面均固定连接有线圈；线圈通过钢丝线连接有套环，且钢丝线的上端在连接轴的左右两端均有缠绕。

固定平台的纵截面呈倒"T"字形结构，且固定平台的上表面最高处与滑板的上表面在同一平面上，并且滑板和固定平台为焊接一体化结构。固定平台的水平横截面呈"H"字形结构，且固定平台的长度尺寸大于滑板的长度尺寸。第一滑块和第二滑块的后表面均呈锯齿状结构，且第一滑块和第二滑块分别通过2个第一齿轮在横板上为滑动结构，并且第一齿轮与皮带构成"8"字形结构。滚轮均匀设置在放置板的上表面，且放置板的纵截面呈"7"字形结构。入料口呈漏斗状，且入料口的上端开口尺寸不小于固定平台的宽度尺寸，入料口与搅拌箱为焊接一体化结构，且搅拌箱内部的搅拌叶呈螺旋状结构。盖板的大小尺寸等于支撑台的大小尺寸，且盖板的下端均匀设置有毛刷，并且盖板的宽度尺寸等于竖刀的长度尺寸。连接轴、钢丝线、固定块和过滤网构成一体化结构，且过滤网在虾肉清洗箱的内壁上为滑动结构。固定块关于过滤网左右对称设置有2个，且固定块上等间距固定连接有3个线圈，并且线圈与钢丝线构成三角形结构。第三齿轮在支撑台的内部等间距设置有3组，且第三齿轮与第三齿轮之间啮合连接有第二齿轮。

该具有冲洗功能的小龙虾剥壳装置，便于虾头壳与虾尾进行分离去除，同时也便于对虾壳和虾尾进行分类收集，以及便于对虾尾进行充分搅拌与清洗，便于提高工作效率。设置有第一滑块、第二滑块和第一齿轮，第一齿轮转动时，由于第一齿轮与第一滑块和第二滑块均为啮合连接，从而便于带动第一滑块和第二滑块进行滑动，由于左右两侧的第一齿轮通过皮带相连接，皮带呈"8"字形结构，便于保持2个第一齿轮的转动方向相反，从而便于第一滑块与第二滑块运动方向相反，方便分割虾头与虾尾。设置有搅拌箱和搅拌叶，通过螺旋状的搅拌叶将虾尾上的杂质进行搅拌分离，同时也便于将虾尾传送到下方的虾肉清洗箱中，便于提高工作效率，避免人工收集清洗，方便使用。设置有过滤网、连接轴、摇把、固定块和钢丝线，通过钢丝线和固定块将过滤网连接固定，同时也便于缠绕在连接轴上，通过顺时针或逆时针交错地转动摇把，来带动过滤网的上下滑动，从而便于快速地直接对虾尾进行清洗，也便于提高工作效率。设置有弯刀、盖板和竖刀，弯刀通过伸缩杆在第一滑块的下端等间距设置，方便调节伸缩杆的长度来插入虾头壳的内部，盖板通过第三齿轮的转动带动螺纹杆向下滑动，从而便于调节盖板的高度，方便对虾尾进行固定，毛刷为软毛性材质，便于对虾尾进行保护，避免挤压过度，损坏虾尾，竖刀在盖板上为伸缩结构，同时便于调节高度，在盖板不断下滑时，避免切碎虾尾与虾头。

5.3　淡水产品加工环节设备创新

5.3.1　淡水鱼类加工设备

（1）一种基于淡水鱼类加工的鱼身切段清洗装置

　　该装置（图 5-14）包括机架、清洗箱、第二旋转杆和集污箱。机架上螺栓固定有电动机，且机架上焊接有固定杆，电动机与第一旋转杆之间为键连接，且第一旋转杆的两端通过滚珠旋转轴承与机架之间为活动连接，并且第一旋转杆上焊接有刀片。固定杆从固定座中穿过，且固定座内壁中开设有第一空腔和第二空腔，并且固定座顶端侧壁表面向内凹陷形成有凹槽，同时固定座的顶端设置有卡板。第一空腔外侧的固定座通过滚珠旋转轴承与固定杆活动连接，且第一空腔内的固定杆上套有扭簧，并且扭簧的两端分别与固定杆和固定座的内壁焊接连接。凹槽内设置有磁铁，且磁铁上粘接有活动柱，活动柱一端通过固定座延伸至第二空腔内，并且活动柱通过弹力弹簧与固定座的内壁相连接。清洗箱位于固定座的下方，且清洗箱的外壁通过支撑杆与机架焊接为一体，并且清洗箱的内壁上焊接有隔板，并且清洗箱的壁体内部开设有集水腔，同时清洗箱与进水管焊接连接。隔板的两侧均匀地开设有出水孔，且隔板之间的清洗箱壁体上开设有排污孔，第二旋转杆的两端从清洗箱、隔板和机架穿过，且第二旋转杆通过传动皮带与第一旋转杆传动连接，并且第二旋转杆与清洗箱、隔板和机架壁体之间均通过滚珠旋转轴承活动连接。集污箱位于清洗箱的正下方，且集污箱焊接于机架上，并且集污箱与排污管焊接并相连通。

　　刀片为 304 不锈钢材质，且刀片个数为 4 个并呈等间距分布，并且刀片呈凸轮状结构，同时 4 个刀片之间的角度均不相同。固定座呈等间距分布设置有 5 个，且相邻 2 个固定座之间的间距大于刀片的厚度，并且固定座整体呈圆柱形，同时固定座的厚度为 6cm。固定座和卡板均为食品级塑料材质，且固定座和卡板注塑一体成型，并且卡板呈"L"形结构。固定座之间的磁铁相互吸附，且磁铁之间

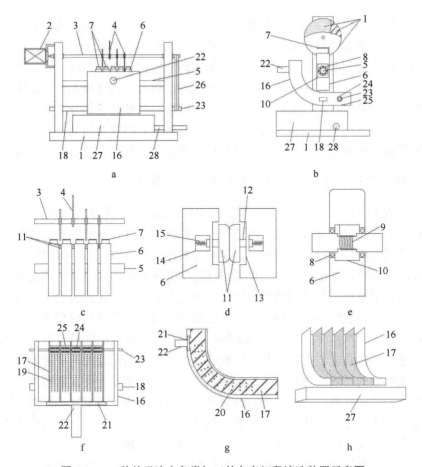

图 5-14　一种基于淡水鱼类加工的鱼身切段清洗装置示意图

a. 正面结构；b. 侧视结构；c. 刀片和固定座；d. 固定座和磁铁；e. 磁铁剖视结构；f. 清洗箱；g. 清洗箱侧视结构；h. 清洗箱和集污箱

1. 机架；2. 电动机；3. 第一旋转杆；4. 刀片；5. 固定杆；6. 固定座；7. 卡板；8. 滚珠旋转轴承；9. 扭簧；10. 第一空腔；11. 磁铁；12. 活动柱；13. 凹槽；14. 第二空腔；15. 弹力弹簧；16. 清洗箱；17. 隔板；18. 支撑杆；19. 排污孔；20. 出水孔；21. 集水腔；22. 进水管；23. 第二旋转杆；24. 刷毛；25. 挡水座；26. 传动皮带；27. 集污箱；28. 排污管

的吸附力大于扭簧的扭力，并且磁铁两侧棱角呈圆弧状。弹力弹簧的最大形变量为磁铁与凹槽槽壁之间的间距。清洗箱纵截面呈圆弧形，且清洗箱的圆心与固定座的中心点一致，并且清洗箱的直径大于固定座的直径。隔板呈中空状结构，且隔板和进水管均通过清洗箱与集水腔相连通。隔板之间的第二旋转杆上均匀地粘接有刷毛，且刷毛正下方的清洗箱壁体表面垂直向上延伸形成挡水座，挡水座的纵截面呈梯形，且挡水座的长度与相邻 2 个隔板之间的间距一致。集污箱呈顶端为开口状的空心方形体结构，且集污箱的横截面大于清洗箱横截面面积。

该基于淡水鱼类加工的鱼身切段清洗装置等间距设置有多个刀片和固定座，

每个刀片均为凸轮状，且每一个角度并不一致，这样刀片在同步旋转时，可以依次对固定座上的鱼进行切段。同时固定座为活动结构，但某个固定座上的鱼身被切断后，该固定座会进行自动旋转，从而将该鱼身送入清洗箱内，这样固定座会随着刀片的旋转，依次将切断后的鱼身送入清洗箱内。清洗箱配合固定座呈等间距设置有多个隔板，可以将每一个固定座上切断后的鱼身进行分类清洗，这样清洗过程中，鱼身之间不会相互污染，提高清洗效果。同时切断后的鱼身、鱼头和鱼尾可以进行分类收集，便于人们进行后续的加工处理，有利于推广使用。

（2）一种便于控制产品数量的鲢鱼加工用摊料装置

该装置（图 5-15）包括支撑架和第二电机。支撑架的内侧转动设置有输送带，且输送带的右侧上方安装有通过固定杆与支撑架固定连接的储存箱。储存箱的前后两侧均通过焊接固定有固定杆，且储存箱的底端开设有出口；储存箱左侧壁的下端转动安装有限制板，且限制板通过连接轴与储存箱固定连接。连接轴的下端内侧预留有限制槽，且限制槽的内侧卡合安装有连接板；连接板的下端卡合连接有下表面呈锯齿状结构的调整板，且连接板通过固定轴与调整板相连接。储存箱前后两侧壁的下端均焊接固定有承载板，且承载板的内侧表面设置有承载槽；调整板与承载槽构成卡合连接，且调整板的下方设置有与承载板构成转动结构的主动轴。主动轴的后端连接有第一电机，且主动轴的外侧嵌套固定安装有外表面呈锯齿状结构的随动辊。支撑架的右端螺栓固定连接有第一固定板，且第一固定板的内侧表面镶嵌有固定槽。固定槽的内侧滑动安装有主动块，且主动块的内部贯穿有外表面呈螺纹状结构的调节轴。主动块的内侧焊接连接有随动板，且随动板的左端预留有衔接槽。第二电机位于衔接槽的上方，且第二电机下端的随动板表面镶嵌有轴承。轴承的内侧贯穿有与第二电机输出端相连接的控制轴，且控制轴的下端焊接有控制板。控制板的左侧设置有卡合在衔接槽内侧的摊板，且摊板的右端转动安装有连接辊。摊板的右侧表面设置有弹簧，且摊板通过弹簧与衔接槽的左侧内壁相连接，并且摊板的左端安装有防撞辊。随动板的下表面焊接固定有支撑板，且支撑板的上表面等间距转动安装有支撑辊。摊板的前后两侧对称设置有第二固定板，且第二固定板的内侧表面预留有防脱槽。防脱槽的内部卡合安装有连接块，且连接块的内侧开设有跨度尺寸与摊板厚度尺寸相等的连接槽。

连接板与限制板构成伸缩结构，且连接板上端的厚度尺寸与限制槽的后侧尺寸相等，并且连接板和限制板的前后两侧的表面均与储存箱的前后两侧的内壁紧密贴合。调整板在储存箱的下端为左右滑动结构，且储存箱左侧壁的下端为倾斜设置。随动辊与调整板的连接方式为啮合连接，且调整板的竖直截面呈"L"形结构，并且调整板与连接板构成转动结构。调节轴与第一固定板构成转动结构，

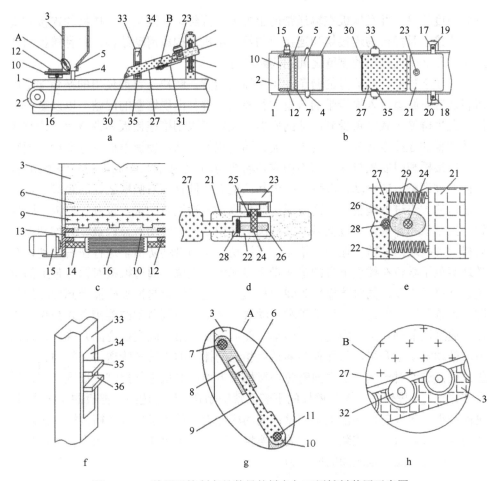

图 5-15　一种便于控制产品数量的鲢鱼加工用摊料装置示意图

a. 正视剖面结构；b. 俯视结构；c. 储存箱；d. 摊板与随动板正视连接结构；e. 摊板与随动板俯视连接结构；f. 固定板与连接块连接结构；g. 图 a 中 A 处放大结构；h. 图 a 中 B 处放大结构

1. 支撑架；2. 输送带；3. 储存箱；4. 固定杆；5. 出口；6. 限制板；7. 连接轴；8. 限制槽；9. 连接板；10. 调整板；11. 固定轴；12. 承载板；13. 承载槽；14. 主动轴；15. 第一电机；16. 随动辊；17. 第一固定板；18. 固定槽；19. 主动块；20. 调节轴；21. 随动板；22. 衔接槽；23. 第二电机；24. 控制轴；25. 轴承；26. 控制板；27. 摊板；28. 连接辊；29. 弹簧；30. 防撞辊；31. 支撑板；32. 支撑辊；33. 第二固定板；34. 防脱槽；35. 连接块；36. 连接槽

且调节轴与主动块的连接方式为螺纹连接，并且主动块关于随动板的中轴线对称设置。控制板的横截面呈椭圆状结构，且控制板的外表面与连接辊的外表面相切，并且控制板在衔接槽内为转动结构。摊板的右端竖直截面呈 "T" 形结构，且摊板通过弹簧与随动板构成伸缩结构，并且弹簧关于控制轴的中心对称设置。防撞辊与摊板构成滚动结构，且防撞辊竖直截面呈圆角三角形结构，并且防撞辊为弹性结构。支撑辊的上端与摊板的下表面紧密贴合，且摊板的倾斜角度与随动板的倾斜角度相等,并且摊板在输送带的上方为升降结构。连接块与摊板的连接方式卡合连接,且摊板与连接块和连接块与第二电机均构成滑动结构,并且摊板的宽度尺寸与2个连接槽的侧壁之间的间距相等。

该便于控制产品数量的鲢鱼加工用摊料装置,解决了目前使用的鲢鱼加工用摊料装置对鲢鱼进入输送带的数量进行控制,容易出现堵塞的问题,以及鲢鱼与摊板发生碰撞导致鲢鱼受到破坏的问题。设置了限制槽连接板和调整板,调整板与随动辊的连接方式为啮合连接,通过随动辊的转动,使调整板进行滑动,调整板与连接板和限制板与储存箱均构成转动结构,且连接板与限制板构成伸缩结构,从而通过调整板的滑动,改变连接板和调整板与储存箱右侧壁之间的距离,进而对出口的大小进行调整,从而方便控制鲢鱼进入输送带的量。设置了摊板、防撞辊、控制板和弹簧,通过横截面呈椭圆形的控制板的转动对摊板进行外推和弹簧对摊板的拉近,使摊板在衔接槽做往复运动,从而带动防撞辊进行左右运动,有效地避免了鲢鱼在摊板下方的输送带上出现堆积现象,通过摊板对输送带上的鲢鱼进行摊平作业,同时防撞辊为弹性材质,避免了鲢鱼与摊板碰撞受到破坏的问题。设置了第一固定板、调节轴和主动块,主动块与调节轴的连接方式为螺纹连接,通过调节轴在第一固定板上转动,使调节轴在第一固定板内的升降,通过调节轴带动随动板升降,从而使与随动板相连的摊板的右端与输送带之间的距离发生改变,进而对输送带上表面鲢鱼在摊板下方通过的量进行控制。设置了支撑板和支撑辊,支撑辊的上端与摊板的下表面紧密贴合,从而达到对摊板的支撑作用,进而减小了摊板与衔接槽上下侧壁之间的摩擦力,避免了摊板在衔接槽内出现卡死现象,进而保证了该装置作业的流畅性,同时支撑板在支撑辊上为转动结构,减小了摊板与支撑辊之间的摩擦力。

(3)一种便于均匀翻晒的鲫鱼加工用晾晒架

该装置(图5-16)包括外壳、外框和把手。外壳的四周壳壁上均安装有风筒,且风筒的内壁安装有防尘网和风扇。外框固定在外壳的顶端开口处,且外框的内表面安装有水平分布的滤网,并且滤网上开设有通孔。把手安装在主轴的端头处,且主轴的末端穿过外壳的侧壁延伸至外壳的内部中心处,并且外壳的内部安装有副轴。主轴和副轴上均安装有传动轮,且传动轮和传动带相连接,主轴上对称固定有2个驱动齿轮,且驱动齿轮的边侧设置有竖板,并且竖板的顶端焊接有水平分布的推杆。外壳的内部安装有水平分布的接水板。

防尘网安装在风筒的外端开口处,且风筒为倾斜分布,风扇安装在防尘网的内侧。滤网上设置有向下凹陷的放置槽,且放置槽的截面呈三角形结构,通孔对称开设在放置槽边侧的滤网上。主轴和副轴均与外壳组成转动结构,且副轴对称分布在主轴的两侧,并且主轴和副轴均与2个通孔上下对应分布。驱动齿轮在主

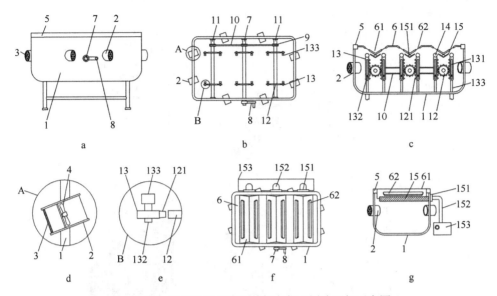

图 5-16 一种便于均匀翻晒的鲫鱼加工用晾晒架示意图

a. 正视结构；b. 主轴俯剖面结构；c. 外壳正剖面结构；d. 图 b 中 A 处剖面放大结构；e. 图 b 中 B 处放大结构；
f. 俯视结构；g. 接水板侧视结构

1. 外壳；2. 风筒；3. 防尘网；4. 风扇；5. 外框；6. 滤网；61. 放置槽；62. 通孔；7. 主轴；8. 把手；9. 传动
轮；10. 传动带；11. 副轴；12. 驱动齿轮；121. 齿条；13. 竖板；131. 滑槽；132. 横柱；133. 固定板；14. 推
杆；15. 接水板；151. 出水孔；152. 连接管；153. 水箱

轴和副轴上均有分布，且每 1 个驱动齿轮的边侧均设置有 2 个垂直分布的竖板，并且竖板边侧上的齿条和驱动齿轮相啮合。竖板的中心处开设有滑槽，且滑槽和固定在固定板顶端的横柱滑动连接，并且固定板垂直固定在外壳底壁的内侧。推杆和通孔上下对应分布，且两者的大小相吻合。接水板的一端和开设在外壳上的出水孔相连通，且出水孔通过连接管，并且连接管的底端和位于外壳边侧的水箱相连通。

　　该便于均匀翻晒的鲫鱼加工用晾晒架，通过对传统晾晒架结构的改进，确保了使用者能够直接对所有的鲫鱼进行统一的翻面操作，并且鲫鱼的背光面也能被很好地风干，使用更加方便。风筒的使用以及其分布状态的设计，能使空气在壳体内呈涡旋状向上流动，确保了鲫鱼背光面的风干效率。主轴以及副轴相关结构的使用，能使两者在把手的带动下统一转动，确保了后续鲫鱼翻面相关结构的正常使用。驱动齿轮和竖板等相关结构的设计，便于通过主副轴的转动，带动推杆进行上下方向的移动，继而利用滤网上鲫鱼放置的状态，对鲫鱼进行便捷的翻面操作。

（4）一种鱼冻加工中鱼处理装置

　　该装置（图 5-17）包括输送皮带、第一倾斜滑道、切割除杂结构、清洗结构、熬煮锅。输送皮带的输送尾端接第一倾斜滑道的进口端，输送皮带用于输送去头

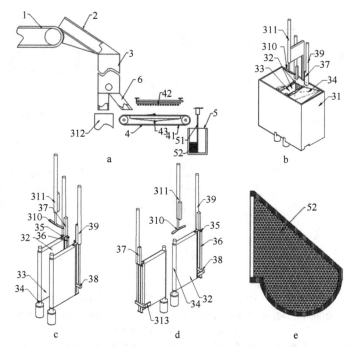

图 5-17　一种鱼冻加工中鱼处理装置示意图

a. 整体结构示意图；b. 切割除杂结构；c. 限位板旋转合拢时与切割刀、刮片等的位置关系；d. 限位板旋转打开时与切割刀、刮片等的位置关系；e. 不锈钢网兜

1. 输送皮带；2. 第一倾斜滑道；3. 切割除杂结构；31. 外壳；32. 限位板；33. 竖向通道；34. 封板；35. 承托板；36. 滑动杆；37. 旋转电机；38. 滑块；39. 升降气缸；310. 刮片；311. 伸缩气缸；312. 鱼杂收集斗；313. 切割刀；4. 清洗结构；41. 输送网孔带；42. 喷水头；43. 清洗废物收集槽；5. 熬煮锅；51. 搅拌轴；52. 不锈钢网兜；6. 第二倾斜滑道

的鱼，且鱼在输送皮带上的状态均是头端靠近第一倾斜滑道，第一倾斜滑道内壁光滑且在第一倾斜滑道的出口端连接且连通切割除杂结构。切割除杂结构包括外壳、外壳内固定的两块限位板，两块限位板之间构成只能供一条鱼进入的竖向通道，两块限位板上方且分别位于外壳的相对侧顶部连接有向竖向通道下斜的封板，每块限位板一侧套设在一转轴上且限位板与转轴之间旋转配合。在每块限位板的另一侧上部、下部均铰接有承托板，在上、下两个承托板之间连接有两根滑动杆，在两根滑动杆上套设并滑动配合有一滑块，滑块一侧连接有升降气缸的伸缩杆端，在滑块的另一侧固定有一刃口向下的切割刀，在鱼下滑到竖向通道内时切割刀恰好位于鱼背侧，在两块限位板合拢时两块切割刀顶端靠拢，在两块限位板旋转打开时，两侧的切割刀及滑动杆压住剖开的鱼的开口两侧以辅助鱼打开、敞开内腔，在竖向通道上方通过伸缩气缸连接有一刮片，在两块限位板旋转打开时刮片对准鱼的内腔。在外壳底部且对应竖向通道的下方固定有倾斜的网且其网孔大于鱼杂尺寸但小于鱼的尺寸，在竖向通道的下方固定有鱼杂收集斗。在倾斜的网的低端

连接且连通有第二倾斜滑道，在第二倾斜滑道的下方固定有清洗结构，清洗结构包括输送网孔带、位于输送网孔带上方且喷向输送网孔带上面的多个喷水头，熬煮锅设置在输送网孔带的输送后端下方。

清洗结构还包括固定在输送网孔带下方的清洗废物收集槽，用于收集清洗掉的血水、黏液及部分鱼杂等。熬煮锅内设置有搅拌轴，搅拌轴下段固定有除鱼刺用的不锈钢网兜，搅拌轴通过电机带动。不锈钢网兜的开口底部所在位置要高于不锈钢网兜兜底所在位置，防止在搅拌、过滤过程中鱼刺从网兜内掉出。本发明的不锈钢网兜的网孔设置以防止鱼刺掉出为宜。本发明用到的熬煮锅采用现有技术中的电加热锅或蒸汽加热锅都可以。

采用本发明的设备，可以实现去除鱼脊骨、剖开及去内脏自动化操作，有效提高了工作效率，去除内脏后经清洗、晾干后进入熬煮锅内，加入适量水进行熬煮，将鱼肉熬烂，在熬煮过程中通过搅拌轴带动不锈钢网兜搅拌的同时将鱼刺进行大部分过滤，有效提高了工作效率，且为实现批量化生产鱼冻奠定了基础。

（5）一种便于调节鱼丸大小的鲢鱼鱼丸加工装置

该装置（图5-18）包括架体和成品保鲜箱。架体的右侧上方连接有第一连接架，且第一连接架的右侧内部焊接连接有搅拌箱。搅拌箱的上表面右侧焊接连接有入料口，且入料口的上方铰接连接有入料盖；搅拌箱的上表面中心位置固定连接有第一电机，且第一电机的下方固定连接有第一连接杆，并且第一连接杆贯穿连接在架体的上方。第一连接杆的中上方外侧嵌套连接有限位架，且限位架的左右两侧均固定连接在搅拌箱的内壁上；第一连接杆的外侧等距固定连接有第一搅拌杆，且2个第一搅拌杆之间设置有第二搅拌杆。搅拌箱的内壁紧密贴合有刮板，且刮板固定连接在第一连接杆上，第一连接杆的下方外侧固定连接有下料块，且下料块连接在下料管的内壁上。下料管固定连接在搅拌箱的下方，且下料管的下方连接有调节块，调节块的下方连接有第一齿轮，且第一齿轮的中部贯穿连接有第二连接杆，并且第二连接杆的上方固定连接在搅拌箱的下表面上。第二连接杆的下方连接有第二连接架，且第二连接架固定连接在架体的右侧面上，第一齿轮的左侧连接有第二齿轮，且第二齿轮的左侧通过第二电机固定连接在架体。第一齿轮的下表面右侧连接有成型管道，且成型管道的左侧通过第三连接架连接在架体上，成品保鲜箱位于成型管道的下方，且成品保鲜箱通过磁块连接在架体的右侧。成品保鲜箱包括外箱、冰室、冰入口、水出口、球阀、铁块、弹簧、连接板、内箱和橡胶层，且外箱的左侧粘贴连接有铁块。外箱的内部预留有冰室，且冰室的上表面左侧预留有冰入口；冰室的右侧下方固定连接有水出口，且水出口上贯穿连接有球阀。外箱的内壁下表面上方通过弹簧固定连接有连接板，且连接板的上方连接有内箱，并且内箱的内部粘贴连接有橡胶层。

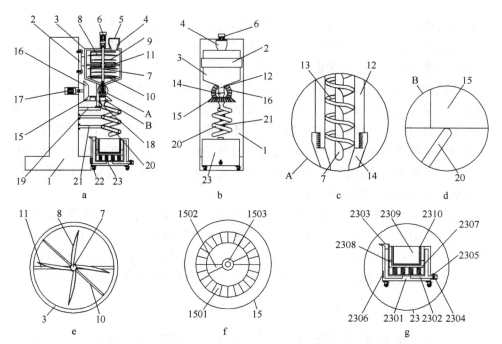

图 5-18 一种便于调节鱼丸大小的鲢鱼鱼丸加工装置示意图

a. 正视剖面结构；b. 侧视结构；c. 图 a 中 A 处放大；d. 图 a 中 B 处放大；e. 刮板、搅拌箱和第一连接杆连接结构；f. 第一齿轮结构；g. 成品保鲜箱结构

1. 架体；2. 第一连接架；3. 搅拌箱；4. 入料口；5. 入料盖；6. 第一电机；7. 第一连接杆；8. 第一搅拌杆；9. 第二搅拌杆；10. 刮板；11. 限位架；12. 下料管；13. 下料块；14. 调节块；15. 第一齿轮；1501. 连接齿块；1502. 刀片；1503. 连接管；16. 第二齿轮；17. 第二电机；18. 第二连接杆；19. 第二连接架；20. 成型管道；21. 第三连接架；22. 磁块；23. 成品保鲜箱；2301. 外箱；2302. 冰室；2303. 冰入口；2304. 水出口；2305. 球阀；2306. 铁块；2307. 弹簧；2308. 连接板；2309. 内箱；2310. 橡胶层

　　搅拌箱分别通过第一连接架和第二连接杆与架体采用螺栓连接的方式相连接，且第一齿轮在第二连接杆上构成转动结构。第一搅拌杆和第二搅拌杆的上侧均呈锯齿状结构，且第一搅拌杆和第二搅拌杆均在第一连接杆上等角度设置。下料块与下料管紧密贴合，且下料管与调节块采用螺纹连接的方式相连接。第一齿轮包括连接齿块、刀片和连接管，连接管位于连接齿块的内部，连接管与连接齿块之间通过 2 片刀片相连接。连接齿块与连接管的间距尺寸大于调节块下方外径尺寸，且连接齿块与连接管的间距尺寸小于成型管道的下方内径尺寸，并且成型管道通过第三连接架在架体上构成拆卸结构。第一齿轮与第二齿轮采用啮合连接的方式相连接，且第一齿轮与第二齿轮垂直设置。成型管道的上表面呈弧线形，且成型管道的下方呈螺旋状结构。外箱通过铁块与磁块采用磁性连接的方式相连接，且外箱的内壁上表面均匀分布有弹簧。内箱与连接板采用卡槽连接的方式相连接，且连接板在外箱上构成伸缩结构。

　　该便于调节鱼丸大小的鲢鱼鱼丸加工装置，可以将鱼肉和配料打碎后充分融合，且可以调节鱼丸的大小，并自动地将鱼肉馅切割成段，并且可以方便地成型，成型效果好，而且可以将鱼丸保鲜并减小鱼丸下落时的冲击力，减小对鱼丸造型的影响。设置有第一连接杆、第一搅拌杆和第二搅拌杆，第一连接杆上等距固定连接有第一搅拌杆，且第一搅拌杆与第一搅拌杆之间设置有第二搅拌杆，第一搅拌杆和第二搅拌杆均在第一连接杆上等角度设置，第一搅拌杆和第二搅拌杆的上方均呈锯齿状，通过第一连接杆的转动可以将鱼肉和配料充分搅拌并打碎，保证鱼丸的口感。设置有调节块、下料管和第一齿轮，调节块与下料管采用螺纹连接的方式相连接，可以根据需要鱼丸的大小选择相应的调节块，从而控制单位时间下料的量，连接齿块与连接管之间固定连接有 2 片刀片，当刀片转动至调节块下方时，即可将鱼肉馅割断，方便下步成型操作。设置有成型管道、第三连接架和架体，成型管道的上方呈漏斗形，且成型管道的下方呈螺旋状，成型管道的纵截面形状呈圆环形，鱼肉馅可以方便地进入成型管道中，且鱼肉馅将跟随重力的作用在成型管道中滚动，即可自动成型，成型管道通过第三连接架在架体上构成拆卸结构，则可以方便地取下成型管道进行清洗，保证了该装置的干净卫生。设置有内箱、连接板和冰室，内箱与连接板采用卡槽连接的方式相连接，且连接板在外箱上构成伸缩结构，内箱的内部粘贴连接有橡胶层，则可以减小鱼肉丸下落时的冲击力，从而防止鱼肉丸变形，且通过冰入口可以方便地在冰室中添加冰块，从而降低成品保鲜箱周围的温度，使鱼肉丸冷却，加速鱼肉丸的成型，并为鱼肉丸保鲜。

（6）一种便于密封的鱼酱生产混合发酵装置及使用方法

　　该装置（图 5-19）包括罐体和罐盖。罐体上设置有锁槽，且罐体上连接有罐口；罐口的外侧设置有环槽和定位凸条，且环槽设置于定位凸条的上方。罐盖上设置有锁孔和上部安装槽，且锁孔和上部安装槽相连通。上部安装槽内轴承连接有麻花管，且麻花管的外侧螺纹连接有驱动盖；驱动盖设置于麻花管的外侧与上部安装槽的内壁之间，且驱动盖的外侧与压盖的内侧之间通过扭簧相连接。压盖的外侧连接有锁块，且压盖的上表面设置有把杆；麻花管的下端上部安装槽贯穿伸入中部安装槽内，且麻花管的下端内侧连接有支撑架。支撑架端部的外侧连接有滑动套，且滑动套的上下两端通过连接柱连接有连接臂。滑动套上下两端间接连接的连接臂另一端均通过连接柱分别连接于罐盖和联动杆上，且联动杆的上端贯穿罐盖设置。联动杆连接于连接杆上，且连接杆之间通过支撑管相连接；支撑管的下端伸入下部连接槽内与压板相连接，且下部连接槽的内壁上设置有定位凹槽。联动杆的下端伸入下部连接槽内连接有加固板，且加固板的下端连接有锁杆。加固板上设置有卡槽，且卡槽内连接有橡胶环。

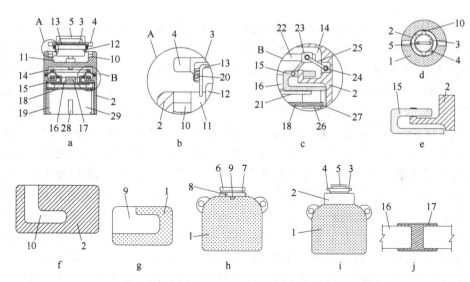

图 5-19 一种便于密封的鱼酱生产混合发酵装置示意图

a. 罐盖剖视结构；b. 图 a 中 A 点放大结构；c. 图 a 中 B 点放大结构；d. 俯视结构；e. 罐盖与联动杆连接结构；f. 锁孔结构；g. 锁槽结构；h. 罐体主视结构；i. 主视结构；j. 连接杆和支撑管连接结构

1. 罐体；2. 罐盖；3. 压盖；4. 锁块；5. 把杆；6. 罐口；7. 环槽；8. 定位凸条；9. 锁槽；10. 锁孔；11. 上部安装槽；12. 麻花管；13. 驱动盖；14. 中部安装槽；15. 联动杆；16. 连接杆；17. 支撑管；18. 橡胶环；19. 锁杆；20. 扭簧；21. 压板；22. 支撑架；23. 滑动套；24. 连接柱；25. 连接臂；26. 加固板；27. 卡槽；28. 定位凹槽；29. 下部连接槽

定位凸条与锁槽之间的水平夹角为 45°，且定位凸条与锁槽间隔设置，并且定位凸条的结构形状与定位凹槽的结构形状对应吻合。锁槽和锁孔的结构形状均为"L"形，且 2 个锁孔关于罐盖的轴线中心对称设置，罐盖的内径大于罐口的外径，且罐盖的轴线与支撑架的轴线共线。联动杆的结构形状为"U"形，且联动杆与加固板以及连接杆均为一体化结构设置，并且联动杆与罐盖为贯穿活动连接。支撑管为"十"字形结构，且支撑管的端部均嵌套连接有连接杆，并且支撑管的下端与压板为一体化结构设置。锁杆与加固板为一体化结构设置，且锁杆的结构形状为"J"形。支撑架的下部结构形状为"十"字形，且支撑架的上部结构为与麻花管下端内侧螺纹连接的杆状结构，并且"十"字形的轴线与杆状结构的轴线共线。滑动套采用嵌套的方式与支撑架的端部连接，且滑动套的上下两侧、罐盖和联动杆上均设置有连接柱，并且连接柱的外侧与连接臂的端部为嵌套活动连接。加固板为弧度角为 90°的弧形结构，且加固板内侧的弧长等于罐口外侧最大圆形周长的 1/4。

本发明还提供了一种便于密封的鱼酱生产混合发酵装置的使用方法，包括如下步骤。

1）将需要发酵的鱼酱通过罐口放入罐体的内部，并在罐口的外侧罩一层密封布。

2）握住把杆，并转动压盖，使得扭簧蓄力，直至压盖上的锁块脱离锁孔。

3）松开把杆，使得扭簧释放扭力，从而使得锁块与锁孔错位，再使罐盖中下部连接槽内的定位凹槽对准罐口外侧的定位凸条，并将罐盖套在罐口的外侧。

4）再次握住把杆，并转动压盖，使得扭簧蓄力，直至压盖上的锁块转动至与锁孔对应，再按压压盖，通过压盖按压驱动盖，同时锁块被按压进锁孔中，直至锁块进入锁孔的底端。

5）松开把杆，使得扭簧释放扭力，从而使得锁块卡入锁孔的内端。

该便于密封的鱼酱生产混合发酵装置及使用方法，能便于通过便捷的操作方式，使罐盖密封罐体，有利于提高鱼酱生产的效率，且能保证罐体与罐盖稳定地连接，避免了在搬运该装置的过程中，造成罐体与罐盖的连接松动，进而使得罐盖不能密封罐体，以免造成鱼酱在发酵过程中变质。罐盖、压盖、把杆、罐口、罐体、环槽、定位凸条、定位凹槽、上部安装槽、麻花管、驱动盖、中部安装槽、联动杆、支撑管、橡胶环、压板、支撑架、滑动套、连接柱、连接臂、加固板、卡槽和下部连接槽的设置，能便于通过直接按压压盖，使得驱动盖下移，从而带动麻花管转动，并通过麻花管的转动，带动支撑架沿麻花管的轴线向下移动，进而通过滑动套、连接柱和连接臂，使得联动杆之间相互靠近，直至联动杆下端的橡胶环紧紧地卡住罐口外侧罩有的密封布，并且能通过加固板对密封布与罐口的连接进行加固，同时压板压在罐口的上端，能够进一步地保证密封布与罐口连接的密封性，从而能便于使罐盖密封罐体，有利于提高鱼酱生产效率。锁孔、锁块、扭簧、锁杆和锁槽的设置，能通过扭簧，保证锁块稳定地卡合在锁孔内，从而能保证压板稳定地压在密封布上，且能保证橡胶环紧紧地卡在密封布的外侧，并且能保证加固板稳定地夹住密封布，有利于保证密封布稳定地密封罐体，同时能通过锁杆与锁槽卡合，保证罐盖稳定地与罐体连接，从而能避免在搬运该装置的过程中，造成罐体与罐盖的连接松动，进而使得罐盖不能密封罐体，造成鱼酱在发酵过程中变质。

5.3.2　淡水虾类加工设备

腌制入味是风味小龙虾加工过程中的关键步骤，快速腌制技术可以缩短生产周期，提高生产效率，为此作者团队发明设计了一种缩短腌制品生产周期的腌制装置及其方法（CN201910395720.5）。此外，作者团队还针对小龙虾的特点，发明设计了一种小龙虾腌制装置及其腌制方法（CN201910032151.8）。

（1）一种缩短腌制品生产周期的腌制装置

该装置（图 5-20）包括装置主体、紧固栓、吊环、搅拌装置、水泵、活动板和导液管。装置主体的外侧下方固定有支撑腿，且装置主体的下端固定有工作箱；装置主体的上端设置有上盖，且上盖与装置主体的连接处安装有紧固栓。上盖的上侧固定有操作口和吊环，上盖的下侧固定有连接杆，且连接杆上连接有连接套，并且连接套的外侧设置有支撑架。支撑架与连接套之间固定有支撑通管，且支撑通管上侧固定有穿钉。装置主体的内侧底部安装有搅拌装置，支撑架的外侧安装有滑轮，工作箱的内部设置有水泵，且水泵的外侧通过上液管和导液管与装置主体相连接，所述工作箱上安装有活动板。

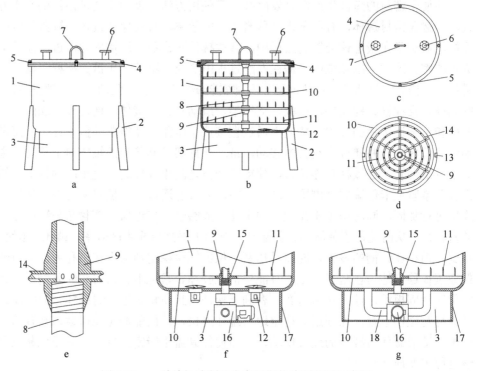

图 5-20　一种缩短腌制品生产周期的腌制装置示意图

a. 主体结构；b. 主视剖面结构；c. 俯视结构；d. 支撑架俯视结构；e. 连接杆和连接套连接处剖视结构；f. 主体和工作箱连接处主剖结构；g. 主体和工作箱连接处侧剖结构

1. 装置主体；2. 支撑腿；3. 工作箱；4. 上盖；5. 紧固栓；6. 操作口；7. 吊环；8. 连接杆；9. 连接套；10. 支撑架；11. 穿钉；12. 搅拌装置；13. 滑轮；14. 支撑通管；15. 上液管；16. 水泵；17. 活动板；18. 导液管

　　装置主体与支撑腿和工作箱之间均为焊接，且活动板螺钉连接在工作箱的侧面上。连接杆的下端与连接套上端之间为一体化结构，且连接杆的上端与连接套下端之间为螺纹连接。支撑架的外径等于装置主体的内径，且支撑架通过滑轮与装置主体的内壁相连接，并且连接杆、连接套和支撑架在装置主体内部成组上下设置。穿钉、支撑通管与连接杆、连接套内部空间相连通，且连接杆、连接套内部空间与上液管相连通。该装置的使用方法，包括如下步骤。

1）将需要腌制的生肉均匀摆放到支撑架上，同时支撑架内侧支撑通管上的穿钉会穿插到生肉内部。

2）在每个支撑架上均摆放上生肉后，可以将每个支撑架上下叠加组装到一起，每个支撑架中间的连接杆和连接套上下进行螺纹连接，使每个支撑架上下叠加固定在一起，同时上盖固定在组装后的支撑架的最上侧。

3）支撑架组装之后，使用起吊装置通过吊环吊起整个支撑架，然后将支撑架放到装置主体的内部，在支撑架通过外侧的滑轮稳定滑进装置主体的内部。

4）之后通过紧固栓将上盖固定在装置主体上端，再通过上盖上的操作口，向装置主体的内部充入腌制工作所需的盐料水。

5）生肉在装置主体内部完全浸入盐料水中，同时启动水泵，通过导液管将装置主体内部的盐料水由上液管注入每个支撑架上的连接杆和连接套内，再由连接杆和连接套将盐料水注入支撑通管内，最后由穿钉将盐料水注入待腌制的物料内。

6）通过内外同时接触盐料水，可以快速完成待腌制物料的腌制工作，再通过搅拌装置，搅动装置主体内部的盐料水，使腌制效果更佳。

该缩短腌制品生产周期的腌制装置及其方法，在装置主体内部设置有多层支撑架，可以使生肉在装置主体内部进行分层设置，既提高了生肉的腌制效率，又保证了生肉的腌制效果。在支撑架上设置有穿钉，可以保证生肉放置的稳定，并且穿钉的内部空间与支撑通管、连接杆和连接套相连通，且工作箱内部还安装有水泵以及导液管和上液管，可以将装置主体内部的腌制液体注入生肉内部，使装置能够从生肉内部进行腌制工作，再配合外部的腌制，便可以有效提高生肉的腌制效率。在上盖上设置有操作口，既可以方便向装置主体内部快速注入腌制原料，又可以通过操作口向装置主体内部进行加压工作，提高腌制原料向生肉内部的浸入效率。在装置主体内部安装有搅拌装置，可以有效避免腌制原料发生沉淀，从而保证了腌制原料的工作质量。

（2）一种小龙虾腌制装置

该装置（图 5-21）包括支撑位壳、传送皮带和产品包装袋。支撑位壳的上端固定安装有腌制箱，且腌制箱的左上端开设有入料口。腌制箱的左侧外表面紧密贴合有加热装置，且加热装置的内部贯穿连接有加热丝，并且加热丝的上端电性连接有电线插头。腌制箱的中部套设有阀体，且阀体的上端啮合连接有齿轮。腌制箱与阀体连接处的外表面开设有凹口，且腌制箱上铰链连接有阀块。阀块通过拉杆与阀体相连接，且拉杆与阀体和阀块的连接方式均为铰链连接。齿轮的右端通过连接轴转动连接有第一传动带，且第一传动带的下端通过螺栓安装连接有第一电机，并且第一电机固定安装在腌制箱的上端表面。腌制箱的内部贯穿连接有转轴，且转轴的外表面粘贴连接有搅拌叶，并且转轴的右端贯穿腌制箱的右壁与

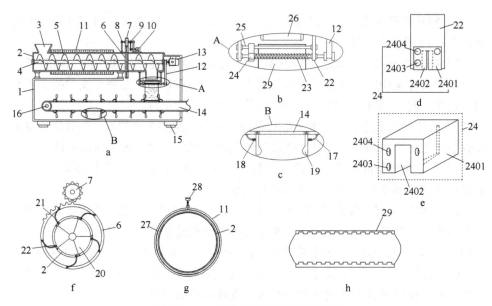

图 5-21　一种小龙虾腌制装置示意图

a. 正视剖面结构；b. 图 a 中 A 部放大结构；c. 图 a 中 B 部放大结构；d. 凹口和封口装置连接侧视结构；e. 封口
　　装置结构；f. 阀体和齿轮连接侧视结构；g. 加热装置侧视剖面结构；h. 产品包装袋开口连接结构

1. 支撑位壳；2. 腌制箱；3. 入料口；4. 转轴；5. 搅拌叶；6. 阀体；7. 齿轮；8. 连接轴；9. 第一传动带；10. 第
一电机；11. 加热装置；12. 第二传动带；13. 第二电机；14. 传送带；15. 支撑柱；16. 带轮；17. 限位杆；18.
弹簧；19. 夹板；20. 阀块；21. 拉杆；22. 凹口；23. 螺纹杆；24. 封口装置；2401. 夹块；2402. 夹口；2403. 螺
　　纹孔；2404. 圆孔；25. 滑杆；26. 出料口；27. 加热丝；28. 电线插头；29. 产品包装袋

第二电机的输出端相连接。产品包装袋设置在出料口的下方，且出料口开设于腌制
箱的右下端；产品包装袋的左右两端均固定安装有凹口，且凹口的上端固定安装在
腌制箱的下端表面。凹口的下端贯穿连接有螺纹杆，且螺纹杆的上侧设置有滑杆，
并且滑杆也贯穿在凹口的内部。螺纹杆和滑杆的左端均贯穿在封口装置的内部，且
螺纹杆的右端通过第二传动带与第二电机转动连接。传送皮带设置在支撑位壳的内
部下侧，且传送皮带通过带轮连接在支撑位壳的内部。传送皮带的外表面铰接连接
有夹板，且夹板通过弹簧与限位杆相连接，并且限位杆焊接连接在传送皮带的外表
面。夹板与夹板之间卡合连接有产品包装袋，支撑位壳的下端固定安装有支撑柱。

　　转轴和搅拌叶呈一体化结构，且搅拌叶在转轴的外表面呈螺旋状结构，并且
转轴、第二传动带和螺纹杆构成连动结构。阀体的外表面设置有五分之一的锯齿
状结构，且阀体的内部等角度连接有 5 个拉杆，并且拉杆和阀块的连接处与阀块
和腌制箱的连接处关于阀块的中轴线对称设置。加热装置呈圆环形结构，且加热
装置的内部等间距设置有加热丝，并且加热丝与加热丝之间并联连接。夹板在传
送皮带上等间距设置，且夹板远离传送皮带表面的一端呈弧形结构，夹板通过弹
簧与限位杆构成翻转结构，且限位杆呈弧形结构。阀块在腌制箱的内部等角度设

置有 5 个，且阀块呈扇形结构，并且 5 个阀块构成圆环状结构，而且该圆环状结构的直径尺寸等于转轴的外径尺寸。封口装置包括夹块、夹口、螺纹孔和圆孔，夹块的中部开设有夹口，夹块的上端开设有圆孔，夹块通过圆孔与滑杆相连接，夹块的下端开设有螺纹孔，夹块通过螺纹孔与螺纹杆相连接。圆孔关于夹块的中轴线对称设置有 2 个，且夹块上夹口的水平横截面呈等腰梯形结构。滑杆关于产品包装袋的竖直中轴线前后对称设置有 2 个，且产品包装袋的上端表面低于封口装置的上端表面，并且产品包装袋上端开口的前后两侧均呈凹凸状结构。

本发明还提供一种小龙虾腌制装置的腌制方法，其方法步骤包括以下。

1）将小龙虾去虾线和头部，清洗干净，每 1kg 为一组，沥干备用。

2）将小龙虾倒入腌制箱中，倒入 0.04kg 白酒，加热 100℃，静置 0.5h。

3）将 0.2kg 干辣椒、0.03kg 干青花椒、0.01kg 姜片、0.01kg 蒜片、0.005kg 鸡精、0.08kg 香油、0.02kg 熟芝麻、0.02kg 熟花生仁、0.03kg 葱节和 0.02kg 的食盐倒入腌制箱中，与小龙虾混合 0.5h。

4）冷却静置 0.1h，取出装袋。

该小龙虾腌制装置及其腌制方法，便于对小龙虾进行充分搅拌与腌制，便于小龙虾充分地入味，以及便于无烟操作，避免污染环境，同时也便于装袋处理，方便使用。设置有阀体和齿轮，通过转动齿轮，便于带动阀体进行转动，从而便于通过拉杆带动阀块进行转动，方便打开或者关闭阀块，从而便于对小龙虾进行腌制，也便于对小龙虾进行传送，方便装袋处理。设置有封口装置和产品包装袋，封口装置上的夹口自左向右依次增大，在滑动封口装置时，便于对产品包装袋进行封口，工作效率高，也便于操作，方便使用。设置有限位杆、弹簧和夹板，夹板通过弹簧对限位杆进行挤压，从而便于对夹板进行固定与放置，同时也便于夹板通过挤压弹簧，调节夹板的角度，方便拿取产品包装袋，方便传送小龙虾，方便使用。设置有腌制箱和加热装置，便于对腌制箱内部的小龙虾进行充分均匀的加热，方便快速地烧熟小龙虾，方便使用。

5.4　淡水产品加工副产物利用环节设备创新

前文介绍了作者团队围绕淡水产品加工副产物综合利用所开展的相关技术研究工作，然而，要实现淡水产品加工副产物的综合利用还必须依赖于配套的设备和设施。为此，作者团队以甲壳加工、鱼鳞加工、内脏油脂加工等为重点，开展了一系列设备创新。

5.4.1　甲壳加工利用装置

甲壳素（chitin），也称甲壳质，1811 年由法国学者布拉克诺（Braconno）发现，1823 年由欧吉尔（Odier）从甲壳动物外壳中提取，并命名为 chitin，译名为几丁质。甲壳素是在自然界数量上仅次于纤维素的第二大生物资源，估计每年生物合成的甲壳素高达 100 亿 t，是地球上最丰富的有机物之一，也是 20 世纪未被充分利用的天然资源之一，其中海洋生物生成量达 10 亿 t。甲壳素具有抗癌，抑制癌细胞、瘤细胞转移，以及提高人体免疫力及护肝解毒作用，尤其适用于糖尿病、肝肾病、高血压、肥胖等病症，有利于预防癌细胞病变和辅助放化疗治疗肿瘤疾病。且甲壳素化学上不活泼，不与体液发生反应，与组织不起异物反应，无毒，具有抗血栓、耐高温消毒等特点。甲壳素广泛存在于节肢动物门甲壳纲动物虾、蟹的甲壳中，是地球上除蛋白质外数量最大的含氮天然有机化合物，同时甲壳素在食品生产、医药、工业等方面都得到了广泛的应用。创新设计合理的甲壳加工装置具有重要的意义。

（1）甲壳加工装置

甲壳是虾蟹类产品的主要副产物，其中富含甲壳素等一系列生物活性功能成分。以甲壳素提取作为虾蟹加工副产物高值化利用是可取的思路，但是现有提取加工装置还存在浪费生产场地、生产效率低、劳动强度大等技术问题。为此，作者团队围绕甲壳加工装置进行了创新设计。该装置（图 5-22）包括反应釜，反应釜顶部设有进料的开口，反应釜包括用于使物料混匀的搅拌装置、用于物料加热

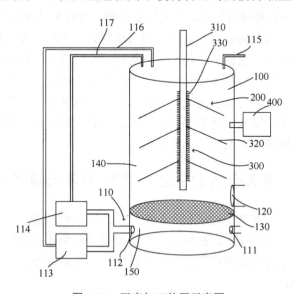

图 5-22　甲壳加工装置示意图

100. 反应釜；200. 搅拌装置；300. 加热装置；400. 鼓泡结构；110. 排液口；120. 半成品区；130. 筛网层；140. 反应区；150. 储液区；310. 搅拌轴；320. 叶片；330. 蒸汽出口；111. 废水口；112. 废酸碱口；113. 废酸池；114. 废碱池；115. 进水管；116. 进酸管；117. 进碱管

的加热装置、用于排出反应釜内液体的排液口和用于排出甲壳半成品的半成品口，排液口处设有过滤装置以使反应釜内固液分离。使用时，反应釜顶部的开口进原料，先加入甲壳和碱，在搅拌装置和加热装置的作用下碱化完成后，从排液口排出废碱液。然后通入水完成搅拌下清洗，再排出水。同理完成酸化、软化和其他清洗。最后从半成品口排出甲壳半成品。上述甲壳加工装置，在同一个装置内完成碱化、酸化和软化的操作，节约了生产场地，提高了生产效率，降低了劳动强度。

（2）一种以虾壳为原料的甲壳素提取设备

传统的甲壳素提取，步骤操作复杂，且成本较高，在提取过程中，需要工作人员来回地跑动，一方面增加了劳动成本，耗时耗力，降低了提取效率，另一方面对虾壳处理不完全，导致提取出来的甲壳素含有杂质，影响色泽，并且造成资源的浪费，从而增加了投入成本，为此，作者团队创新发明了一种以虾壳为原料的甲壳素提取工艺方法及其提取设备。

该装置（图 5-23）包括底板，底板的上端分别固定安装有支撑架和绞龙。支撑架的一端位于绞龙的出料端固定安装有清洗组件，底板的上端且位于支撑架的底部固定安装有干燥组件，底板的上端且位于干燥组件的出料端固定安装有进料口粉碎组件。支撑架的顶部且位于进料口粉碎组件的一侧固定安装有提取液存储桶。清洗组件包括水泵和清洗桶，清洗桶的上端固定安装有第一电机，第一电机的动力驱动端且位于清洗桶的内部固定安装有搅拌辊，搅拌辊的两侧固定安装有两个相对称的搅拌叶，搅拌叶的两侧固定安装有若干根等距离的软毛，且每两根相邻的软毛之间开设有通孔。干燥组件包括传送带，所述传送带的边缘四周均固定安装有一个挡板，传送带的上端且位于挡板的外部固定安装有干燥箱，干燥箱的内部两侧固定安装有相对称的加热板，传送带的上端且位于干燥箱的底部固定安装有摊平组件。摊平组件包括两根相对称的支撑柱，所述干燥箱的底部且位于两根支撑柱之间固定安装有两个相对称的支座，两个所述支座的内部共同贯穿有丝杆，丝杆的外部套接有滑座，且滑座与两根支撑柱共同形成滑动连接结构，滑座的底端固定安装有伸缩杆，伸缩杆的伸缩端固定安装有抚平毛刷。进料口粉碎组件包括固定架，所述固定架的内部固定安装有粉碎箱，粉碎箱的内部贯穿有粉碎辊轴，且粉碎辊轴的一端延伸至固定架的外部并套接有从动轮，固定架的一端固定安装有第三电机，第三电机的动力驱动端套接有主动轮，从动轮和主动轮的外部共同套接有皮带。

提取液存储桶的顶部和底部分别固定安装有盖帽和出液管，出液管的外部套接有第二阀门，所述底板的上端且位于出液管的正下方放置有虾壳收集箱。底板的上端且位于清洗桶的下方放置有储水箱，所述水泵的进水端通过进水管与储水箱形成相互贯通的固定相接结构，水泵的出水端通过第一出水管与清洗桶形成相

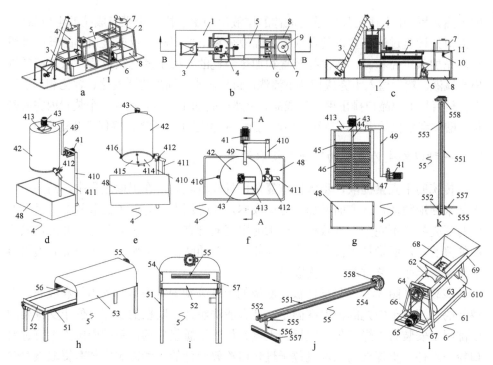

图 5-23　一种以虾壳为原料的甲壳素提取设备示意图

a. 整体结构；b. 俯视结构；c. 图 b 中 B-B 的剖视图；d. 清洗组件；e. 清洗组件另一视角；f. 清洗组件俯视图；
g. 图 f 中 A-A 的剖视图；h. 干燥组件；i. 干燥组件右视图；j. 摊平组件；k. 摊平组件俯视图；l. 粉碎组件.
1. 底板；2. 支撑架；3. 绞龙；4. 清洗组件；41. 水泵；42. 清洗桶；43. 第一电机；44. 搅拌辊；45. 搅拌叶；
46. 通孔；47. 软毛；48. 储水箱；49. 第一出水管；410. 进水管；411. 第二出水管；412. 第一阀门；413. 第
一进料斗；414. 第一底盖板；415. 第二底盖板；416. 卡扣；5. 干燥组件；51. 传送带；52. 挡板；53. 干燥箱；54.
加热板；55. 摊平组件；551. 支撑柱；552. 支座；553. 丝杆；554. 滑槽；555. 滑座；556. 伸缩柱；557. 抚平毛
刷；558. 第二电机；56. 进料口；57. 第一出料口；6. 粉碎组件；61. 固定架；62. 粉碎箱；63. 粉碎辊轴；64. 从
动轮；65. 第三电机；66. 主动轮；67. 皮带；68. 第二进料斗；69. 拦截板；610. 第二出料口；7. 提取液存储桶；
8. 虾壳收集箱；9. 盖帽；10. 出液管；11. 第二阀门

贯通的固定连接结构。清洗桶的底部一侧固定安装有第二出水管，所述第二出水管的外部套接有第一阀门，第二出水管位于储水箱正上方。清洗桶的顶部且位于第一电机的一侧固定安装有第一进料斗，清洗桶的底部一端固定安装有第一底盖板，第一底盖板通过合页铰接有第二底盖板。第二底盖板通过卡扣与第一阀门形成可拆卸的固定连接结构，干燥箱的一端开设有进料口，另一端开设有第一出料口。两个支撑柱的外侧均开设有滑槽，滑座位于滑槽的内部，抚平毛刷的长度与传送带的长度相同。干燥箱的顶部一侧固定安装有第二电机，第二电机的动力驱动端与丝杆相接，粉碎箱的顶部固定安装有第二进料斗，第二进料斗的外侧固定安装有拦截板，粉碎箱的底部固定安装有第二出料口，且第二出料口的外侧一端延伸至虾壳收集箱的内部。

本发明还提出了一种以虾壳为原料的甲壳素提取方法，包括如下步骤。

1）倒入虾壳：启动绞龙，将准备好的虾壳，倒在绞龙的进料兜中，然后经过出料端和第一进料斗处，最终全部进入清洗桶的内部。

2）清洗并排水：此时启动水泵和第一电机，储水箱内部的水经过进水管和第一出水管进入清洗桶的内部，然后第一电机的动力驱动端带动着搅拌叶进行旋转，从而对内部的虾壳进行均匀清洗，在清洗的同时，软毛与虾壳相接触，可以把其表面洗刷得更干净，待清洗完毕后，关闭水泵和第一电机，打开第一阀门，把脏水排出。

3）干燥：此时，打开卡扣，将步骤2）中清洗干净的虾壳落在传送带的上端，对于不能完全落入的虾壳，只需再次启动第一电机，即可在搅拌叶的作用下把虾壳扫落，然后启动加热板，可对虾壳进行干燥。

4）摊平：在干燥的同时，启动第二电机，调节伸缩杆的高度，即可带动着抚平毛刷对内部的虾壳进行摊平，使其干燥得更加均匀。

5）粉碎：此时虾壳从第一出料口处落入第二进料斗的内部，然后启动第三电机，使主动轮带动着从动轮旋转，同时在粉碎辊轴的作用下，可对虾壳进行粉碎，粉碎好的虾壳会从第二出料口处落入虾壳收集箱的内部。

6）提取：打开第二阀门，使提取液存储桶内部的提取液从出液管处落入虾壳收集箱的内部，当到达一定量时，关闭第二阀门，对虾壳浸泡 24h，最后利用离心设备，甩干水分，对内部物料进行干燥，即可得到甲壳素干燥品。

该装置和方法，通过在底板的上端分别固定安装有支撑架和绞龙，支撑架的一端且位于绞龙的出料端固定安装有清洗组件，底板的上端且位于支撑架的底部固定安装有干燥组件，底板的上端且位于干燥组件的出料端固定安装有进料口粉碎组件，支撑架的顶部且位于进料口粉碎组件的一侧固定安装有提取液存储桶，和传统的甲壳素提取方式相比，全程自动操作，步骤简单，且在提取过程中不需要工作人员来回跑动，使其更加省时省力，可清洗、烘干、粉碎和提取，一步到位，从而提高了提取效率，降低了劳动成本，提高了使用的便捷性和实用性，避免了虾壳资源的浪费。通过在清洗桶的上端固定安装有第一电机，第一电机的动力驱动端且位于清洗桶的内部固定安装有搅拌辊，搅拌辊的两侧固定安装有两个相对称的搅拌叶，搅拌叶的两侧固定安装有若干根等距离的软毛，且每两根相邻的软毛之间开设有通孔，所以使用时，虾壳清洗得更加均匀，且当软毛与虾壳相接触时，提高了清洗的洁净度，从而避免了在提取过程中产生灰尘以及杂质，保障了成品的色泽。通过在两个支座的内部共同贯穿有丝杆，第二电机的动力驱动端与丝杆相接，丝杆的外部套接有滑座，且滑座与两根支撑柱共同形成滑动连接结构，滑座的底端固定安装有伸缩杆，伸缩杆的伸缩端固定安装有抚平毛刷，所以在对虾壳进行烘干时，可启动第二电机和伸缩杆，即可对落在传送带上面的虾壳进行往复摊平，避免了虾壳在干燥过程中造成堆积，从而加快了干燥速度，提高了干燥效率，避免了重复操作，提高了产品的品质和质量，同时还可根据虾壳的堆积高度对抚平毛刷做相对应的调节，提高了使用的灵活性。

5.4.2 鱼鳞胶原蛋白提取设备

（1）一种水产胶原蛋白离心提取设备

该提取设备（图 5-24）包括框体，框体内侧的底壁固定连接有套筒，套筒远离框体的一端套接有第一转动轴，第一转动轴的表面分别固定套接有第一从动轮和第一轴承，第一轴承的外圈固定套接有第一离心箱。该实用新型设备解决了水产胶原蛋白离心提取设备由于离心提取的效率降低从而使水产胶原蛋白离心提取较慢，进而影响水产胶原蛋白生产效率的问题，通过设置框体、套筒、第一转动轴、第一从动轮、第一轴承、第二离心箱、套环、第一电动机、第一主动轮、第一传送带和第二过滤孔，使胶原蛋白和一些比胶原蛋白小的物质过滤出来。

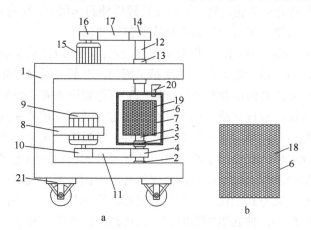

图 5-24 一种水产胶原蛋白离心提取设备示意图

a. 整体结构；b. 第一离心箱

1. 框体；2. 套筒；3. 第一转动轴；4. 第一从动轮；5. 第一轴承；6. 第一离心箱；7. 第二离心箱；8. 套环；9. 第一电动机；10. 第一主动轮；11. 第一传送带；12. 第二转动轴；13. 第二轴承；14. 第二从动轮；15. 第二电动机；16. 第二主动轮；17. 第二传送带；18. 第一过滤孔；19. 第二过滤孔；20. 入料管；21. 移动车轮

（2）一种便于控制的水产胶原蛋白酶解加料装置

该装置（图 5-25）包括反应箱，反应箱的顶部活动连接有第一连接板，第一连接板顶部的两侧均固定连接有螺纹套，螺纹套的内部螺纹连接有螺纹杆，且螺纹杆的底端贯穿第一连接板的底部并与反应箱的顶部螺纹连接，第一连接板的顶部固定连接有进料管，进料管的顶部固定连接有漏斗。该便于控制的水产胶原蛋

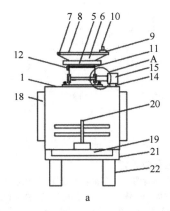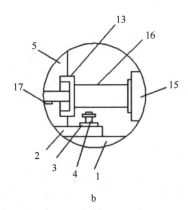

图 5-25　一种便于控制的水产胶原蛋白酶解加料装置示意图

a. 剖面结构；b. 图 a 中 A 处放大图

1. 反应箱；2. 第一连接板；3. 螺纹套；4. 螺纹杆；5. 进料管；6. 漏斗；7. 合页；8. 盖板；9. 第二连接板；10. 拉把；11. 筛网；12. 振动电机；13. 限位管；14. 连接柱；15. 电动机；16. 电动伸缩板；17. 重量传感器；18. 热风装置；19. 电磁驱动机；20. 电磁搅拌杆；21. 底座；22. 支撑腿

白酶解加料装置，通过第一连接板两侧的螺纹杆螺纹连接方便拆卸安装，通过连接柱一侧的电动机带动电动伸缩板在限位管内部移动，通过重量传感器控制加料量，通过工作人员从进料管加料，通过电动伸缩板方便调节，自动化程度高，从而达到便于控制的目的。

5.4.3　淡水鱼内脏油脂精制设备

淡水鱼内脏经水酶法提取得到的毛油，需要进一步精制才能作为食品资源开发利用。鱼油精制的工序通常包括脱胶、脱色、脱臭等，作者团队围绕这些环节进行了一系列设备的开发设计。

（1）一种淡水鱼油水化脱胶装置

一种淡水鱼油水化脱胶装置（图 5-26）包括操作筒、水泵本体、L 型支撑架、第一吸油板和伸缩杆，所述伸缩杆的顶端固定连接有第二吸油板，所述第一吸油板的底端固定连接有输送管，所述输送管设置有两组，所述输送管的一端设置有引流管，所述引流管的底端固定连接有抽取管，所述水泵本体固定安装在抽取管的一侧，所述水泵本体的底端固定连接有固定架。通过伸缩杆的上下移动将鱼油储存在第一吸油板的顶端和伸缩杆的底端，能够快速将其进行分离和吸附，解决了以往的对鱼油分离效果较差的问题，提高了分离后鱼油的纯度，保证了鱼油的质量，避免了以往装置对鱼油处理不完全等缺点。

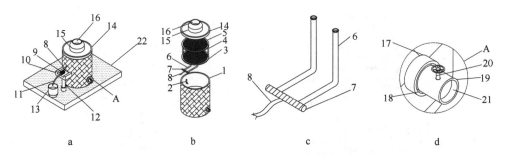

图 5-26　一种淡水鱼油水化脱胶装置

a. 结构立体示意图；b. 操作筒剖视结构示意图；c. 输送管结构示意图；d. 图 a 中 A 处放大结构示意图
1. 操作筒；2. L 型支撑架；3. 第一吸油板；4. 伸缩杆；5. 第二吸油板；6. 输送管；7. 引流管；8. 抽取管；9. 水泵本体；10. 固定架；11. 出料管；12. 支撑柱；13. 收料筒；14. 筒盖；15. 限位盒；16. 进料孔；17. 固定套；18. 凹槽；19. 出水管；20. 调节阀；21. 出水口；22. 底板

（2）一种淡水鱼油脱色装置

一种淡水鱼油脱色装置（图 5-27）包括壳体、单扇门、支撑脚、保护壳、电机、第一齿轮、第二齿轮、加料管、过滤箱、安装板、电动推杆、过滤网、移动板、第一刮板、连接板、固定板和第二刮板。该实用新型结构简单，便于操作，通过过滤箱可以对鱼油进行过滤，防止影响鱼油脱色，通过第一齿轮等结构可以带动过滤箱转动，加快鱼油的过滤；通过电动推杆带动移动板上下移动，可以对鱼油进行搅拌，加强鱼油的流动性，同时第一刮板和第二刮板可以将壳体内壁上粘连的鱼油刮除。

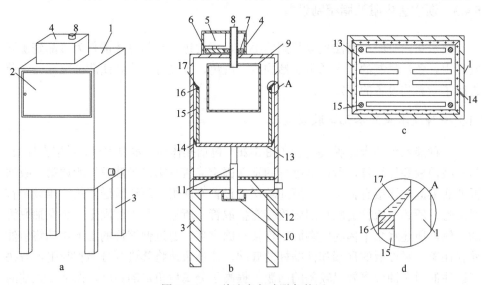

图 5-27　一种淡水鱼油脱色装置

a. 立体结构示意图；b. 内部结构示意图；c. 俯视结构示意图；d. 图 b 中 A 处放大结构示意图
1. 壳体；2. 单扇门；3. 支撑脚；4. 保护壳；5. 电机；6. 第一齿轮；7. 第二齿轮；8. 加料管；9. 过滤箱；10. 安装板；11. 电动推杆；12. 过滤网；13. 移动板；14. 第一刮板；15. 连接板；16. 固定板；17. 第二刮板

（3）一种淡水鱼油精炼脱臭装置

一种淡水鱼油精炼脱臭装置（图 5-28）包括装置本体，所述装置本体包括机体，所述机体的一端连接有出料管，所述出料管远离机体的一端连接有除臭罐，所述出料管的中端连接有过滤结构，所述过滤结构包括连接管，所述出料管的中端连接有连接管，所述连接管的内表面连接有第一连接块，所述第一连接块的内部连接有过滤网。该实用新型结构通过固定装置和过滤装置，对淡水鱼油精炼脱臭装置进行快速固定，同时也可以对淡水鱼油精炼脱臭装置的内部进行过滤，方便了使用者对淡水鱼油精炼脱臭装置进行使用，提高了工作人员的工作效率。

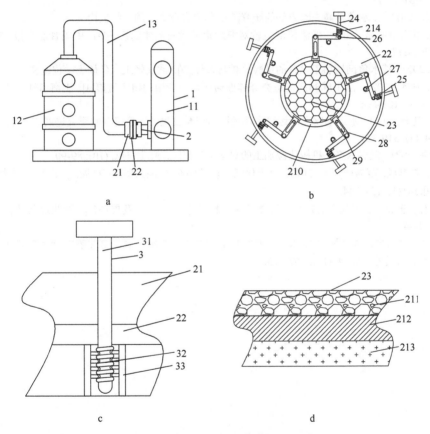

图 5-28　一种淡水鱼油精炼脱臭装置

a. 正视结构示意图；b. 第一连接块和弹簧的剖面结构示意图；c. 连接管和固定块的局部结构示意图；d. 过滤网和保护层的局部结构示意图

1. 装置本体；11. 机体；12. 除臭罐；13. 出料管；2. 过滤结构；21. 连接管；22. 第一连接块；23. 过滤网；24. 连接杆；25. 第二连接块；26. 活动杆；27. 连接轴；28. 插口；29. 滑槽；210. 第三连接块；211. 滤液层；212. 滤气层；213. 保护层；214. 弹簧；3. 固定结构；31. 固定杆；32. 螺栓杆；33. 固定块

主要参考文献

程世俊. 2012. 连续式淡水鱼鱼鳞去除设备的研制[D]. 华中农业大学硕士学位论文.

何蓉, 谢晶. 2012. 水产品保活技术研究现状和进展[J]. 食品与机械, 28(5): 243-246.

江立杰. 2021. 多功能小龙虾加工装置设计的关键技术研究[D]. 武汉轻工大学硕士学位论文.

林清友. 2018. 箱式液氧活鱼车运输鱼种的应用技术[J]. 海洋与渔业, (7): 78-79.

刘峰, 王舒淇, 朱绍彰, 等. 2021. 鱼类保活运输及其对肌肉和血液生理生化指标影响研究进展[J]. 食品安全质量检测学报, 12(16): 6310-6316.

欧阳杰, 沈建, 郑晓伟, 等. 2017. 水产品加工装备研究应用现状与发展趋势[J]. 渔业现代化, 44(5): 73-78.

王玖玖. 2011. 淡水鱼鱼鳞去除方法的研究[D]. 华中农业大学硕士学位论文.

王琪, 梅俊, 谢晶. 2022. 低温保活运输对海鲈鱼应激及品质的影响[J]. 中国食品学报, 22(7): 203-213.

王选. 2021. 淡水鱼剖切加工设备的试验分析与设计[D]. 武汉轻工大学硕士学位论文.

谢晶, 曹杰. 2021. 渔用麻醉剂在鱼类麻醉保活运输中应用的研究进展[J]. 上海海洋大学学报, 30(1): 189-196.

谢晶, 王琪. 2021. 水产动物保活运输中环境胁迫应激及生理调控机制的研究进展[J]. 食品科学, 42(1): 319-325.

张爱莉. 2021. 发展水产品机械化深加工的对策与建议[J]. 河北农机, (10): 89-90.

张坤, 刘书成, 范秀萍, 等. 2021. 鱼类保活运输策略与关键技术研究进展[J]. 广东海洋大学学报, 41(5): 137-144.

张晓林, 王秋荣, 刘贤德. 2017. 鱼类保活运输技术研究现状及展望[J]. 渔业现代化, 44(1): 40-44.

赵圣明, 赵岩岩, 马小童, 等. 2018. 天然减菌剂对宰后鸡胴体表面雾化喷淋减菌效果研究[J]. 食品与发酵工业, 44(11): 167-175.

第6章 淡水产品质量保障体系与品牌创建

随着经济和社会发展，消费者对包括淡水产品在内的各类食物的品质要求日益增高；与此同时，在消费升级和消费模式转变的大环境下，消费者对品牌的追求也日益提升。因此，在淡水产品的加工过程中，必须注重质量保障体系的构建和品牌的创建。

6.1 淡水产品质量保障体系

淡水产品的质量受到一系列因素的影响，在质量保障体系的构建过程中需要全方位地考虑到这些因素。根据良好加工规范（GMP）相关要求和危害分析与关键控制点（HACCP）相关原则，并参考美国食品药品监督管理局（FDA）、欧洲经济共同体（EEC）卫生注册、英国皇家零售商公会（BRC）认证、ISO9001 国际质量管理体系、ISO22000 食品安全管理体系认证、绿色食品认证、中国合格评定国家认可委员会（CNAS）有机食品认证等国际先进标准和法规，可将淡水产品质量保障体系所涉及的因素大致划分为 4 个方面：①人力资源；②基础设施；③关键控制；④检验追溯（图 6-1）。

图 6-1　淡水产品质量保障体系

6.1.1 淡水产品质量保障相关人力资源要求

对于大多数事物，起决定性作用的因素始终是人，在构建淡水产品质量保障体系上也没有例外。淡水产品加工企业必须配备一定数量的与生产能力相适应的具有专业知识及生产经验、组织能力强的各级管理人员和技术人员。负责生产和质量管理的企业领导人应具有相当的专业技术知识，并具有生产及质量管理的经验，能够按规定要求组织生产，对产品质量保障体系的实施和产品质量负责。水产品生产和质量管理的部门负责人应具有相应的专业技术知识，必须具有生产和质量管理的实践经验，有能力对生产和质量管理中的实际问题做出正确的判断及处理。生产管理、质量、卫生控制负责人，以及感官检验人员、化验人员的资格应符合有关规定，应经专业技术培训，使之具有基础理论知识和实际操作技能，并获取有关证书。生产企业必须对各类人员进行业务与技术的培训，其培训计划由企业指定部门制定，每年至少组织培训、考核一次。从事淡水产品生产加工的人员每年至少进行一次健康检查，必要时进行临时健康检查；新进厂人员应经体检合格后方可上岗。凡患有活动性肺结核、传染性肝炎、伤寒病、肠道传染病及带菌者、化脓性或渗出性皮肤病、疥疮、手有外伤以及其他有碍食品卫生的疾病之一者，应调离淡水产品生产岗位。各类人员禁止在车间吃东西、抽烟，严禁随地吐痰；不得将与生产无关的个人用品（包括饰物）带入车间；不得留长指甲、涂指甲油、佩戴饰物或在肌肤上涂抹化妆品；工作之前和使用厕所之后，或手部受污染时，应及时洗手消毒。车间工作人员应保持个人卫生，遵守卫生规则。进入车间应穿整洁的浅色工作服和工作靴鞋，戴工作帽或发网。以防止头发、头屑及外来杂物落入食品或容器中；离开车间时应更换工作服，严禁穿戴工作服、工作帽在车间以外的公共场所活动。加工人员在每次离开岗位之后重新操作之前都要洗手和消毒。

6.1.2 淡水产品加工对厂区、车间与设施等的要求

淡水产品的质量与加工企业的厂区、车间以及设施设备等息息相关，从硬件条件满足各项要求是保障淡水产品质量的前提。同时，在运行过程中，厂房、设施、设备和工器具应保持良好的工作状态；应定期对仪器设备进行维护和校准；应制定和有效实施厂房、设施、设备和工器具维护计划并保持相关记录。

（1）厂区要求

淡水产品加工企业应远离污染源，不得建在有碍水产品卫生的区域；厂区周围应保持清洁卫生，交通便利，水源充足；厂区内不得兼营、生产、存放有碍食品卫生的其他产品。厂区主要道路应铺设适于车辆通行的坚硬路面（如混凝土或沥青路面等），路面平整、易冲洗，无积水。厂区布局和设计合理，应建有与生产能力相适应并符合卫生要求的原料、辅料、化学物品、包装物料贮存设施，以及污水处理、废弃物、垃圾暂存等设施。厂区排水系统应畅通。厂区内不得有卫生死角和蚊蝇滋生地；废弃物和垃圾应用加盖的不漏水、防腐蚀的容器盛放及运输。

废弃物和垃圾应及时清理出厂。生产中产生的废水、废料、烟尘的处理和排放应符合国家环保规定。需要时，应设有污水处理系统。厂区卫生间应有冲水、洗手、通风、防鼠、防蝇、防虫设施，易于清洗并保持清洁。厂区内禁止饲养与生产加工无关的动物，应设有防鼠、防蝇、防虫设施。生产区与生活区应分开，生活区对生产区不得造成影响。

（2）车间要求

淡水产品加工车间应布局合理，防止交叉污染，符合所加工的水产品工艺流程和加工卫生要求。加工车间的面积、高度应与生产能力和设备的安置相适应。车间的墙和隔板应有适当高度，其表面应易于清洁；地面应耐腐蚀、耐磨、防滑并有适当坡度，易于排水、无积水，易于清洗消毒并保持清洁；地面和墙壁之间的连接部分应采取弧形连接，易于清洁。车间内墙壁、屋顶或者天花板应使用无毒、浅色、防水、防霉、不脱落、易于清洁的材料修建，屋顶或者天花板和车间上方的固定物在结构上应能防止灰尘与冷凝水的形成以及杂物的脱落。车间的门、窗应用浅色、平滑、易清洗消毒、不透水、耐腐蚀的坚固材料制作，结构严密。车间出口及与外界相连的排水口、通风处应安装防鼠、防蝇、防虫及防尘设施等。车间应设有能够满足工器具和设备清洗、消毒的区域，其操作对加工过程和产品不会造成污染。冰的制作、贮存设施应符合卫生安全要求。排水系统应有防止固体废弃物进入的装置，排水沟底角应呈弧形，易于清洗，排水管应有防止异味溢出的水封装置以及防鼠网。应避免加工用水直排地面。任何管道和下水道应保证排水畅通，不积水。禁止由低清洁区向高清洁区排放加工污水。车间内应有单独、足够的区域分别存放化学药品、包装物料、下脚料等，以避免交叉污染。车间应有充足的自然采光或者照明，光线不得改变被加工物的本色。照明设施应装有防护罩。

（3）设施要求

淡水产品加工车间供电设施应满足生产需要。需要使用蒸汽时应保证足够的压力和蒸汽供应。供水设施应能保证企业各个部位所用水的流量、压力符合要求。加工用水的管道应由无毒、无害、防腐蚀的材料制成，应有防止产生回流现象的装置，不得与非饮用水的管道相连接，饮用水与非饮用水的管道应有标志加以区分。加工用水可以根据当地水质特点和产品的要求增设水质净化设施；储水设施应采用无毒、无害的材料制成，应建在无污染区域，定期清洗消毒，并加以防护。在车间入口处、卫生间及车间内适当的位置应设置与生产能力相适应、水温适宜的洗手消毒和干手设施、鞋靴消毒设施。消毒液浓度应能达到有效的消毒效果。洗手水龙头应为非手动开关。洗手设施的排水应直接接入下水管道。设有与车间相连接的更衣室、卫生间，其设施和布局不得对产品造成潜在的污染。卫生间的门应能自动关闭，门、窗不得直接开向车间。卫生间应设置排气通风设施和防蝇防虫设施，保持清洁卫生。不同清洁程度要求的区域应设有单独的更衣室，面积与车间人数相适应，温度和湿度适宜，保持清洁卫生、通风良好，有适当照明。个人衣物与工作服必须分开存放。车间内应安装通风设备，其设计和安装应符合维护与清洁的要求。进气口应远离污染源和排气口。蒸煮、油炸、烟熏、烘烤等产生大量水蒸气和烟雾的区域，应设有与之相适应的强制通风和排油烟设施。废气排放应符合国家有关规定。

（4）设备和工器具要求

淡水产品加工车间的设备和工器具应采用无毒、无味、不吸水、耐腐蚀、不生锈、易清洗消毒、坚固的材料制作，在正常的操作条件下与水产品、洗涤剂、消毒剂等不发生化学反应。不得使用竹木器具。设备和工器具的设计与制作应避免明显的内角、凸起、缝隙或裂口。车间内的设备应耐用、易于拆卸清洗。设备的安装应符合工艺卫生要求，与地面、屋顶、墙壁保持一定距离，以便进行维护保养、清洁消毒和卫生监控。专用容器应有明显的标识，废弃物容器和可食产品容器不得混用。废弃物容器应防水、防腐蚀、防渗漏。如使用管道输送废弃物，则管道的建造、安装和维护应避免对产品造成污染。

（5）包装、贮存及运输相关要求

包装容器和包装物料应符合卫生标准，不得含有有毒有害物质。包装容器和包装物料应有足够的强度，保证在运输和搬运过程中不得破损。水产品的包装不得重复使用，除非包装是用易清洗、耐腐蚀的材料制成的，并且在使用前经过清洗和消毒。内、外包装物料应分库存放，包装物料库应干燥、通风，保持清洁卫生。属于预包装食品的水产品的标签应符合 GB 7718 的要求。贮存库内应保持清洁、整齐，不得存放有碍卫生的物品，同一库内不得存放可能造成相互污染或者串味的食品。应设有防霉、防鼠、防虫设施，并定期消毒。库内物品与墙壁距离不少于 30cm，与地面距离不少于 10cm，与天花板保持一定的距离，并分垛存放，标识清楚。保存温度应符合产品工艺的相关要求。运输工具应符合有关安全卫生要求，使用前应清洗消毒，保持清洁卫生。运输时不得与其他可能污染水产品的物品混装。运输工具应根据产品特点配备制冷、保温设施等。运输过程中应保持适宜的温度。

6.1.3 淡水产品加工关键过程的控制

良好的卫生管理，是确保加工产品质量的重要前提，因此淡水产品加工企业应制定书面的卫生标准操作程序（SSOP），并在生产加工过程中严格执行。此外，企业还应根据 HACCP 的原则，分析所生产产品的特点，对加工过程中影响产品质量的关键过程环节予以控制。

（1）卫生标准操作程序

淡水产品加工企业应制定书面的卫生标准操作程序，明确执行人的职责，确定执行频率，实施有效的监控和相应的纠正预防措施。所制定的卫生标准操作程序（SSOP），内容应不少于以下几方面：①接触食品（包括原料、半成品、成品）或与食品有接触的物品的水和冰应当符合安全、卫生要求。②接触食品的器具、手套和内外包装材料等必须清洁、卫生和安全。③确保食品免受交叉污染。④保证操作人员手的清洗消毒，保持洗手间设施的清洁。⑤防止润滑剂、燃料、清洗消毒用品、冷凝水以及其他化学、物理和生物污染物等对食品造成安全危害。⑥正确标注、存放和使用各类有毒化学物质。⑦保证与食品接触的员工的身体健康和卫生。⑧清除和预防鼠害、虫害。⑨包装、储运卫生控制，必要时应考虑温度要求。

（2）原辅料控制

加工原料是决定最终产品质量的基础，淡水产品加工企业应针对原料制定有效控制程序，保证原料的安全卫生。在原料的贮存、运输等过程中应保证温度和时间适宜，不得使用未经许可或成分不明的化学物质。捕捞类水产品原料的捕捞船、加工船或运输船应符合卫生要求，获得主管部门的许可；活水产品应在适宜的存活条件下运输；冰鲜水产品捕捞后应立即冷却使水产品的温度接近 0℃；保鲜用冰（水）应清洁、卫生；捕捞和在船上的前处理、冷却、冷冻处理等操作应符合国家有关卫生要求。养殖类水产品的加工应对原料的来源进行严格控制。原料基地宜有主管部门无公害农产品产地认定（或产品认证）或水产养殖场检验检疫备案证书。若无此类证书，则宜对原料基地进行评价，并保持相关记录。评价记录应包括但不限于：养殖场质量管理文件；养殖塘（池）分布图示及编号；生产过程记录、养殖用药记录、水质监测记录；所用饲料的品名、成分、生产许可证号及生产企业；所使用药物（含消毒剂）品名、成分、批准号、生产企业、停药期清单；养殖技术员、质量监督员的资质材料；环境检测和评价报告；产品检测报告。养殖水产品应在适当的卫生条件下宰杀，不得被泥土、黏液或粪便污染，如果宰后不能立即加工，应保持冷却；其捕捞和运输应符合有关要求。进口原料应有输出国主管机构的卫生证书和原产地证书，经检验检疫部门检验合格后方可使用。水产品的半成品原料应符合有关规定要求。辅料（包括食品添加剂等）必须符合国家有关规定，并经验收合格后，方准使用。食品添加剂的使用要符合 GB

2760 的规定，严禁使用未经许可或水产品进口国禁止使用的食品添加剂。辅料应设专库存放，避免污染；超过保质期的辅料不得用于水产品加工。

（3）加工过程控制

温度和时间是影响淡水加工产品质量的两个重要工艺参数，应在生产过程中进行严格控制。前处理、烹煮、油炸、冷却、加工和贮存等工序的时间和温度控制应严格按照产品工艺及卫生要求进行。有温度要求的工序或场所应安装温度显示装置。加工车间的温度不应高于 21℃（加热工序除外）；预冷库（或保鲜库）的温度应控制在 0～4℃；冷藏库温度应控制-18℃以下；速冻库温度应控制-28℃以下；冷包装间温度应控制在 0～10℃；干制品等其他成品库的温度、湿度应满足产品特性要求。加工过程中，应按工艺要求控制产品的内部温度和暴露时间。加热杀菌设备应进行热分布测试，以确保加热杀菌的均匀性；热杀菌工艺应进行确认以保证其科学有效。对于易产生鲭鱼毒素的鱼种，应根据产品特性加强对从原料接收到成品全过程的时间和温度控制，必要时应进行组胺等指标的检测。水产干制品应通过科学实验确定为保证成品的水分活度≤0.85 所要满足的因素，如干燥时间、温度、湿度等。对在生产加工过程中有可能混入金属碎片等物理危害的产品应设置金属探测器，使用前及使用过程中要定时校准。

有的类型的淡水加工产品，其生产过程中还有一些特殊的控制要求。①烟熏水产品：烟熏应在独立的烟熏间（炉）进行，应装有通风、排烟系统。用于烟熏鱼的发烟材料不得存放在烟熏间内，其使用不得污染产品。不应使用涂有油漆、清漆、经胶合的或经过任何化学防腐处理的木料进行燃烧发烟。产品烟熏后、包装前应迅速冷却至产品保存所需的温度。②腌制水产品：腌制操作应在独立的加工区域内进行，不应影响其他的加工操作。加工用盐应符合卫生要求，不得重复使用。用于腌制的容器的结构应能保证腌制过程中产品不受污染。③其他：对于必须使用传统工艺和宗教习俗生产加工的产品，在保证水产品安全卫生的前提下，可以按传统工艺和宗教习俗生产加工。

6.1.4 淡水产品质量检验和产品追溯

（1）淡水产品质量检验

定期开展质量检验是保障企业能够持续生产出品质合格产品的关键。淡水产品加工企业应有与生产能力相适应的内设检验机构和具备相应资格的检验人员。内设检验机构应具备检验工作所需的标准资料、检验设施和仪器设备；检验仪器应按规定进行计量检定，并应自行开展水质和微生物等项目的检测。委托社会实验室承担检测工作的，该实验室应具有相应的资格。抽样应按照规定的程序和方法执行,确保抽样工作的公正性和样品的代表性、真实性,抽样方案可依据 SC/T 3016 制定;抽样人员应经过专门的培训,具备相应资质。产品应按照相关国家标准、行业标准或相关标准的要求进行检测判定。

(2)产品追溯和撤回

当在生产、销售过程中发现了不合格产品时,企业应能够及时进行处理,减少不合格产品对消费者的影响,维护企业品牌形象。因此,淡水产品加工企业应建立产品追溯系统和不合格产品的撤回程序。建立和实施追溯系统应确保从原辅料到成品的标志清楚,具有可追溯性,实现从原辅料验收到产品出库、从产品出库到直接销售商的全过程追溯。建立和实施不合格产品的撤回程序,应定期采用模拟撤回、实际撤回或其他方式来验证产品撤回程序的有效性。淡水产品加工企业还应制定产品追溯和撤回记录管理程序,规定记录的标记、收集、编目、归档、存储、保管和处理。记录应真实、准确、规范。记录的保存期不少于两年,若法律法规另有规定,应按法律法规的规定执行。法律法规中未作强制要求的记录保存时间应超过产品保质期,以保证追溯的实现。

6.2　淡水产品品牌创建

作者团队在进行淡水产品绿色加工技术的创新与应用推广过程中,也关注相关企业的品牌创建。美国市场营销协会（AMA）指出,品牌是用以识别一个或一群产品或劳务的名称、术语、标记、符号或图案设计,或是它们的组合,用以和其他竞争对手的产品和服务相区别。这个定义指出了品牌的作用是识别并区别,但其对品牌的认识仅仅局限于符号、标识等。现如今,品牌发展的趋势是以消费者为中心的,品牌产生的目的是满足消费者的需求,消费者成为品牌价值创造的源泉和动力。品牌创建作为企业发展的系统工程之一,我们在与企业合作研发、协同攻关的同时,对企业的品牌植入与培育提出了建设性意见。例如,根据顺祥食品有限公司地处洞庭湖腹地,充分挖掘湖湘文化特色和人们心中的美好向往,提出打造"渔家姑娘"这一亲民品牌;根据东江鱼（资兴）实业集团有限公司地处湖南郴州市资兴东江湖地带,而东江湖因水面宽、蓄水量大,又誉称"南洞庭",其水质清新、风景秀丽、景色迷人,具雄、奇、秀、幽、旷之特色,以山、水、湖、坝、雾、岛、庙、洞、庄、瀑、漂而取胜,是湘、粤、赣旅游黄金线上的一颗璀璨明珠,遂以地方名作为品牌名,打造"东江鱼"品牌。在品牌创建过程中,凝练出一条共性思路,即以优质的加工产品作为品牌创建的基础,以深远的特色文化作为品牌创建的内涵,以科学的管理体系作为品牌创建的保障,把品牌不断融入公司文化,并不断传播。最终打造成国际、国内知名品牌,引领消费市场。

6.2.1 以优质的加工产品作为品牌创建的基础

（1）"渔家姑娘"系列产品

按照"以优质的加工产品作为品牌创建的基础"这一思路，顺祥食品有限公司在历来重视产品的开发、质量保障的基础上，利用地域特色，挖掘湖湘文化，建立"渔家姑娘"品牌，并把"渔家姑娘"品牌产品系列化，如在淡水小龙虾和淡水鱼的加工方面形成了多样化的产品体系，开发出120余种产品，深受市场欢迎。此外，公司还通过产学研合作不断进行新产品的研制。

（2）"东江鱼"系列产品

东江鱼（资兴）实业集团有限公司在利用地域特色的同时，充分挖掘山水秀丽的特色，建立"东江鱼"品牌，并把"东江鱼"品牌产品系列化，先后开发出糖果鱼、航空鱼等休闲系列，鲜蒸熟鱼、鲜炸香鱼等湘味系列，银鱼、白尾鱼、翘嘴红鲌等干鱼系列和高、中、低档精美礼盒系列等共计四大系列100余种产品。

6.2.2 以深远的特色文化作为品牌创建的内涵

（1）"渔家姑娘"品牌内涵

打造内涵丰富的品牌文化有利于品牌的宣传，能超越时空的限制带给消费者更多的高层次的满足、心灵的慰藉和精神的寄托，在消费者心灵深处形成潜在的文化认同和情感眷恋。"渔家姑娘"品牌的文化内涵至少包括两个层面：一是八百里洞庭"鱼米之乡"文化；二是有关"渔家姑娘"的爱情传说。前者从产地层面、后者则从价值视角，向消费者传递着丰富的品牌内涵。

洞庭湖古称"云梦泽"，为我国第二大淡水湖，它跨湘鄂两省，北连长江，南接湘、资、沅、澧四水，号称"八百里洞庭湖"。洞庭湖的渔业发展历史与中国渔业发展历史相一致，经历了从湖里直接捕鱼到围湖养鱼，再到渔场网箱养鱼，最后到退田还湖与人工放养相结合的新时期等阶段。但无论哪个阶段，洞庭湖都是我国主要的淡水渔业产区，令人一提起洞庭便想起美味的鱼虾。在洞庭湖畔还流传着有关"渔家姑娘"的爱情传说。相传秀才柳毅赴京应试，途经泾河畔，见一牧羊女悲啼，询知为洞庭龙女三娘，遭嫁泾河小龙，遭受虐待，乃仗义为三娘传送家书，入海会见洞庭龙王。钱塘君惊悉侄女被囚，赶奔泾河，杀死泾河小龙，救回龙女。三娘得救后，深感柳毅传书之义，请乃叔钱塘君代求作配。柳毅为避施恩图报之嫌，拒婚而归。三娘矢志不渝，偕其父洞庭君化身为渔家父女同柳家邻里相处，与柳毅感情日笃，遂以真情相告。柳毅与她订齐眉之约，结为伉俪。

（2）"东江鱼"品牌内涵

"东江鱼"品牌的内涵之一在于"好水出好鱼"。东江鱼因产自东江湖而闻名，东江湖素有"一坝锁东江，高峡出平湖"之称。东江大坝高 157m，底宽 35m，顶宽 7m，坝顶中心弧长 438m；东江湖水面面积达 160km²，蓄水量 81 亿 m³，相当于半个洞庭湖。东江湖地属亚热带季风湿润气候，因南北气候受南岭山脉的地貌、土质、植被等综合条件影响，加之东江湖区气候效应，具有明显的立体气候特征。年平均气温 17.1℃，年日照时数达 1503.5h，最低温度在 1 月，平均 5℃，最高在 7 月，平均达 30℃，水体温、光、热适度，非常适合鱼类生长发育。由于大水体热容大，东江鱼类的年生长期比一般水域多一个月以上。东江湖区域植被保存完好，覆盖率达 80%以上，库区无大型工矿企业，生态原始、水质清洌，监测结果显示，有 106 项水质指标达到了国家一级饮用水标准，是淡水鱼类养殖的天然理想场所。东江湖流域 30 万亩水面在 2004 年通过了无公害水产品认定。清澈冰凉、无污染的深湖水，加上丰富的天然饵料，堪称鱼之天堂。湖中所产鱼，富含多种氨基酸和蛋白质，肉质细腻，色艳味美，堪称有机鱼典范和绿色食品。东江湖位于资兴市，资兴人民素来喜好吃鱼，据清末时期《兴宁县志》记载，在境内许多（山）水塘都饲养四大家鱼；到新中国成立前期，渔业生产则已经流行全境。资兴市农科所于 1964 年始创人工孵化育苗技术；东江水库（大型）于 20 世纪 80 年代关闸蓄水，其可养鱼水面达 18 万亩，实行人工放养为主、养殖与增殖并重的模式。悠久的渔业文化，赋予了"东江鱼"品牌另一内涵。

6.2.3 以科学的管理体系作为品牌创建的保障

（1）"渔家姑娘"管理体系及品牌创建成效

"渔家姑娘"品牌由顺祥食品有限公司持有，该公司成立于 2000 年 9 月，经过 22 年的发展，成为一家以洞庭湖丰富水产资源为依托，以小龙虾产业为特色，以淡水健康食品为主业，集水产品精深加工、副产物综合利用、共享厨房配送、科技研发、国内外贸易和中国淡水渔业全价值链生物科技产业于一体的企业。公司深知品牌维护的重要性，而在食品行业尤为如此，因此公司注重通过构建科学的管理体系确保公司产品品质，进而维护品牌形象。公司通过了国家进出口检验检疫卫生注册，取得了 FDA、EEC 卫生注册、BRC 认证及全球最佳水产养殖规范（BAP）认证。通过了 ISO9001 国际质量管理体系、ISO22000 食品安全管理体系认证、HACCP 认证、绿色食品认证、CNAS 有机食品认证，全部产品取得了 SC 食品生产许可证。"渔家姑娘"品牌分别在欧盟、美国等 30 多个国家和地区注册，以洞庭湖鲜、活淡水鱼、虾为原料，产品畅销全国，出口欧美。"渔家姑娘"

淡水鱼、虾产品省内行业市场占有率 96% 以上，省内排名第一，国内行业排名前五位。经过 20 余年的建设，"渔家姑娘"品牌现已被认定为中国驰名商标、湖南省国际知名品牌、湖南省名牌、湖南省著名商标、湖南省十大农业企业品牌、湖南省十大最具影响力农产品品牌。

（2）"东江鱼"管理体系及品牌创建成效

"东江鱼"品牌由东江鱼（资兴）实业集团有限公司持有，该公司成立于 2010年 1 月，经过近 13 年的发展，形成了以资兴东江湖优越的水资源为依托，集养殖、加工、销售、研发、观光、投资于一体的产业集群。公司通过应用现代水产加工技术，充分挖掘"东江鱼"生态渔业文化，加强水产品质管控与提升，开发了东江鱼系列产品 4 种，100 余种产品，产品覆盖全国 26 个省市及地区。公司先后通过了 ISO9001 质量管理体系认证、湖南省质量信用 AAA 级认证。"东江鱼"于 2015年通过国家地理标志保护产品认证，经过多年经营又先后被评为中国著名品牌、湖南省名牌、央视网国际频道上榜品牌，并荣获湖南特色旅游商品金奖、第十届国际渔业博览会金奖、湖南名优特产博览会金奖。

主要参考文献

陈聪聪, 杨玉艳, 于贞贞, 等. 2021. 东营市水产品品牌建设研究[J]. 中国渔业质量与标准, 11(5): 65-68.

陈普兴, 李威龙. 2008. 对资兴市农业产业化发展情况的个案调查: 对资兴市"东江鱼"集团公司的调查[J]. 金融经济, (6): 156-157.

国家市场监督管理总局, 中国国家标准化管理委员会. 2018. GB/T 36193—2018 水产品加工术语[S].

纪双丽, 徐士元. 2020. 水产品品牌建设策略研究[J]. 中国商论, (2): 64-65, 68.

李琳. 2012. 水神信仰与洞庭湖渔业文化[J]. 云梦学刊, 33(1): 106-109.

彭正宁. 2015. 异军突起: 东江鱼(实业)集团有限公司[J]. 湖南农业, (10): 5.

唐黎标. 2020. 水产品品牌建设策略研究[J]. 渔业致富指南, (8): 18-22.

田信群. 1981. 洞庭湖渔业的变迁[J]. 农业经济问题, (5): 21.

王春晓, 卢天麒. 2021. 消费者水产品区域品牌认同的影响因素分析[J]. 中国渔业经济, 39(6): 35-44.

薛向东. 2015. 优质东江鱼 辉煌产业路[J]. 湖南农业, (10): 4.

赵蕾, 代云云, 袁媛. 2021. 中国渔业新型经营主体水产品品牌建设现状及提升路径[J]. 农业展望, 17(7): 67-72.

中华人民共和国国家质量监督检验检疫总局, 中国国家标准化管理委员会. 2008. GB/T 27304—2008 食品安全管理体系 水产品加工企业要求[S].

中华人民共和国农业部. 1999. SC/T 3009—1999 水产品加工质量管理规范[S].

附录：团队主要研究成果

一、标　　准

食品安全企业标准　调味油（标准号：Q/NMPF 0007S—2019），湖南省卫生健康委员会备案，顺祥食品有限公司 2019-01-01 发布

食品安全企业标准　火锅底料（标准号：Q/NMPF 0008S—2019），湖南省卫生健康委员会备案，顺祥食品有限公司 2019-01-01 发布

食品安全企业标准　固态复合调味料（标准号：Q/NMPF 0009S—2019），湖南省卫生健康委员会备案，顺祥食品有限公司 2019-01-01 发布

食品安全企业标准　液态复合调味料（标准号：Q/NMPF 0010S—2019），湖南省卫生健康委员会备案，顺祥食品有限公司 2019-01-01 发布

食品安全企业标准　香辛料调味汁（标准号：Q/NMPF 0012S—2019），湖南省卫生健康委员会备案，顺祥食品有限公司 2019-01-01 发布

食品安全企业标准　肉骨汤（标准号：Q/NMPF 0013S—2019），湖南省卫生健康委员会备案，顺祥食品有限公司 2019-01-01 发布

食品安全企业标准　速冻煮田螺/蚬子/河蚌肉（标准号：Q/NMPF 0005S—2017），湖南省卫生健康委员会备案，顺祥食品有限公司 2017-01-14 发布

食品安全企业标准　渔家姑娘牌腌腊鱼（标准号：Q/NMPF 0006S—2016），湖南省卫生健康委员会备案，顺祥食品有限公司 2016-02-23 发布

食品安全企业标准　淡水鱼罐头（标准号：Q/NMPF 0004S—2020），湖南省卫生健康委员会备案，顺祥食品有限公司 2020-02-16 发布

食品安全企业标准　熟制淡水龙虾制品（标准号：Q/NMPF 0003S—2020），湖南省卫生健康委员会备案，顺祥食品有限公司 2020-02-16 发布

二、专　　利

[1] 杨品红，谢中国，雷颂，王芙蓉. 一种小龙虾腌制装置及其腌制方法：中国，201910032151.8. 2022-07-22.

[2] 周顺祥，周炎，周志明，刘开华，程真. 一种基于超声波技术的小龙虾全自动清洗机：中国，202210155747.9. 2022-07-22.

[3] 杨品红, 邢浩男, 李璟, 张芳玲, 夏杭静, 莫亚琼, 宁悦, 类延菊, 徐文思. 一种以虾壳为原料的甲壳素提取工艺方法及其提取设备: 中国, 202011311903.3. 2022-06-21.

[4] 周顺祥, 周志明. 水产刨冰设备: 中国, 201710069341.8. 2022-05-13.

[5] 周顺祥, 周志明. 水产清洗设备: 中国, 201710053580.4. 2022-05-10.

[6] 杨品红, 贺江, 王伯华, 王芙蓉. 一种便于密封的鱼酱生产混合发酵装置及使用方法: 中国, 201910371445.3. 2022-03-15.

[7] 杨品红, 杨祺福, 王伯华, 徐文思. 一种缩短腌制品生产周期的腌制装置及其方法: 中国, 201910395720.5. 2022-03-11.

[8] 杨品红, 贺江, 徐文思, 杨祺福. 一种死鱼块去腥加工方法: 中国, 201910182918.5. 2022-02-15.

[9] 杨品红, 雷颂, 杨祺福, 徐文思. 一种便于研究小龙虾速冻工艺系统装置及其方法: 中国, 201910371442.X. 2022-01-04.

[10] 杨品红, 王伯华, 杨祺福, 雷颂. 一种具有快速发酵功能的腌制品腌制装置及其使用方法: 中国, 201910385282.4. 2021-12-21.

[11] 杨品红, 王芙蓉, 黄海洪, 贺江. 一种便于调节鱼丸大小的鲢鱼鱼丸加工装置: 中国, 20181115755.7. 2021-08-13.

[12] 杨品红, 贺江, 王芙蓉, 黄海洪. 一种便于均匀翻晒的鲫鱼加工用晾晒架: 中国, 201811157552.8. 2021-07-23.

[13] 杨品红, 徐文思, 王芙蓉, 杨祺福. 一种淡水鱼离水品质变化监测系统装置及其监测方法: 中国, 201910385305.1. 2021-06-22.

[14] 杨品红, 徐文思, 杨祺福, 贺江. 一种鱼冻加工中鱼处理装置: 中国, 201911304423.1. 2021-06-04.

[15] 杨品红, 徐文思, 王芙蓉, 雷颂. 一种提高冷鲜保质期的保鲜剂实验比对装置及其使用方法: 中国, 20191039217.2. 2021-05-07.

[16] 贺江, 佘敏娟, 杨品红. 一种治疗甲沟炎的外用滴剂及其制备方法: 中国, 201810236495.6. 2021-04-27.

[17] 杨品红, 罗丛强, 石彭灵, 张运生. 一种鲌鱼活体远距离运输新方法: 中国, 201810858960.X. 2021-04-02.

[18] 杨品红, 谢中国, 王伯华, 贺江. 一种龙虾开背装置及其开背方法: 中国, 201910032129.3. 2021-03-23.

[19] 杨品红, 罗玉双, 韩庆, 刘良国. 一种精养鲌鱼肉质恢复的方法: 中国, 201811016304.1. 2021-02-12.

[20] 杨品红, 王文彬, 邵立业, 夏虎. 一种鱼类远距离运输急冷至目标温度的控制方法: 中国, 20181085921.8. 2021-01-29.

[21] 贺江, 聂蔓茹. 一种鱼油提纯设备: 中国, 202020437958.8. 2021-01-12.

[22] 贺江, 聂蔓茹. 一种鱼油脱色装置: 中国, 202020472320.8. 2021-01-12.

[23] 杨品红, 毛亮, 张倩, 罗丛强. 一种基于淡水养殖珍珠的表面处理方法: 中国, 201910762914.4. 2020-12-22.

[24] 杨品红, 王芙蓉, 王伯华, 贺江. 一种基于淡水鱼类加工的鱼身切段清洗装置: 中国, 201811066358.9. 2020-11-06.

[25] 杨品红, 贺江, 王芙蓉, 王伯华. 一种方便去除鱼鳞的淡水鱼加工处理台: 中国, 201811066383.7. 2020-10-13.

[26] 杨品红, 贺江, 王芙蓉, 王伯华. 一种方便去钳的小龙虾加工处理装置: 中国, 201811066382.2. 2020-10-09.

[27] 杨品红, 黄海洪, 贺江, 王芙蓉. 一种能够回收鳞片的鲫鱼快速脱鳞装置: 中国, 201811157554.7. 2020-09-29.

[28] 杨品红, 王芙蓉, 黄海洪, 贺江. 一种方便去除螺蛳尾部的螺蛳加工用清洗装置: 中国, 201811158853.2. 2020-09-29.

[29] 杨品红, 贺江, 王芙蓉, 黄海洪. 一种便于控制产品数量的鲢鱼加工用摊料装置: 中国, 201811157576.3. 2020-09-29.

[30] 杨品红, 王伯华, 贺江, 王芙蓉. 一种能够进行调节的连续式鱼鳞去除机: 中国, 201811066341.3. 2020-09-11.

[31] 杨品红, 王芙蓉, 王伯华, 贺江. 一种具有冲洗功能的小龙虾剥壳装置: 中国, 201811066404.5. 2020-07-17.

[32] 杨品红, 王伯华, 贺江, 王芙蓉. 一种具有去虾线功能的小龙虾加工用清洗装置: 中国, 20181106637.9. 2020-07-03.

[33] 贺江, 杨祺福, 徐文思, 杨品红. 一种淡水鱼鱼油提取装置: 中国, 201920754695.0. 2020-04-14.

[34] 杨品红, 王文彬, 韩庆, 张小立, 李梦军, 陈正军. 鲌鱼活体运输保活保鲜方法: 中国, 201710640989.6. 2020-03-27.

[35] 周顺祥, 周志明, 周佳. 克氏螯虾火锅底料及制备方法: 中国, 201610027644.9. 2019-04-19.

[36] 杨品红, 罗玉双, 韩庆, 刘良国. 一种鲌鱼循环高效工厂化养殖设备: 中国, 201821426323.7. 2019-04-02.

[37] 贺江, 杨品红. 一种便于控制的水产胶原蛋白酶解加料装置: 中国, 201820665252.X. 2019-01-18.

[38] 杨品红. 整只虾前处理加工设备: 中国, 201820463948.4. 2018-12-07.

[39] 贺江, 杨品红, 王晓燕. 一种水产胶原蛋白离心提取设备: 中国, 201820361991.X. 2018-11-20.

[40] 谢中国. 一种鲅鳙鱼胃蛋白肽与甘草粉混合物的制备方法: 中国, 2015 10543337.1. 2018-02-13.

[41] 周顺祥, 周志明. 用于水产清洗设备的蒸压水循环组件及水产清洗设备: 中国, 201720093467.4. 2017-10-03.

[42] 周顺祥, 周志明. 用于水产清洗设备的清洗槽组件以及水产清洗设备: 中国, 20172009277.4. 2017-10-03.

[43] 周顺祥, 周志明. 用于水产清洗设备的高压冲气组件及水产清洗设备: 中国, 20172009476.4. 2017-10-03.

[44] 周顺祥, 周志明. 用于水产清洗设备的水循环冷冻组件及水产清洗设备: 中国, 201720094765.5. 2017-09-19.

[45] 周顺祥, 周志明. 水产刨冰设备: 中国, 201720119152.2. 2017-09-19.

[46] 周顺祥, 周志明. 用于水产清洗设备的物料冷却回收组件及水产清洗设备: 中国, 201720093447.7. 2017-09-19.

[47] 周顺祥, 周志明. 用于水产刨冰设备的冷却刨冰机构及水产刨冰设备: 中国, 201720117537.5. 2017-09-19.

[48] 周顺祥, 周志明. 用于水产刨冰设备的冷却滤水机构及水产刨冰设备: 中国, 201720117538.X. 2017-09-19.

[49] 周顺祥, 周志明. 用于水产刨冰设备的刨冰槽体机构及水产刨冰设备: 中国, 201720118156.9. 2017-09-19.

[50] 周顺祥, 周志明. 水产清洗设备: 中国, 201720094763.6. 2017-09-15.

[51] 周顺祥, 周志明, 李雄健. 甲壳加工装置: 中国, 20162102978.6. 2017-04-19.

[52] 杨品红, 罗启文, 贺杰. 一种珍珠虫草保健制剂及其生产工艺: 中国, 201310028154.7. 2016-08-03.

[53] 王伯华, 雷颂, 杨品红. 一种催乳鱼糜制品及其制备方法: 中国, 2013 10691494.8. 2015-10-28.

[54] 贺江. 一种用于脂溶性农药残留非竞争检测的肽配体制备方法: 中国, 201410007820.3. 2015-06-10.

[55] 杨品红. 一种活鱼运输车: 中国, 201420563011.6. 2015-02-04.

[56] 杨品红, 贺杰, 罗启文. 一种珍珠丹玫保健制剂: 中国, 201310119110.5. 2014-09-10.

[57] 杨品红, 罗启文, 贺杰, 严杰. 一种珍珠保健茶及其生产工艺: 中国, 2013 10028155.1. 2014-06-25.

[58] 周顺祥. 一种汤料及其制备方法: 中国, 201210486879.6. 2014-04-09.

[59] 周顺祥. 水产品清洗槽: 中国, 201110250965.2. 2014-01-15.

[60] 周顺祥. 水产品多级筛选机: 中国, 201110188692.3. 2013-02-27.

[61] 杨品红. 一种水产副产物的加工方法: 中国, 201010530117.2. 2013-01-09.

[62] 周顺祥. 水产品清洗槽: 中国, 201120319061.6. 2012-10-31.

[63] 杨品红. 多维富硒活性珍珠口服剂及其制备方法: 中国, 200710035504.7. 2012-09-05.

[64] 周顺祥. 烘烤架: 中国, 201120431089.9. 2012-07-25.

[65] 周顺祥. 镀冰衣槽: 中国, 201120324334.6. 2012-06-27.

[66] 杨品红. 珍珠洋参制剂及其制备方法: 中国, 200710035506.6. 2012-06-20.

[67] 杨品红. 水溶性混合活性珍珠钙及其制备方法: 中国, 200710035508.5. 2012-06-13.

[68] 杨品红. 淡水冷鲜鱼除腥保鲜剂及其制备方法: 中国, 200910044216.7. 2012-05-30.

[69] 周顺祥. 水产品多级筛选机: 中国, 201120236905.0. 2012-04-18.

[70] 周顺祥. 组合沥水架: 中国, 20112024509.4. 2012-04-18.

[71] 杨品红. 从河蚌中同时提取蚌肉提取物、蛋白粉和多肽粉的方法: 中国, 20071003577.9. 2011-07-27.

[72] 杨品红. 珍珠饮品及其制备方法: 中国, 200510031424.5. 2007-03-14.

三、论　　文

[1] 杨祺福, 徐文思, 胡思思, 马嘉晨, 黄迪, 刘丽萍, 贺江, 杨品红, 周顺祥. 2022. 基于 HS-SPME-GC-MS 的小龙虾加工水煮液中挥发性风味成分萃取条件优化[J]. 食品与机械, 38(2): 57-63.

[2] 徐文思, 杨祺福, 赵子龙, 闫明珠, 吴双庆, 王燕, 杨品红. 2022. 微波熟制对小龙虾营养与风味的影响[J]. 食品与机械, 38(2): 216-221, 227.

[3] 徐文思, 杨祺福, 张梦媛, 李柏花, 莫亚琼, 邵立业, 杨品红, 韩庆. 2021. 两步酶解法制备小龙虾副产物多肽及其抗氧化性研究[J]. 食品研究与开发, 42(24): 147-154.

[4] 胡阳, 阳宝倩, 周子琪, 王伯华, 杨品红, 周顺祥. 2021. 珍珠蚌肉糜发酵菌种的筛选及应用[J]. 现代食品, (17): 74-77, 82.

[5] 王伯华, 谢思敏, 香雪娇, 龙芷姣, 杨品红. 2021. 醉鱼快速醉制工艺的优化[J]. 食品科技, 46(8): 111-117.

[6] 肖紫柔, 张瑾, 周玲, 贺江, 杨品红. 2021. 水产品中生物胺的形成规律研究综述[J]. 湖南农业科学, (7): 112-116.

[7] 类延菊, 负文霞, 杨品红, 黄春红, 邵立业. 2021. 野生与养殖翘嘴鲌品质的比较研究[J]. 淡水渔业, 51(3): 74-81.

[8] 徐文思, 李柏花, 张梦媛, 杨祺福, 杨品红, 周顺祥. 2021. 小龙虾及其副产物

加工利用研究进展[J]. 农产品加工, (1): 60-63, 68.

[9] 徐文思, 胡诗雨, 邓娟丽, 李阳福, 资陆妍, 杨祺福, 杨品红, 周顺祥. 2021. 小龙虾加工水煮液营养成分与风味物质分析[J]. 食品与发酵工业, 47(14): 279-286.

[10] 徐文思, 张梦媛, 李柏花, 杨祺福, 危纳强, 杨品红, 周顺祥. 2021. 虾加工副产物蛋白肽提制及其生物活性研究进展[J]. 食品工业科技, 42(17): 432-438.

[11] 聂蔓茹, 宁文杰, 李佳洵, 贺江. 2020. 淡水鱼油提取工艺研究进展[J]. 湖南农业科学, (5): 112-114.

[12] 贺江, 易梦媛, 郝涛, 杨品红, 周顺祥. 2019. 小龙虾产品品质影响因素研究进展[J]. 食品与机械, 35(6): 232-236.

[13] 李博恩, 仇玉洁, 李晓月, 贺江, 杨品红. 2018. 基于 SPME 技术的水产品风味化学研究进展[J]. 农学学报, 8(11): 62-67.

[14] 贺江, 李晓月, 仇玉洁, 李博恩, 杨品红. 2018. 固相萃取-超高效液相色谱法测定水产品中 6 种氟喹诺酮类药物残留[J]. 食品与机械, 34(5): 77-81.

[15] 周颖超, 左昕怡, 王芙蓉, 谢中国. 2018. 植物源抗氧化剂在水产品保鲜和加工中的应用研究[J]. 食品研究与开发, 39(9): 203-207.

[16] 仇玉洁, 李晓月, 李博恩, 贺江, 杨品红. 2018. 水产品中氟喹诺酮类药物残留检测技术研究进展[J]. 湖南农业科学, (1): 115-118.

[17] 王芙蓉, 李可胜, 周颖超, 谢中国. 2017. 杜仲叶提取物对草鱼鱼丸保鲜作用的研究[J]. 食品科技, 42(9): 207-210, 215.

[18] 何志刚, 王冬武, 李金龙, 曾鸣, 杨品红. 2017. 克氏原螯虾废弃物综合处理及在饲料中的应用[J]. 江西饲料, (3): 1-6.

[19] 何志刚, 王冬武, 李金龙, 曾鸣, 杨品红. 2017. 克氏原螯虾对重金属的富集及脱除研究进展[J]. 江西饲料, (2): 1-4.

[20] 刘飞, 孟昱林, 韩志琦, 夏虎, 杨品红, 周工建, 陈克忠, 李梦军, 杨福忠. 2017. 金鳙和黑鳙的肌肉营养成分分析及评价[J]. 淡水渔业, 47(2): 101-106.

[21] 贺江, 赵自龙, 彭磊, 杨浩, 黄冰. 2017. 草鱼鱼鳞胶原蛋白提取及活性肽制备研究[J]. 食品研究与开发, 38(5): 52-55.

[22] 罗爽, 杨品红, 陈红文. 2017. 大通湖牌大闸蟹品牌建设与绿色营销模式探讨(下)[J]. 当代水产, 42(1): 87.

[23] 罗爽, 杨品红, 陈红文. 2016. 大通湖牌大闸蟹品牌建设与绿色营销模式探讨(上)[J]. 当代水产, 41(12): 78-79.

[24] 王伯华, 龙娇丽, 雷颂, 涂庆会, 段兰鑫, 杨品红. 2016. 谷氨酰胺转氨酶及辅料对珍珠蚌肉糜凝胶性质的影响[J]. 食品与机械, 32(9): 12-16.